高等职业教育园林工程技术专业系列教材
山东省 2007 年度精品课程配套教材

园林树木与花卉

主　编　齐海鹰
参　编　高祥斌　孟　丽　于超群
主　审　臧德奎

机械工业出版社

本教材主要包括植物学基础知识、园林树木、园林花卉等内容。其中，植物学基础知识是学习园林树木与花卉的基础，除介绍了植物根、茎、叶、花、果实等器官外，重点介绍了园林植物分类的基础知识，教学中可根据教学进度和学生的基础选用。园林树木以其主要特征进行分类，主要分为花木类、叶木类、果木类、针叶观赏类、荫木类、藤本类、棕榈类、篱木类、观赏竹类等章节，重点介绍园林常见树种的识别要点、产地与分布、习性、观赏与应用等内容。园林花卉主要介绍了露地花卉栽培、温室花卉栽培、鲜切花生产等内容。为方便实习实训课程的开展，本教材附有实习实训指导 14 篇。

本教材适用于高职高专园林、园艺、林学、景观规划与设计、环境艺术设计类专业，也可供中等职业学校师生和园林工作者、园林爱好者阅读参考。

图书在版编目（CIP）数据

园林树木与花卉/齐海鹰主编 . —北京：机械工业出版社，2008.7
（2025.2 重印）
高等职业教育园林工程技术专业系列教材 . 山东省 2007 年度精品课程配套教材
ISBN 978-7-111-24499-8

Ⅰ . 园… Ⅱ . 齐… Ⅲ . ①园林树木—高等学校：技术学校—教材②花卉—观赏园艺—高等学校：技术学校—教材 Ⅳ . S68

中国版本图书馆 CIP 数据核字（2008）第 095705 号

机械工业出版社（北京市百万庄大街 22 号　邮政编码 100037）
策划编辑：李俊玲　责任编辑：曹　辉　版式设计：张世琴
责任校对：王　欣　封面设计：王伟光　责任印制：邓　博
北京盛通数码印刷有限公司印刷
2025 年 2 月第 1 版第 12 次印刷
184mm×260mm · 17 印张 · 418 千字
标准书号：ISBN 978-7-111-24499-8
定价：45.00 元

电话服务　　　　　　　　　　网络服务
客服电话：010- 88361066　　机　工　官　网：www.cmpbook.com
　　　　　010- 88379833　　机　工　官　博：weibo.com/cmp1952
　　　　　010- 68326294　　金　书　　　网：www.golden-book.com
封底无防伪标均为盗版　　　机工教育服务网：www.cmpedu.com

前　　言

园林植物是造园的四大要素之一。在以往的课程设置中，园林植物多分为园林树木、园林花卉等课程，其教材分别编制。但近年来在园林工程技术专业的教学中，根据园林行业发展的需要及高职高专教学的特殊要求调整了教学计划，多将植物方面的课程整合，原有教材不再适用。有鉴于此，本教材在编写过程中，将园林树木、园林花卉的内容集中编制，并根据教学需要，增加了相关的园林植物基础知识等内容，并强化实习实训部分内容，在理论够用的前提下，突出简洁实用的特点，力求文字简练，深入浅出，注重学生实际能力的培养。本书编写特点如下：

1. 园林树木各章节的编写，是以园林树木观赏特性为主要依据划分章节，具体树种的介绍以识别要点、习性及观赏与应用等内容为重点，弱化繁殖栽培等内容。

2. 在园林花卉各章节的编写中，花卉种类选择以常见、常用为基本原则，适当加入目前市场较为畅销的种类。具体花卉的介绍以识别要点、产地与分布、习性、繁殖栽培、观赏与应用等内容为重点。

3. 每章均设学习目标、小结、复习思考题等内容，可供参考。

4. 为方便教师授课，我们还制作了配套的助教课件，可免费赠送给选用本书作为教材的院校，需要者可登录 www. cmpedu. com 注册下载。

5. 为便于读者查找，我们将书中 284 种常见园林植物列出索引置于书后。

本书由山东城市建设职业学院齐海鹰主编，并负责确定本书的编写大纲、编写思路及统稿等工作。具体编写分工如下：齐海鹰编写绪论、第 1 章、第 2 章、第 4 章、第 5 章、第 8 章、第 10 章、第 11 章及实习实训指导的实训九～实训十六；高祥斌编写第 3 章、第 12 章、第 13 章、第 14 章、第 15 章；孟丽编写第 6 章、第 7 章、第 9 章；于超群编写实习实训指导的实训一～实训八。全书由山东农业大学臧德奎教授主审。

本书在编写过程中得到了山东城市建设职业学院各级领导、同事的大力支持和帮助，在此谨表示衷心的感谢！

编　者

目　　录

前言

绪论 …………………………………… 1

0.1 园林树木与花卉的基本
　　概念 …………………………………… 1

0.2 园林树木与花卉的作用 ……… 2

0.3 我国丰富的园林植物资源及其
　　对世界园林的贡献 ……………… 4

0.4 本课程的基本内容、学习方法
　　及要求 ……………………………… 5

　小结 …………………………………… 6

　复习思考题 ………………………… 6

第一部分　园林植物基础知识

第1章　植物学基础知识 ……… 7

1.1 植物的细胞、组织与器官 …… 8

1.2 植物的根 ……………………………… 9

1.3 植物的茎 ……………………………… 11

1.4 植物的叶 ……………………………… 13

1.5 植物营养器官的变态 ………… 17

1.6 植物的花 ……………………………… 19

1.7 植物的果实和种子 …………… 22

　小结 …………………………………… 24

　复习思考题 ………………………… 25

第2章　园林植物分类 ………… 26

2.1 植物的分类方法 ………………… 26

2.2 植物系统分类法 ………………… 26

2.3 植物的拉丁学名 ………………… 28

2.4 园林植物的人为分类法 …… 28

2.5 植物检索表 ………………………… 30

　小结 …………………………………… 31

　复习思考题 ………………………… 32

第二部分　园 林 树 木

第3章　花木类园林树木 ……… 33

3.1 花木类园林树木概述 ………… 34

3.2 我国园林中常见的花木类园林
　　树木 …………………………………… 34

　小结 …………………………………… 56

　复习思考题 ………………………… 57

第4章　叶木类园林树木 ……… 58

4.1 叶木类园林树木概述 ………… 58

4.2 常见亮绿叶类园林树木 …… 59

4.3 常见异形叶类园林树木 …… 63

4.4 常见异色叶类园林树木 …… 67

　小结 …………………………………… 79

　复习思考题 ………………………… 79

第5章　果木类园林树木 ……… 80

5.1 果木类园林树木概述 ………… 80

5.2 我国园林中常见应用的果木类
　　园林树木 …………………………… 81

　小结 …………………………………… 89

　复习思考题 ………………………… 89

第6章　针叶类园林树木 ……… 91

6.1 针叶类园林树木概述 ………… 91

6.2 我国园林中常见应用的针叶类
　　园林树木 …………………………… 92

　小结 …………………………………… 107

　复习思考题 ………………………… 107

第7章 荫木类园林树木 ……… 109

7.1 荫木类园林树木概述 …… 109

7.2 我国园林中常见应用的荫木类
园林树木 ……… 110

小结 …………………… 126

复习思考题 …………… 126

第8章 藤本类园林树木 …… 127

8.1 藤本植物概述 ……… 127

8.2 我国园林中常见应用的藤本类
园林树木 ……… 129

小结 …………………… 136

复习思考题 …………… 136

第9章 棕榈类园林植物 …… 137

9.1 棕榈类园林植物概述 … 137

9.2 我国园林中常见应用的棕榈
类树木 ……… 139

小结 …………………… 143

复习思考题 …………… 143

第10章 篱木类园林树木 …… 144

10.1 篱木类园林树木概述 … 144

10.2 我国园林中常见应用的篱木
类园林树木 ……… 145

小结 …………………… 148

复习思考题 …………… 148

第11章 观赏竹类 ……… 149

11.1 观赏竹类概述 ……… 149

11.2 我国园林中常见应用的主要
观赏竹类 ……… 151

11.3 常见观赏竹类的应用 … 154

小结 …………………… 155

复习思考题 …………… 156

第三部分 园林花卉

第12章 花卉的分类 ……… 157

12.1 按生态习性、栽培方式
分类 ……… 158

12.2 按花卉的植物学性状
分类 ……… 159

12.3 按观赏特性分类 …… 161

12.4 按开花季节分类 …… 161

12.5 按园林应用形式分类 … 162

小结 …………………… 162

复习思考题 …………… 163

第13章 露地花卉栽培 ……… 164

13.1 露地花卉栽培技术概述 … 164

13.2 一、二年生花卉 …… 169

13.3 宿根花卉 ……… 179

13.4 球根花卉 ……… 185

13.5 水生花卉 ……… 191

小结 …………………… 194

复习思考题 …………… 194

第14章 温室花卉栽培 ……… 195

14.1 温室花卉栽培管理概述 … 195

14.2 温室一、二年生花卉 …… 198

14.3 温室多年生草本花卉 …… 200

14.4 温室木本花卉 ……… 214

14.5 温室亚灌木花卉 …… 220

14.6 蕨类植物 ……… 222

14.7 仙人掌类及多浆植物 … 224

小结 …………………… 228

复习思考题 …………… 228

第15章 鲜切花栽培 ……… 229

15.1 概述 ……… 229

15.2 四大鲜切花栽培技术 …… 231

15.3　其他切花栽培技术 ············ 236

小结 ········· 239

复习思考题 ············ 240

附录　实习实训指导 ············ 241

实训一　植物叶及叶序的观察 ··· 241

实训二　植物茎及枝条类型的
观察 ············ 243

实训三　植物花及花序的观察 ····· 244

实训四　植物果及果序的观察 ····· 245

实训五　园林植物检索表的
编制 ············ 246

实训六　园林树木标本制作 ····· 247

实训七　园林树木冬态识别 ····· 249

实训八　城市园林绿化树种
调查 ············ 250

实训九　草本花卉盆播育苗、扦插
育苗及养护管理 ····· 252

实训十　露地花卉种类识别及应用
形式调查 ············ 253

实训十一　温室花卉种类识别及
其他 ············ 254

实训十二　参观花卉市场 ············ 255

实训十三　水仙鳞茎雕刻与
水养 ············ 256

实训十四　简易水培花卉制作 ····· 257

参考文献 ················· 259

常见园林植物名录索引 ············ 260

绪　　论

📖 主要内容

① 园林树木与花卉的基本概念。

② 园林树木与花卉的作用。

③ 我国丰富的植物种质资源及其对世界园林的贡献。

📖 学习目标

① 理解并掌握园林树木与花卉的基本概念。

② 了解园林树木与花卉在城市园林绿化中的作用。

0.1　园林树木与花卉的基本概念

0.1.1　园林植物

园林植物即应用于园林绿化中的植物材料，是指在园林中起到装饰、组景、分隔空间、庇荫、防护、覆盖地面等用途的植物，大多具有形体美、色彩美、芳香美、意境美的特点，是园林构成的基本要素之一。

园林植物主要包括木本植物、草本植物等类别。

0.1.2　园林树木

园林树木即园林植物中的木本植物，包括各种乔木、灌木、木质藤本以及竹类等。

乔木的主干明显而直立，分枝繁茂，植株高大，分枝在距离地面较高处形成树冠，如松、杨、榉等。

灌木一般比较矮小，没有明显的主干，有的近地面处枝干丛生，如迎春、连翘、棣棠等。

木质藤本茎干细长，不能直立，或匍匐地面生长，或附着它物生长，如紫藤、凌霄、木香等。

竹类是园林植物中特殊的一个类群，本身属于禾本科竹亚科，种类多，观赏期长，在中国人的传统理念中具有特殊的审美意义。

0.1.3　园林花卉

花卉的概念有狭义与广义之分。花，指植物的生殖器官；卉，指草本植物，因此狭义的

1

花卉仅指具有观赏价值的草本观花植物。广义的花卉指凡植物的根、茎、叶、花、果实等具有观赏价值的植物都可称为花卉。花卉根据观赏部位的不同，分为观花类、观叶类、观果类、观茎类、观根类等。广义的花卉还包括木本地被植物、花灌木、开花乔木、盆景等。

0.2 园林树木与花卉的作用

0.2.1 园林树木与花卉在城市园林绿化美化中的作用

园林树木与花卉作为园林绿化、美化的重要材料，以其形体、色彩、气味等供游人观赏，在城市园林中起着重要作用，主要表现在：

1. 构成景观

园林植物是构成美丽景观，形成引人入胜的风景的重要材料。在我国风景名胜中，有许多植物造景的成功先例，如杭州的满觉陇以桂花为主景，南京梅花山栽植大量梅树，重点表现早春花开时引人入胜的景观等。

2. 装饰美化

园林植物，尤其是草本花卉，具有花色艳丽、装饰性强的特点，在园林绿地中常用来布置花坛、花境、花台、花钵等，创造出优美的工作和休憩环境。

3. 增加景观的季相变化

植物是城市园林中有生命的要素。一年四季中，植物发芽、展叶、开花、结实，使景观呈现出明显的季相特征。很多植物本身即是大自然的艺术品，其根、茎、叶、花、果实以及树形本身，均具有无穷的魅力。

4. 陶冶情操

人类在长期的审美过程中，逐渐形成了将植物特性人格化的欣赏习惯。如梅花"先天下而春"，"凌寒独自开"，其傲雪凌霜的铮铮铁骨，象征着中华民族之魂；再如竹子，"未出土时便有节，及至凌云尚虚心"，象征着中国传统文人所崇尚的刚直不阿的高洁品格，等等。

0.2.2 园林树木与花卉的生态作用

作为园林构成的基本要素之一，园林植物对城市生态环境具有多方面的调节作用，尤其是园林树木，其体形高大，寿命长，种类丰富，观赏价值高，管理简便，与草坪、花卉等植物相比能发挥更大的作用，构成了绿化的骨架。园林植物的生态作用主要表现在如下几个方面。

1. 净化空气

植物净化空气的作用主要表现在：

（1）吸收二氧化碳，释放氧气 光合作用是绿色植物特有的生理过程，植物通过光合作用，将二氧化碳和水合成为有机物，同时释放出氧气。据研究，空气中60%以上的氧气来自陆地上的绿色植物。因此，绿色植物对人类的生存具有重要的价值。人们常把城市中的绿地比作城市的"肺"，可见对于人口密度高、居住集中的城市而言，园林植物具有重要的生态意义。

（2）吸收有害气体　随着工业的发展和城市化进程的加剧，城市的空气污染现象日益严重。大气污染包括多种有害气体，如二氧化碳、一氧化碳、二氧化氮、氯化氢、氯气、氟化氢等。绿色植物具有吸收有害气体，减少污染的作用，部分植物还可以作为某些污染物的指示树种。不同植物种类对有害气体的抗性是不同的。一般认为，落叶阔叶树种吸收有害气体能力最强，常绿阔叶树次之，针叶树相对较弱。夹竹桃、臭椿、旱柳等对有害气体的抗性都很强。

（3）滞纳粉尘　大气中除含有害气体外，还有粉尘、烟尘等污染物，尤其近年来沙尘暴、扬沙等恶劣天气日益严重，严重影响了城市空气质量。园林植物的枝叶多有各种附属物，对烟尘、粉尘等有明显的阻滞、吸附、过滤作用。一般而言，树冠大而浓密，叶面多毛或粗糙，以及能分泌油脂的树木有较强的滞尘能力。

（4）杀菌作用　许多园林植物在生长过程中能分泌大量的植物杀菌素，如圆柏、悬铃木、雪松、柳杉等。

2. 减噪

噪声为慢性致病因素，是城市环境的一大公害。园林植物对噪声的减弱作用明显，枝叶浓密的树种、乔灌木合理配置等均可使树木像消音板一样，有效地隔离噪声。

3. 增加空气湿度

植物在生长过程中，不断地利用根系吸收水分，同时通过蒸腾作用将水分以水汽的形式扩散到空气中，增加空气湿度，一般树林中的空气湿度比空旷地高7%～14%。

4. 改善温度条件

园林树木的树冠能遮挡阳光，吸收太阳辐射，从而降低小环境的温度。行道树、庭荫树的重要功能即为遮阴、降温。

5. 防风固沙，水土保持

植物的根系分布于土壤中，可以减弱降雨、风力等对土壤表层的破坏，减少水土流失。因此，防风固沙最有效的手段即为植树造林。在城市周边、河道两侧等建立防护林带，可有效降低风速，减少沙尘。另外，植物还可以涵养水源，有利于水资源保护。

0.2.3　园林树木与花卉在生产与经济中的作用

园林树木与花卉大多具有一定的经济价值，园艺生产不仅可提供苗木、盆花、草坪、切花、球根及种子等相关产品，还可以输出国外，带来较高的经济效益。以花卉生产为例，据统计，2006年我国花卉生产面积为72万公顷，花卉销售额达550亿元人民币。预计未来几年，我国将加大力度发展花卉产业，力争2010年花卉产值达到700亿元。花卉业一度被称为"朝阳产业"，并形成了特产花卉的区域性生产格局，如漳州的水仙、云南的鲜切花等。苗木生产方面，江浙一带已成为全国绿化苗木较为集中的产地，为全国各地园林绿化行业提供了大量苗木，也为当地的经济发展带来了生机。

园林植物的经济价值除直接的经济效益外，还可以结合生产，为各行各业提供相关的副产品。民间有"十花九药"的说法，意思是很多植物的根、茎、叶、花等在观赏的同时均可入药。很多花卉还可作香料植物，有些园林树木的果实则可食用。因此，园林生产可在充分发挥园林绿化多种功能的前提下，因地制宜，结合生产，适当提供一些副产品。

0.2.4　园林树木与花卉在旅游中的作用

1. 园林植物构成景点

著名的实例有很多，如黄山的迎客松、杭州西湖的"云栖竹径"、北京的香山红叶等均为以植物造景取胜的著名景点、景区。

2. 古树名木形成重要的旅游资源

中国是历史悠久的国家，古树名木资源非常丰富，如西藏林芝的古柏，胸径 3~6m，可谓古木参天；再如泰山风景区的五大夫松、四槐树等景点，均以古树名木为主，形成了旅游资源的重要组成部分。

3. 旅游中的科普教育作用

园林植物可丰富旅游景观，增加旅游的趣味性，提高游兴，同时可普及植物科普知识，对精神文明建设具有重要意义。

0.3　我国丰富的园林植物资源及其对世界园林的贡献

中国素有"世界园林之母"的美称，园林植物资源极为丰富。其中，许多名贵物种不断传至西方，对世界园林事业的发展及育种工作起到了重要作用。

0.3.1　我国园林植物种质资源的特点

1. 物种资源十分丰富

中国土地辽阔，地形多变，兼有热带、亚热带、暖温带、温带和湿润、半湿润、干旱及半干旱性气候，分布着极丰富的植物资源。中国被子植物总数为世界第三，全国有近 3 万种高等植物，许多都是北半球其他地区早已灭绝的古老的孑遗植物。我国现存被子植物中，观赏植物占有相当的比重，特别是在西部及西南部特定地理条件下，形成了许多园艺植物的分布中心，如杜鹃属、报春属、龙胆属、山茶属、中国兰花属、石斛属、凤仙属、绿绒蒿属、蔷薇属、菊属等。

2. 栽培品种及类型繁多

中国园林植物的栽培已有 3000 多年的历史，长期的栽培中具有变异广泛、类型丰富、品种多样的特点，尤其是传统名花，其数量大，品种丰富。以梅花为例，枝有直枝、垂枝和曲枝等变异，花有洒金、台阁、绿萼、朱砂、纯白、深粉等，品种类型丰富，在木本花卉中极为少见。

3. 遗传品质优良，特点突出

主要表现在：

（1）多季开花的种与品种多　如四季开花的月季、米兰、桂花等。

（2）早花种类及品种多　早花类植物多在冬季或早春较低温度条件下开花，如梅花、迎春、腊梅、玉兰、瑞香等。

（3）珍稀的黄色种类或品种多　如中国的金花茶、黄香梅等，均为培育黄色花系列品种的重要基因来源。

（4）奇异类型与品种多　如变色类品种、台阁花的类型、天然龙游品种、枝条天然下垂品种、微型和巨型品种等。

0.3.2 中国丰富的植物资源对世界园林的巨大影响

中国丰富的植物资源对世界范围内的城市园林景观的建设具有巨大影响。自古以来，即有大量种类传到欧洲、美洲及亚洲地区的许多国家，对这些国家的城市和乡镇的园林绿化建设起到了巨大作用。如：公元3世纪，中国的桃花传到伊朗，又经伊朗传至欧洲各国；公元5世纪，荷花经朝鲜传至日本；公元7世纪，山茶花经日本传到欧洲和美国……18世纪中期至19世纪，随着国外植物收集家在中国的考察和采集，大量的观赏植物被引种到国外。现在，在世界各国的城市中，随处可见来自中国的园林植物。

0.3.3 中国园林植物资源对世界植物育种、花卉产业及其贸易的重要作用

如上所述，中国观赏植物资源具有多种优良品性，如四季开花、早花、高抗性、花形花姿的多样等。这些重要的基因资源为世界范围内的植物育种和产业化栽培作出了重要贡献。

0.4 本课程的基本内容、学习方法及要求

植物作为构成园林景观的基本要素之一，其研究内容包括分类、形态、地理分布、生态习性、观赏特性及应用等诸多内容。对于园林工程技术专业而言，首先要解决植物识别的问题。这就要从形态特征着手，正确识别和鉴定植物，进而辨明一些重要的变型和品种，这是学习园林树木与花卉首先需要掌握的内容。其次，应了解这些植物的生长发育特点及其对环境条件的要求，从而为应用奠定基础。

0.4.1 本课程的基本内容及学习目的

园林树木与花卉的内容包括三部分，即植物学基础知识、园林树木、园林花卉。植物学基础知识内容包括植物的细胞、组织、器官（包括根、茎、叶、花、果实和种子）以及园林植物分类的基础知识，是学习园林树木与花卉的基础；园林树木与园林花卉则重点介绍各种园林植物的识别要点、园林应用等内容。

园林树木与花卉系园林工程技术专业一门重要的专业基础课程，它以园林树木、花卉为主要学习对象，重点介绍园林植物基础知识、主要园林树木与花卉的识别要点、观赏特性及园林应用等内容，为园林规划设计、园林工程施工等专业课程的学习奠定基础。

0.4.2 本课程的学习方法

园林植物种类繁多，地域性差别较大，形态、习性各有不同，在学习中具有一定难度。学习方法上，应注意理论与实际相结合，多观察、勤思考、多记录，综合运用比较、归纳等学习方法，抓住要点，认真掌握。

0.4.3 本课程学习的基本要求

要求掌握本地区常见应用的园林树木150种、园林花卉100种，包括识别要点、观赏特

性、生态习性、园林应用等。

小　结

　　园林植物即应用于园林绿化中的植物材料，是指在园林中起观赏、装饰、防护等用途的植物，大多具有形体美、色彩美、芳香美、意蕴美的特点，是园林构成的基本要素之一。

　　园林树木即园林植物中的木本植物，包括各种乔木、灌木、木质藤本以及竹类等。

　　花卉的概念有狭义与广义之分。狭义的花卉仅指具有观赏价值的草本观花植物。广义的花卉指根、茎、叶、花、果实等具有观赏价值的植物。花卉根据观赏部位的不同，分为观花类、观叶类、观果类、观茎类、观根类等。

　　园林树木与花卉在城市园林绿化美化中的作用主要表现在构成景观、装饰环境、使景观更具季相变化、陶冶情操等各方面。园林植物还具有多方面的生态作用，如净化空气、减噪、增湿、改善温度条件、防风固沙、水土保持等。此外，园林植物还具有一定的经济价值，并在旅游事业中发挥着重要作用。

　　中国素有"世界园林之母"的美称，植物资源极为丰富，对世界园林影响巨大。

复习思考题

1. 简述园林树木与花卉的概念。
2. 园林树木与花卉的作用包括哪些方面？

第一部分　园林植物基础知识

第1章

植物学基础知识

~~~~~~

主要内容

① 植物的细胞、组织与器官。

② 植物的根、茎、叶、花、果实和种子。

学习目标

① 掌握植物细胞、组织与器官的概念。

② 了解根、茎、叶、花、果实与种子等器官的生理功能。

③ 掌握根与根系的类型；茎的分枝方式；叶的组成部分、叶的形态描述、单叶与复叶；典型的花的组成部分、花序的概念和分类；果实的类型、种子的外部形态、果实与种子的传播方式等内容。

~~~~~~

1.1 植物的细胞、组织与器官

1.1.1 植物细胞

细胞是构成植物体形态结构和生理功能的基本单位。简单的生物有机体仅由一个细胞构成，复杂的生物有机体可由几个到几万亿个形态和功能各异的细胞组成。

植物细胞的形状与大小各不相同，但所有活细胞的内部结构基本相同，一般由细胞壁、原生质体、液泡及细胞内含物三部分组成（图1-1）。

1. 细胞壁

细胞壁是植物细胞所特有的结构，其作用是保护内部的细胞质、细胞核等，使其免受外界不利因素的影响。细胞壁具有一定的硬度和弹性，具备纹孔、胞间连丝等结构，可以和外界进行物质交换。成熟细胞的细胞壁又可分为胞间层、初生壁和次生壁三层。

2. 原生质体

原生质体是活细胞内全部具有生命物质的总称，是细胞的主要部分，由细胞质、细胞核及其他细胞器组成。

（1）细胞质 细胞质是质膜以内无结构的基质，为半透明而粘滞的胶体，可分为三层，分别是质膜、液泡膜和细胞质。细胞质中浸埋着细胞核以及各种不同形态、构造和功能的细胞器。

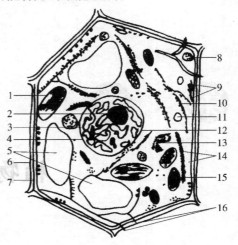

图1-1 植物细胞超微结构
1—叶绿体 2—核仁 3—染色质
4—核膜 5—液泡 6—初生壁
7—胞间层 8—微粒体 9—微管
10—内质网 11—圆球体 12—核孔
13—高尔基体 14—核糖体
15—线粒体 16—胞间连丝

（2）细胞核 细胞核是原生质体的重要组成部分，是细胞内最大的细胞器。自然界中除了细菌和蓝藻外，生活的植物细胞中都有细胞核，它是生活细胞中最显著的结构。细胞内的遗传物质DNA，几乎全部存在于细胞核内，它控制着蛋白质的合成，控制着细胞的生长和发育。因此，细胞核是细胞的控制中心。

细胞核通常呈球形，生活的细胞一般具有一个核，少数也有两个或多个核。从结构上来讲，细胞核可分为核膜、核仁和核质3部分。

（3）其他细胞器 细胞质中存在许多由原生质分化形成的，具有一定形态和功能的结构，即细胞器，如质体、线粒体、内质网、核糖体、高尔基体、溶酶体、圆球体、微管、微体等。

3. 液泡及细胞内含物

（1）液泡 细胞内含有水溶液的小腔室，其液体称为细胞液。

幼嫩的细胞一般没有液泡或仅有许多小而不明显的液泡。随着细胞的生长及代谢物质的增多，从外界吸收了大量的水分，于是开始形成液泡或由小液泡逐渐增大体积，彼此相互合并，最后形成一个大液泡，占据了细胞中央的大部空间，称为中央液泡。

液泡中充满着细胞液，在植物生活中起着重要作用。

（2）细胞内含物　细胞内所有非生命物质均称为内含物。其中包括贮藏的营养物质和生理活性物质及其他。

1.1.2　植物组织

细胞分化导致植物中形成多种类型的细胞，即导致了组织的形成。一般把植物个体发育中，具有相同来源的同一类型或不同类型的细胞群组成的结构和功能单位，称为植物组织。

植物体中的组织是根据它们在植物体中的位置、组成细胞的类型、功能、发生的方式、起源以及发育阶段来分类的，一般可分为分生组织和成熟组织两大类。

1. 分生组织

植物体内具有持续的分生能力的细胞群，称为分生组织。

分生组织的特点是：细胞代谢活跃，有旺盛的分裂能力；细胞排列紧密，一般无细胞间隙；细胞壁薄，不特化，由果胶质、纤维素构成。

分生组织的活动直接关系到植物体的生长和发育，在植物个体成长中起着重要作用。

2. 成熟组织

分生组织衍生的大部分细胞，逐渐丧失分裂能力，进一步生长分化形成其他各种组织，称为成熟组织，有时也称为永久组织。

成熟组织分为保护组织、薄壁组织或营养组织、机械组织、输导组织和分泌组织等。

值得注意的是，成熟组织具有不同的分化程度，其"成熟"和"永久"是相对的；有时在一定条件下，也可以反分化（或脱分化）成分生组织。

1.1.3　植物器官

细胞是构成植物体的基本结构单位，它逐渐分裂、分化形成组织，再由各种组织进一步组成各种器官。器官是生物体内多种组织构成的，能行使一定生理功能的结构单位。

种子植物是自然界最进化的类群，它不但有复杂的组织分化，而且由各种不同的组织构成植物的根、茎、叶、花、果实、种子等器官。不同的植物器官分别担负着不同的生理功能，其中根、茎、叶执行水分和养分的吸收、运输、合成及转化等营养代谢功能，称为营养器官；花、果实、种子完成开花结果的生殖过程，称为繁殖器官。

一般情况下，我们把植物从种子萌发长成幼苗以及根、茎、叶的生长发育过程称为营养生长期。营养生长到达一定阶段后，开花、结果而产生种子，这一过程称为生殖生长期。

1.2　植物的根

根是种子植物的营养器官之一，其主要功能是吸收水分及溶于水中的物质，同时使植物固着于土壤中。

1.2.1　根的生理功能

1．支持与固定作用

被子植物具有分枝多而庞大的、机械组织发达的根系，足以支持高大、分枝繁茂的茎叶系统，使之成为适应陆地生活的优势种群。

2．吸收作用

根能从土壤中吸收大量的水分，还能吸收溶解于土壤中的无机盐、少量含碳有机物、可溶性氨基酸、有机酸、维生素、植物激素以及溶于水中的二氧化碳、氧气等。

3．输导作用

植物的根可以将所吸收的水分和矿质盐以及其他物质通过输导组织运往地上部分，供给茎、叶、花的生长和发育等生命活动的需要。同时，根又可接受地上部分合成的营养物质，以供自身的生长和各种生理活动所需。

4．合成和转化作用

现已发现，根能合成多种有机物，如氨基酸、生物碱及激素等。

5．分泌作用

根能分泌近百种物质，包括糖类、氨基酸、有机酸等。这些分泌物中有的可在生长过程中减少根与土壤的摩擦力，有的在根表形成促进吸收的表面，并可抵抗病害。

6．贮藏作用

有些植物的根特别肥大，如萝卜、胡萝卜、甘薯等，成为有机养料的贮藏器官。

7．繁殖作用

有些植物的根部能产生不定芽，可用来繁殖新的植株，如甘薯。

1.2.2　根的形态和类型

1．根的形态

正常的根外形为圆柱体，由于生长在土壤中，受土壤压力的影响而成为各种弯曲状态，其先端为圆锥状的生长锥。

根没有节与节间的分化，不能产生叶，也没有生长位置固定的芽。这是根与茎最主要的区别。但主根上可以产生侧根。

正常的根生长在土壤中，也有一些生长在水中或暴露在空气中。由于生长环境的不同而使功能及形态构造产生各种不同变化的根，称变态根。有关变态根的内容详见下文"营养器官变态"。

2．根的类型

（1）**按来源划分**　可分为主根和侧根。种子萌发时，由主根直接生长形成的根，称为主根。主根上产生的各级大小分枝，称为侧根。

（2）**按发生部位划分**　可分为定根和不定根。主根和侧根都从植物体固定的部位生长出来，均属于定根。许多植物除产生定根外，还能从茎叶老根或胚轴上生出根，这类根因发生位置不固定，统称为不定根。

3．根系类型

一株植物地下部分所有根的总体，称为根系。根系可分为直根系和须根系两类。

（1）直根系　主根明显发达，较各级侧根粗壮，能明显区别出主根和侧根，这种根系称为直根系（图1-2），如向日葵、地肤等。

（2）须根系　主根不发达或早期停止生长，由茎的基部生出的不定根组成根系，称为须根系（图1-3）。单子叶植物多为须根系。

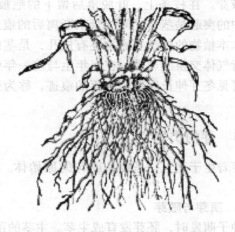

图1-2　植物根系类型——直根系　　　图1-3　植物根系类型——须根系

值得注意的是，扦插苗产生的根虽粗细相近，但随着小苗的生长会逐渐分出主次，不能划入须根系的范畴。

1.3　植物的茎

茎是植物体三大营养器官之一，是植物体地上部分的枝干。通常将带有叶和芽的茎称为枝条。

1.3.1　茎的生理功能

1. 输导作用

水分、无机盐和有机营养物质，是植物正常生活不可缺少的条件，其运输都是通过茎中的输导组织来完成的。

2. 支持作用

茎的支持作用主要表现在，可使地上部的枝、叶、花在空间上合理布局，有利于植物的光合作用，也有利于开花、传粉和果实、种子的发育、成熟和传播。

3. 繁殖作用

不少植物的茎有形成不定根和不定芽的习性，可作营养繁殖材料。利用扦插、压条来繁殖新的植株，利用的就是茎的这种习性。

4. 储藏作用

茎，尤其是变态茎可储藏较为丰富的营养物质。

1.3.2　茎的基本形态

茎通常具有主干和多级分枝，在枝条上生长叶子。

枝条上着生叶子的部位称为节，相邻两节之间称为节间，叶片与枝条之间所形成的夹角称为叶腋，叶腋处生长腋芽。在枝条上，叶脱落后留下的疤痕称为叶痕，叶痕中的突起是茎与叶间维管束断离后的痕迹，称为叶迹。木本植物的枝条上通常还有皮孔，是茎内组织与外界进行气体交换的通道。在当年生与前一年生的枝条之间，可见冬芽伸长后芽鳞脱落的痕迹，称为芽鳞痕（图1-4）。

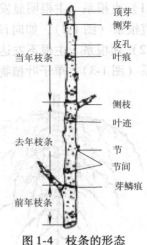

图 1-4　枝条的形态

1.3.3　芽的类型

芽着生于茎上，是枝条或花的原始体。根据不同的分类方式，可以将芽分为多种类型。

1. 顶芽与腋芽

种子萌发时，胚芽发育成主茎。主茎的顶端通常具有芽，称为顶芽。顶芽的生长可使茎干继续伸长。茎上叶腋间的芽称为腋芽或侧芽，进一步发育成为侧枝。

2. 定芽与不定芽

顶芽与侧芽在枝条上都有一定的生长位置，称为定芽。如果芽发生在根、叶或茎的其他部位，没有一定位置的，称不定芽。

3. 叶芽、花芽与混合芽

顶芽和侧芽在植物的营养生长阶段，通常发育为带叶的枝条，这种芽称为叶芽。在植物生殖生长阶段，有些芽分化形成花，称为花芽。有些植物的芽既能开花又能伸长成为枝条，称混合芽。

4. 鳞芽与裸芽

生长在温带的多年生木本植物，秋季形成的芽需要越冬，翌年春天才开始萌发，芽外面的幼叶变成鳞片状的芽鳞，覆盖在芽的外面，这种被芽鳞包被的芽称鳞芽。也有的植物越冬芽没有芽鳞包被，称裸芽。

5. 其他

大多数植物的叶腋内只生一个腋芽，但有些植物可生长 2～3 个腋芽，除其中一个较大的外，其余称为副芽。这些芽如果并列在腋芽的左右，称并生芽，如桃、胡枝子；如果成垂直方向上下排列，称迭生芽。有些植物的侧芽隐藏在叶柄下，称柄下芽，如二球悬铃木、刺槐、白蜡等。

1.3.4　茎的分枝方式

顶芽与腋芽发育情况不同，可以形成不同的分枝方式。种子植物的分枝方式概括起来有三种类型，即总状分枝、合轴分枝、假二叉分枝（图1-5）。

1. 总状分枝

总状分枝也称单轴分枝，主干的顶芽始终占优势，形成通直的主干，主干上又可以多次分枝，如松、杉、杨等树种。多数裸子植物，如松、杉、柏科等的落叶松、水杉、桧等，都属于这种分枝方式。

2. 合轴分枝

主干上的顶芽生长到一定阶段后即停止生长，由靠近顶芽的腋芽所代替，侧枝的顶芽也同样由腋芽所代替，这种分枝方式称合轴分枝。

合轴分枝的树种主干低矮，形成伞形树冠，既提高了支持和承受能力，又使枝叶繁茂，通风透光。大多数被子植物都是这种分枝方式。

3. 假二叉分枝

具有对生叶的植物，如丁香、茉莉、接骨木等，在顶芽停止生长（或顶芽是花芽，花芽开花）后，由顶芽下的两侧腋芽同时发育成二叉状分枝，称为假二叉分枝。实际上假二叉分枝是一种合轴分枝的方式变形，与二叉分枝不同。真正的二叉分枝是顶部分生组织一分为二，多见于低等植物，在部分高等植物，如苔藓和蕨类植物的石松、卷柏中也存在。

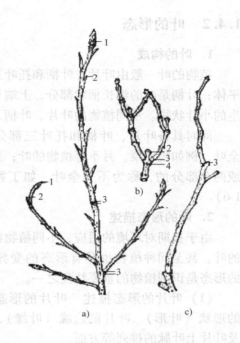

图 1-5　茎的分枝方式
a）总状分枝　b）假二叉分枝　c）合轴分枝
1—顶芽　2—侧芽　3—芽鳞痕　4—叶痕

1.4　植物的叶

叶是绿色植物重要的营养器官，也是植物分类的形态依据之一。

1.4.1　叶的生理功能

叶的主要生理功能为光合作用和蒸腾作用，同时还具有吸收和繁殖等功能。

1. 光合作用

绿色植物吸收阳光，利用二氧化碳和水，合成有机物，并释放出氧气的过程，称为光合作用。

2. 蒸腾作用

水分以气体状态通过植物体表面，散失到大气中的过程，称为蒸腾作用。叶是植物的主要蒸腾器官。

3. 吸收作用

叶除了具有光合作用和蒸腾作用外，还有吸收作用。因此，我们可以向叶面喷洒一定浓度的肥料，通过叶表面吸收进入植物体内。

4. 繁殖作用

少数植物的叶还具有繁殖作用，如落地生根、秋海棠、虎尾兰等。

1.4.2 叶的形态

1. 叶的构成

植物的叶一般由叶片、叶柄和托叶三部分组成。叶片是叶的主要部分，多数是绿色的扁平体；叶柄是叶的细长柄状部分，上端与叶片相接，下端与茎相连；托叶是叶柄基部两侧所生的小叶状物。不同植物的叶片、叶柄、托叶的形状是各不相同。

同时具备叶片、叶柄和托叶三部分的叶，称为完全叶，例如桃、梨、月季等植物的叶；只具备其中一个或两个部分的，称为不完全叶，如丁香、白菜等（图1-6）。

2. 叶的形态描述

由于长期对环境的适应，不同植物都具有不同形态的叶，甚至同种植物也具有形态的变异（图1-7）。叶的形态是识别植物的重要特征之一。

（1）叶片的形态描述　叶片的形态描述包括叶片的形状（叶形）、叶片的边缘（叶缘）、叶尖、叶基以及叶片上叶脉的排列等方面。

1）叶形：叶片由于生长的不均等性而形成各种特有的形状（图1-8）。叶形一般按叶片的长宽比例和最宽处的部位来命名，也可按其形似某种大家熟悉的物体来称呼。

① 叶片最宽处在叶长 1/2 以下的叶形有：

宽卵形——叶长与宽接近等长，如梓树。

卵形——叶长为宽的 1.5 ~ 2 倍，如女贞。

披针形——叶长约为宽的 3 ~ 4 倍，如桃树。

狭披针形——叶长约为宽的 5 ~ 6 倍，如柳树。

② 叶片最宽处在叶长 1/2 位置的叶形有：

圆形——叶长与宽近等长，如山麻杆。

椭圆形——叶长约等于叶宽的 1.5 ~ 2 倍，如刺槐。

长椭圆形——叶长约等于叶宽的 3 ~ 4 倍，如石楠。

菱形——叶近似于一个等边平行四边形，如乌桕。

③ 叶片最宽处在叶长 1/2 以上的叶形有：

倒宽卵形——叶长约等于叶宽，如泡花树。

倒卵形——叶长约等于叶宽的 1.5 ~ 2 倍，如大叶黄杨。

倒披针形——叶长约等于叶宽的 3 ~ 4 倍，如火棘。

④ 叶的两边缘近于平行的叶形有：

矩圆形——叶长约为叶宽的 1.5 ~ 2 倍，如苦槠。

狭矩圆形——叶长约为宽的 3 ~ 4 倍，如大叶女贞。

条形——叶长约为叶宽的 5 ~ 10 倍，如罗汉松。

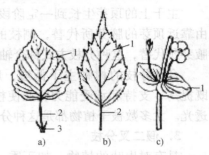

图 1-6　叶的组成部分
a）完全叶　b）、c）不完全叶
1—叶片　2—叶柄　3—托叶

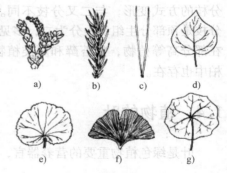

图 1-7　叶片的形态
a）鳞叶形　b）钻形叶
c）针形叶　d）心形叶
e）肾形叶　f）扇形叶　g）盾形叶

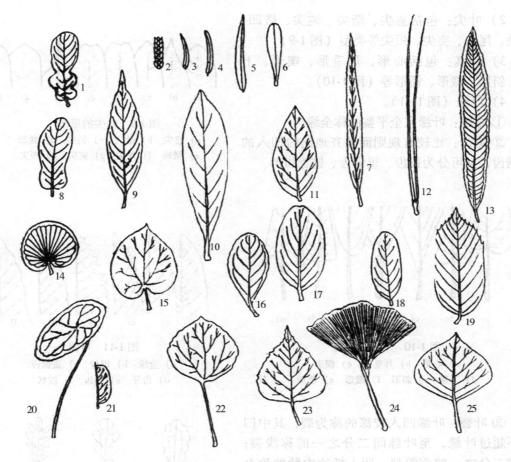

图 1-8　叶片的各种形状

1—提琴形　2—鳞形　3—锥形　4—条形　5—刺形　6—匙形　7—狭披针形
8—巴蕉扇形　9—披针形　10—倒披针形　11—卵形　12—针形　13—狭倒披针形
14—肾形　15—心形　16—倒卵形　17—椭圆形　18—狭椭圆形　19—矩圆形
20—盾形　21—刀形　22—菱形　23—三角形　24—扇形　25—菱形

线形——叶长超过叶宽的 10 倍，如苏铁。

⑤ 以常见物体或图形命名的叶形有：

鳞形——叶小，成卵形或三角状卵形，贴于枝上，密集似鱼鳞覆盖，如柏树。

针形——叶长而细，尖端锐尖，如松树。

锥形——叶细长具棱，横截面近三角形，先端尖，如柳杉。

刺形——叶长扁平，先端尖，长约为宽 5 倍以上，如刺柏。

镰形——叶窄长披针形，向一侧弯曲似镰刀状，如油桉。

匙形——叶似倒披针形，最宽处接近叶片顶端，似汤匙状，如雀舌黄杨。

心形——叶近圆形，先端尖凸，基部稍凹，似鸡心图形，如紫荆。

扇形——叶顶部宽圆，基部极狭，呈折扇形开张，如银杏。

三角形——叶片近似于等腰三角形，如加杨。

肾形——叶宽大于长，基部凹入似肾状，如连钱草。

2）叶尖：包括急尖、渐尖、钝尖、微凹、微缺、尾尖、突尖、短尖等类型（图1-9）。

3）叶基：包括心形、耳垂形、楔形、下延、斜形、截形、箭形等（图1-10）。

4）叶缘（图1-11）。

① 全缘：叶缘完全平整的称全缘。

② 锯齿：比较有规则而整齐地向内凹入的称锯齿，又可分为锯齿、重锯齿、钝锯齿等。

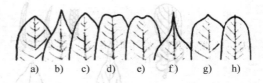

图1-9　叶尖的形态
a）急尖　b）渐尖　c）钝尖　d）微凹
e）微缺　f）尾尖　g）突尖　h）短尖

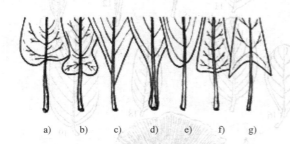

图1-10　叶基的形态
a）心形　b）耳垂形　c）楔形
d）下延　e）斜形　f）截形　g）箭形

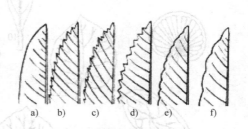

图1-11　叶缘
a）全缘　b）锯齿　c）重锯齿
d）齿牙　e）钝齿　f）波状

③ 叶裂：叶缘凹入较深的称为裂，其中凹入不超过叶缘，至叶脉间二分之一的称浅裂；超过二分之一的称深裂；凹入抵达中脉的称全裂。叶缘凹入部分如果与中脉垂直，而各裂片沿中脉两侧平行并列，使叶片呈羽毛状的称羽状裂；如凹入部分对着叶片的基部，使裂片呈掌状的，称掌状裂（图1-12）。

5）叶脉：叶片上叶脉的排列可分为网状脉和平行脉两种类型（图1-13、图1-14）。

（2）叶序　叶在枝上的排列方式称叶序，有互生、对生、轮生、簇生四种类型（图1-15）。

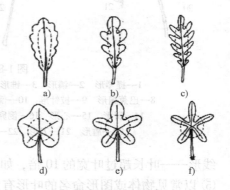

图1-12　叶裂
a）羽状浅裂　b）羽状深裂　c）羽状全裂
d）掌状浅裂　e）掌状深裂　f）掌状全裂

枝的每节上只着生一叶的称互生，一般叶在枝上呈螺旋状排列，如杨柳等。每节上有两个叶子相对着生的称对生，如女贞、桂、丁香等。每节上有三个或三个以上的叶子着生的称轮生，如夹竹桃、栀子花等。在有些植物中，由于枝的极度缩短使节间密集在一起，叶似乎都是从一处发生的，称簇生，如金钱松等。

（3）单叶与复叶　每一叶柄上生长一个叶片的，称单叶，如桃、李、杏等；一叶柄上着生两个以上叶片的，称复叶，如国槐、栾树、臭椿等。

根据复叶中小叶的排列方式，可以分为羽状复叶、掌状复叶和三出复叶（图1-16）。

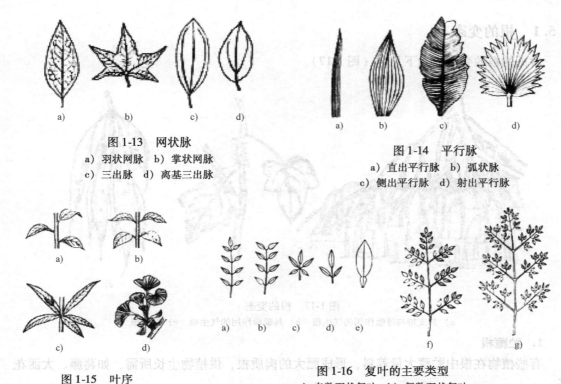

图 1-13　网状脉
a）羽状网脉　b）掌状网脉
c）三出脉　d）离基三出脉

图 1-14　平行脉
a）直出平行脉　b）弧状脉
c）侧出平行脉　d）射出平行脉

图 1-15　叶序
a）互生　b）对生
c）轮生　d）簇生

图 1-16　复叶的主要类型
a）奇数羽状复叶　b）偶数羽状复叶
c）掌状复叶　d）三出羽状复叶　e）单身复叶
f）二回羽状复叶　g）三回羽状复叶

羽状复叶的小叶排列在叶轴的两侧，呈羽毛状。其中叶轴无羽状分枝的称一回羽状复叶，如月季、国槐等；叶轴有一次或两次羽状分枝的，称二回或三回羽状复叶，合欢为二回羽状复叶，南天竹为三回羽状复叶。羽状复叶的叶轴先端有单个小叶的称奇数羽状复叶，如国槐；叶轴先端的小叶成对生长的称偶数羽状复叶，如皂荚。

掌状复叶的各小叶着生于叶轴的顶端，因此小叶呈掌状排列，掌状复叶的小叶通常 5 ~ 7 个，如五加、木棉、木通、七叶树等。

三出复叶是只有三个小叶的复叶类型，如三叶草、酢浆草、重阳木、草莓等。

此外，还有一种特殊形态的复叶，叶片与叶柄之间有关节，叶柄上有发达或不发达的翼，称单身复叶。

（4）异形叶性　同一植株具有两种不同形态的叶子的现象，称为植物的异形叶性。产生这种现象的原因，主要是环境条件的不同形成不同的叶形，称生态型异形叶性；也有的植物幼苗先后发生不同形态的叶子，反映了祖先的原始性状，称系统发育型异形叶性。

1.5　植物营养器官的变态

植物的营养器官都具有与生理功能相适应的形态特征，但由于长期适应环境的变化，往往使器官原有的形态与功能改变，称为变态。植物的三大营养器官根、茎、叶都能发生各种类型的变态。

1.5.1 根的变态

常见的根的变态有如下几种（图1-17）。

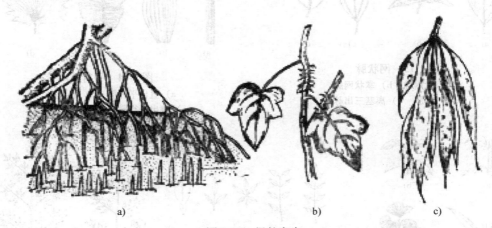

a)   b)   c)

图 1-17　根的变态
a）具支持与呼吸作用的气生根　b）具攀缘作用的气生根　c）贮藏根

1. 贮藏根

有些植物在根中贮藏大量养料，形成肥大的肉质根，供植物生长所需，如葛藤、大丽花等。

2. 气生根

能在空气中生长的根称为气生根。这些根具有呼吸、吸收或攀缘的能力。如榕树、常春藤、络石、凌霄等。

3. 寄生根

寄生植物，如菟丝子、槲寄生等的茎，缠绕在寄主的植株上，同时产生很多吸器，伸入寄主组织内，吸收寄主体内的水分和养料而生活。这些吸器就是寄生根，是一种不定根的变态。

1.5.2 茎的变态

常见的变态茎有如下几种（图1-18）。

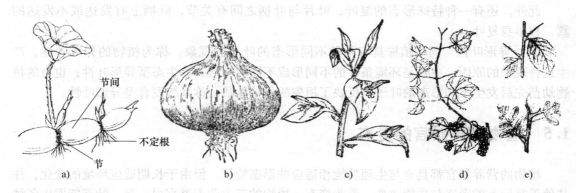

节间

不定根

节

a)   b)   c)   d)   e)

图 1-18　变态茎
a）根状茎　b）贮藏茎　c）叶状茎　d）茎卷须　e）茎刺

1. 根状茎

生长在地下，形状与根相似的茎称为根状茎，如竹类的竹鞭、白茅草的根茎等。根状茎有明显的节和节间，节部有退化的叶，叶腋内有腋芽，腋芽可长成地上茎或形成根状茎的分枝，节上可产生不定根，因此具繁殖能力。

2. 贮藏茎

生长在地下的具有贮藏养料功能的茎称贮藏茎，包括球茎、块茎、鳞茎、根茎等。球茎的茎上有环状的节与退化成膜状的叶，如慈菇、芋等；块茎呈不定形的块状，如马铃薯；鳞茎是地下茎上具有肥厚的肉质鳞叶的变态茎，如百合、水仙等。

3. 叶状茎

叶退化，由茎变成叶片状代替叶的生理功能，这种茎称为叶状茎。如假叶树、竹节蓼、蟹爪兰、昙花、天门冬等。

4. 茎卷须

有些攀缘植物的部分侧枝发育成卷须，用以攀缘它物向高处生长。如葡萄、南瓜的卷须等。

5. 茎刺

由茎变成具有保护功能的刺，称为茎刺，如山楂、梨等。有些茎刺还具有分枝，如皂荚。

1.5.3　叶的变态

叶生长在茎的节上，当其功能及形态改变时，称为变态叶（图1-19）。

1. 芽鳞

芽鳞是冬芽外面所覆盖的变态幼叶，用以保护幼嫩的芽组织，树木的冬芽大都具有芽鳞。

2. 叶刺

植株一部分或全部的叶变为刺，称为叶刺，如小檗、仙人掌等。叶刺与茎刺的区别在于茎刺在叶腋部位产生；如果在侧芽基部两侧产生，则为托叶刺。

3. 叶卷须

有些植物的叶变态为卷须，并借助它物攀援生长，如豌豆叶先端的卷须。

4. 叶状柄

叶柄变成扁平叶状，代替叶片的功能，称叶状柄。如台湾相思树、金合欢等。

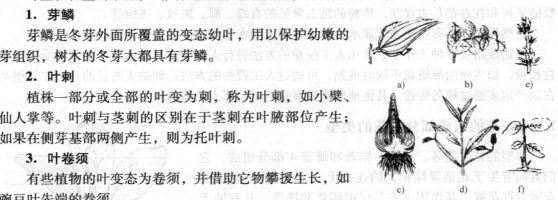

图 1-19　叶的变态
a）、b）叶卷须　c）鳞叶
d）叶状柄　e）、f）叶刺

1.6　植物的花

被子植物从种子萌发形成幼苗，经过营养生长，进入生殖生长阶段，在植物体的一定部位发育成花芽，而后开花、结果，产生种子。花、果实和种子均与植物的生殖有关，故统称为生殖器官。在植物的个体发育中，花的发育标志着植物由营养生长转入生殖生长。

花是被子植物所特有的有性生殖器官。完全花通常由花梗、花托、花萼、花冠、雄蕊和雌蕊组成。

1.6.1　植物的开花特性

植物的开花季节、花期长短等特性都与其自身的遗传特性有关。一年生植物当年开花，而后结实、死亡；二年生植物第二年才开花，而后同样因生命周期终结而死亡；多年生植物要到一定年龄才开花，如桃的实生苗，要3~5年才能开花，椴树则要20~25年才能开花。当然，也有极少数例外，如竹类为多年生植物，一生中只开一次花，开花后即结实死亡。

植物的开花季节和花期的长短因种类的不同而不同。如春季开花的有迎春、碧桃、樱花、榆叶梅等，花期只有几天至十几天；月季、瓜类等的花芽则陆续产生，陆续开花。再如一般植物均为白天开花。但也有夜间开花且花期极短的昙花。花期长短除与植物的遗传特性有关外，还受到肥料、温度、湿度等外界条件的影响。

植物的花开放以后，花粉传到柱头上的过程称为传粉。自然界中存在自花传粉和异花传粉两种类型。自花传粉指雄蕊的花粉落在同一朵花的柱头上，异花授粉则指一朵花的花粉传送到另一朵花的柱头上。异花传粉能产生生活力较强的后代。

异花传粉必须借助外力传送花粉，自然界中主要靠风力及昆虫传送。

借风力传送花粉的称风媒花，如麻栎、桦木、胡桃等。风媒花一般花被很小或无花被，无鲜艳色彩，也无蜜腺及香气，花粉数量多，粒小而轻，易被风力传播。

借助昆虫传送花粉的称虫媒花，如泡桐、茶、油桐等。虫媒花的花被通常具有鲜艳的色彩，有气味或蜜腺，以引诱昆虫传粉；花粉粒较大，有些还粘合成块，易被昆虫携带。大多数的果树和花卉都是虫媒花，传粉的昆虫常见的有蜂、蝶、蚂蚁、飞蛾等。

自然界中，还有些植物依靠水力传送花粉，如水生植物中的金鱼藻等。

植物栽培及育种工作中，常用人工授粉的方法进行人工杂交，或者为不易传粉受精的植物授粉，如雪松的雌雄花不同时成熟，可通过人工授粉的方法达到结实的目的；再如鹤望兰在原产地多通过蜂鸟传粉，其他地区作温室栽培时，可人工授粉获得种子。

1.6.2　花的组成部分及花的类型

典型的花由花萼、花冠、雄蕊和雌蕊4部分组成，它们共同着生于花柄顶端稍大的花托上（图1-20）。花萼和花冠合称花被，其作用主要是保护雌蕊和雄蕊，并有助于传粉。雌蕊和雄蕊完成花的有性生殖过程，是花的重要组成部分。

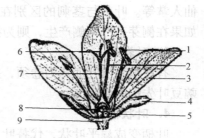

图1-20　花的构造模式图
1—花药　2—花丝　3—花瓣
4—花萼　5—胚珠　6—柱头
7—花柱　8—子房　9—花托

具有花萼、花冠、雄蕊和雌蕊的花，称完全花；缺少其中一部分或几部分的，称不完全花。具有花萼和花冠的花，称双被花；只具有花萼或花冠的花，称单被花；既无花萼又无花冠的花，称无被花。既有雌蕊又有雄蕊的花，称两性花；只具有雌蕊或雄蕊的花，称单性花。在单性花中，只具有雌蕊的花为雌花，只具有雄蕊的花称雄花。雌雄花生在同一植株上的，称雌雄同株；雌雄花分别生在两个不同植株上的，称雌雄异株。同一植株上既有两性花也有单性花，称为杂性。

1. 花托

花托是花梗的顶端部分，通常膨大或成为各种形状。

2. 花被

花被包括花萼和花冠，花萼由萼片组成，通常呈绿色，位于花各部的最外轮。其中，萼片完全分离的称离萼，萼片合生的称合萼。合萼大多上部分离成萼片，基部联合成萼筒。有些花具有两轮花萼，其中外轮的称副萼。也有的花萼果实成熟后仍存在，称宿萼。

花冠存在于花萼的内轮，由花瓣组成，花瓣常具有鲜艳的色彩，有的还具有挥发油类，放出特殊香气。花瓣分离的称离瓣花，如桃花、荷花等；花瓣合生的称合瓣花，如牵牛花、柿树、忍冬等。花冠的形状多种多样，其中，各花瓣大小相似的称整齐花（或辐射对称花），如蔷薇形、十字形、漏斗形、钟状、筒状等；各花瓣大小不等的，称不整齐花（或两侧对称花），如蝶形、唇形、舌状花冠等（图 1-21）。

萼片与花瓣在花芽中的排列方式也随植物而不同，常见的有回旋状、覆瓦状及镊合状几种。

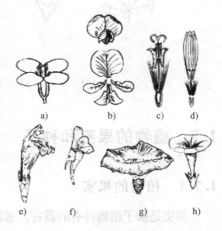

图 1-21　花冠的形态
a）十字形花冠　b）蝶形花冠
c）筒状花冠　d）舌状花冠
e）唇形花冠　f）有矩花冠
g）喇叭状花冠　h）漏斗状花冠

3. 雄蕊

雄蕊由花丝和花药两部分组成，位于花冠的内侧。

一朵花中，雄蕊的数目因植物种类而异。如兰科植物只有一个雄蕊，木犀科只有两个雄蕊；但通常由多数组成雄蕊群。雄蕊类型很多，如二强雄蕊、四强雄蕊、单体雄蕊、二体雄蕊、多体雄蕊、聚药雄蕊等。

花药是雄蕊的主要部分，成熟后产生花粉。

4. 雌蕊

雌蕊位于花的中央部分，由柱头、花柱及子房三部分组成。柱头是雌蕊的先端，是传粉时接受花粉的部位。雌蕊的基部为子房，是雌蕊的主要部分，子房内孕育胚珠。花柱连接着柱头和子房，是柱头通向子房的通道。

1.6.3　花序

有些植物的一朵花单生在茎上，为单生花；另一些植物有许多花按一定规律排列在花轴上，称为花序。花序可分为无限花序和有限花序两大类（图 1-22）。

1. 无限花序

无限花序的花序轴可保持一段时间的生长，能继续延伸并陆续开花。开花顺序由基部开始，依次向上开放，因此是一种边开花边成花的花序。

无限花序又可分为总状花序、穗状花序、葇荑花序、伞形花序、伞房花序、佛焰花序、隐头花序、篮状花序等。

2. 有限花序

有限花序的开花顺序与无限花序相反，是顶端或中心的花先开，然后由上而下或从内向外逐渐开放。有限花序又可分为单歧聚伞花序、二歧聚伞花序等类型。

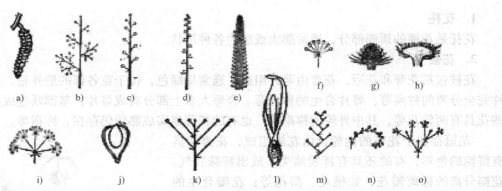

图 1-22　花序的类型

a) ～l) 无限花序　m) ～o) 有限花序

1.7　植物的果实和种子

1.7.1　植物的果实

果实是被子植物特有的器官，通常由花的子房发育而成。果实是最进化的繁殖器官之一。

1. 果实的构造

成熟的果实通常具有外、中、内三层果皮，果皮内生长着种子。

果实的发育过程中，除形态结构的变化外，果实的颜色与化学成分也发生变化。因此，幼嫩的果实中通常含有叶绿体而呈绿色，但成熟时会因化学成分的变化而呈现出鲜艳的颜色，如红色、橙色等。

果实成熟时化学成分的变化还表现在香味的变浓及果味变化。香味主要来源于挥发性物质，果味的变化则由淀粉转化而来。

2. 果实的类型

（1）真果与假果　由子房发育而来的果实称真果，大多数果实属于这种类型，如桃、杏等。果实的发育过程中如有花的其他部分参与，形成的果实称为假果，如苹果、梨及瓜类的果实，外面的肉质部分是由花托发育而来的；再如拐枣，由花梗发育而来；草莓的果实由肉质的花托构成，等等。

（2）单果、聚合果与聚花果　由一朵花中的单雌蕊或复雌蕊发育而成的果实称为单果，如桃、杏等；由一朵花中多数离生的单雌蕊联合发育而成的果实称为聚合果，如草莓、金樱子、玉兰等；由一个花序发育而成的果实称为聚花果，如桑果、凤梨等。

3. 单果的种类

根据果皮的性质与构造，单果可以分为肉质果和干果两大类。

（1）肉质果　果实成熟时肉质多汁，常见的有浆果、核果、柑果、瓠果、梨果（图1-23）。

（2）干果　果实成熟时果皮开裂，其中有些成熟时开裂的称裂果，不裂的称闭果。裂果又包括蓇葖果、荚果、角果、蒴果、颖果、瘦果、翅果、坚果、分果等（图1-24）。

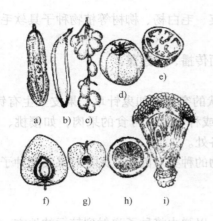

图 1-23　肉质果
a）~e）浆果　f）核果
g）梨果　h）、i）柑果

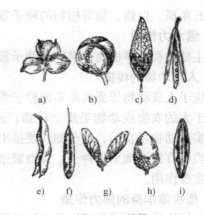

图 1-24　干果
a）蓇葖果（花椒）　b）蒴果　c）蓇葖果（梧桐）
d）角果　e）荚果　f）颖果　g）翅果
h）坚果　i）瘦果

1.7.2　植物的种子

种子植物是植物界最进化的类群，其主要特征是能够产生种子，种子是植物界中最复杂、功能最完善的繁殖器官，其包藏着幼小的植物体——胚，胚经进一步生长发育形成植株。

种子的形态随不同植物而有很大的差异，种子的形状、色泽、硬度、大小以及结构都有不同特征（图 1-25）。识别种子的不同特征是采种育种工作中十分重要的环节。

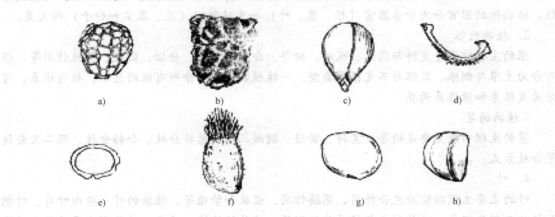

图 1-25　种子的常见形状
a）秋海棠种子　b）金鱼草种子　c）三色堇种子　d）金盏菊种子
e）紫罗兰种子　f）矢车菊种子　g）牡丹种子　h）牵牛种子

1.7.3　果实和种子的传播

果实与种子的传播有助于物种分布范围的扩大，有利于植物的种族繁衍。植物在长期的自然选择中，逐渐形成了自己特殊的果实与种子的传播方式。

1.　借风力传播

借风力传播的果实或种子大都小而轻，而且往往带有翅或毛等附属物，以便于随风吹送。如五角枫、白蜡、榆等植物的种子带翅，蒲公英、毛白杨、柳树等植物种子具软毛。

2. 借水力传播

水生植物和沼泽植物的果实或种子常借助水力而传播，如莲蓬。

3. 人和动物的传播

适应于人或动物传播的果实或种子常具有针刺状的突起，如鬼针草，果皮上生有针刺，可附着于人的衣物或动物毛皮上传播；还有的果实或种子具有可食的果肉，如樱桃、葡萄等，果实为动物吞食后，种子随粪便排出，散布到各处。

人类可有意识地采集种子，异地繁殖以丰富植物的种类。因此，人类对果实和种子的传播起着重要作用。

4. 植物体本身的弹力传播

有些植物的果实成熟时，果皮干燥卷缩而开裂，以弹力将种子弹射到较远的地方，如凤仙花。

小　结

本章内容包括：

1. 植物的细胞、组织和器官

细胞是植物体结构和功能的基本单位，由细胞壁、原生质体、液泡及细胞内含物等部分组成。一般把植物个体发育中，具有相同来源的同一类型或不同类型的细胞群组成的结构和功能单位，称为植物组织。器官是生物体内多种组织构成的，能行使一定生理功能的结构单位。植物体的器官分为营养器官（根、茎、叶）和生殖器官（花、果实和种子）两大类。

2. 植物的根

根的主要作用是支持与固定、吸收、输导、合成和转化、分泌、贮藏、繁殖作用等。根可分为主根与侧根、定根与不定根等类型。一株植物地下部分所有根的总体，称为根系，可分为直根系和须根系两类。

3 植物的茎

茎的生理功能主要是输导、支持、繁殖、储藏。茎有总状分枝、合轴分枝、假二叉分枝等分枝方式。

4. 叶

叶的主要生理功能为光合作用、蒸腾作用、吸收和繁殖等。植物的叶一般由叶片、叶柄和托叶三部分组成。叶片形态包括叶片的形状、叶片的边缘、叶尖、叶基形态及叶片上叶脉的排列等。

5. 花

花是被子植物所特有的有性生殖器官。典型的花由花萼、花冠、雄蕊和雌蕊组成。有些植物的一朵花单生在茎上，为单生花；另一些植物有许多花按一定规律排列在花轴上，称为花序。花序可分为无限花序和有限花序两大类。

6. 果实和种子

果实是被子植物特有的器官，通常由子房发育而成。果实根据不同的分类方式，可划分为真果与假果；单果与聚合果、聚花果。单果又可分为干果与肉质果等。种子植物是植物界最进化的类群，其主要特征是能够产生种子。种子的形态随不同植物而有很大的差异。果实与种子的传播方式有：借风力传播、借水力传播、人和动物的传播、植物体本身的弹力传播。

复习思考题

1. 细胞是构成植物体（　　　　　）和（　　　　　）的基本单位。一般由（　　　　　）、（　　　　　）、液泡及细胞内含物三部分组成。

2. （　　　　　　　）是活细胞内全部具有生命物质的总称，是细胞的主要部分，由（　　　　）、（　　　　　）及其他细胞器组成。

3. 一般把植物个体发育中，具有相同来源的同一类型或不同类型的细胞群组成的结构和功能单位，称为（　　　　　），一般可分为（　　　　　）和（　　　　　）两大类。

4. （　　　　　　　）是生物体内多种组织构成的，能行使一定生理功能的结构单位。根、茎、叶执行水分和养分的吸收、运输、合成及转化等营养代谢功能，称为（　　　　　　　）；花、果实、种子完成开花结果的生殖过程，称为（　　　　　　　）。

5. 根的生理功能是什么？一般可分为哪些类型？根系的含义是什么？可分为哪几种类型？

6. 枝条上着生叶子的部位称为（　　　　　），相邻两节之间称（　　　　　），叶片与枝条之间所形成的夹角称（　　　　　），叶腋处生长腋芽。

7. 茎的分枝方式有哪几种？试举例说明。

8. 植物的叶一般由（　　　　　）、（　　　　　）和（　　　　　）三部分组成。同时具备三部分的叶，称为（　　　　　）；只具备其中一个或两个部分的，称为（　　　　　）。

9. 何为单叶与复叶？复叶又可分为哪几种类型？

10. 典型的花由（　　　　）、（　　　　）、（　　　　）和（　　　　）组成。

11. 植物的花开放以后，花粉传到柱头上的过程称为（　　　　　）。自然界中存在（　　　　）和（　　　　　）两种类型。

12. （　　　　　　　）是被子植物特有的器官，通常由花的（　　　　　）发育而成。

13. 果实与种子的传播方式有哪几种？

第2章

园林植物分类

主要内容

本章主要介绍植物分类的基础知识，包括植物人为分类法、自然分类法、常见植物分类系统、植物的拉丁学名、植物检索表等。

学习目标

通过学习，应掌握如下知识和技能：

① 掌握常见植物分类系统、植物分类基本单位、植物拉丁学名等。

② 了解园林树木与花卉的人为分类法、植物检索表的编制及应用等。

2.1 植物的分类方法

在植物分类学的发展过程中，先后出现了人为分类与自然分类两种分类方法。

人为分类是为了使用方便而进行分类的方法，如我国明代医药学家李时珍，按植物性状和功能把 1095 种植物分为草、谷、菜、果、木等几类。再如瑞典自然科学家卡尔·林奈根据雄蕊的数目及排列方式，把当时已知的植物分为 24 纲，纲以下分为目、科、属、种等单位。这些都是人为分类法。

自然分类系统主要是根据各类植物的形态和解剖构造特征、特性和植物化石等进行比较而分类。这种分类系统能准确反映植物类群间的进化规律与亲缘关系，在生产实践中也有重要意义。目前较多采用的植物分类系统有恩格勒系统、哈钦松系统等。

2.2 植物系统分类法

2.2.1 较常采用的植物分类系统

1. 恩格勒分类系统

恩格勒（A. Engler）为德国植物学家。恩格勒系统的主要特点是：

1）认为单性而又无花被（葇荑花序）是较原始的特征，所以将木麻黄科、杨柳科、桦木科、荨麻科等放在木兰科和毛茛科之前。

2）认为单子叶植物较双子叶植物原始。

3）目与科的范围较大。

由于恩格勒系统较为稳定而实用，所以在世界各国及中国北方多采用。该系统在 1964 年根据多数植物学家的意见，将错误的部分加以更正，即认为单子叶植物是较高级的植物，放在双子叶植物后，目、科的范围亦有调整。

2．哈钦松分类系统

英国植物学家哈钦松（J. Hutchinson）继承了 19 世纪英国植物学家边沁与胡克的系统，并以美国植物学家柏施（C. E. Bessey，1845—1915）的植物进化学说为基础加以改革，建立了该系统，特点是：

1）认为单子叶植物比较进化，故排在双子叶植物之后；

2）在双子叶植物中，将木本与草本分开，并认为木本为原始性状，草本为进化性状；

3）认为花的各部分呈离生状态，螺旋状排列，具多数离生雄蕊，两性花等性状较原始；而花的各部分呈合生或附生，轮生排列；具少数合生雄蕊，单性花等性状属于较进化的性状；

4）认为具有萼片和花瓣的植物中，如果它的雄蕊和雌蕊在解剖上属于原始性状时，则比无萼片与花瓣的植物较为原始；

5）单叶和叶呈互生排列现象属于原始性状，复叶或叶呈对生或轮生排列现象属于较进化的现象；

6）目和科的范围较小。

目前很多人认为哈钦松系统较为合理，我国南方学者采用哈钦松分类系统的较多。

2.2.2　植物分类的基本单位

1．物种的概念

物种又称种，是植物分类的基本单位。种是指具有相似的形态特征，具有一定的生物学特性以及要求一定生存条件的无数个体的总和，在自然界中占有一定的地理分布区。

种具有相对稳定的特征，但又不是绝对固定一成不变的，在长期的进化过程中，不同种质发生相互渗透，因而在一定的范围内产生着变化。分类学家根据这些差异的大小，又在种以下分为变种和变型。

2．植物分类系统的各级分类单位

植物分类学的各级分类基本单位是界、门、纲、目、科、属、种。各级分类单位中，又可根据实际需要，再划分更细的单位，如亚门、亚纲、亚目、亚科、亚属、组、变种、变型等。以油松为例，其各级分类单位是：

界——植物界（Plantae）

门——种子植物门（Spermatophyta）

亚门——裸子植物亚门（Gymnospermae）

纲——松柏纲（Coniferae）

目——松柏目（Coniferales）

科——松科（Pinaceae）

属——松属（*Pinus*）

亚属——双维管束亚属（*Subgen. Pinus*）

种——油松（*Pinus tabulaeformis Carr.*）

2.3 植物的拉丁学名

2.3.1 概述

植物种的名称，不但因各国语言不同而异，即使在同一国家也往往由于地区不同而出现同名异物现象，如酸枣，在北方指一种鼠李科的小灌木，在南方则指一种漆树科的大乔木。另外，同物异名现象也不同程度的存在，如北京的玉兰，在湖北被称为应春花，在河南被称为白玉兰，等等。

植物名称的不统一，对植物研究和利用非常不便，容易发生差错。因此，国际上采用统一名称，即植物的拉丁名，也就是植物的学名。

2.3.2 拉丁学名的组成

植物的拉丁学名是以瑞典植物学家林奈所提倡的双名法来给植物命名的。

双名法以两个词来给植物命名，第一个词是属名，多数是名词，第一个字母要大写；第二个词是种加词，多数为形容词，以描述该种的主要特征，第一个字母小写。一个完整的学名还要在种名之后附以命名人的姓氏。如银杏的学名 *Ginkgo biloba* Linn.，*Ginkgo* 是属名（银杏属），*biloba* 是种名，意为二裂的（指叶片的形态），Linn. 是命名人林奈 Linnaeus 的缩写。

变种是在种名之后加 var.（varietas 的缩写）、变种加词及变种命名人，变型是在种名之后加 f.（forma 的缩写）、变型加词及变型命名人，栽培变种的命名将品种加词放在单引号内，或在种名后加写 cv.，然后将品种名用大写或正体字写出。

2.4 园林植物的人为分类法

园林植物的人为分类法又称为园艺分类法或应用分类法，是根据园林植物应用的需要，依据其习性、原产地、栽培方式及用途等，人为划分为不同类型的一种方法。

一般而言，凡适合于各种风景名胜区、休疗养胜地和城乡各类型园林绿地应用的木本植物，统称为园林树木；而草本观赏植物，包括温室木本花卉及盆景等，均被列入花卉的范畴。草坪与地被植物近年来被单列出来，成为与花卉、树木并行的园林植物材料重要类别。

2.4.1 园林树木的分类

1. 按生长习性分类

根据生长习性可将园林树木分为乔木类、灌木类、藤本类、竹木类等。

（1）乔木类　树体高大，多在 6m 以上，具有明显的高大主干。又可依高度而分为大乔木、中乔木和小乔木。

（2）灌木类　树体矮小（通常在 6m 以下），主干低矮。灌木类中，干茎自地面呈多数生出，无明显主干的一类，又可称为丛木类，如迎春等；干枝匍地生长，与地面接触部分可生出不定根而扩大占地范围的一类，又可称为匍地类，如铺地柏等。

（3）藤本类　能缠绕或攀附他物而向上生长的木本植物，依其生长特点又可分为缠绕类、吸附类、卷须类、蔓生类。

（4）竹木类　如竹子等。

2. 按主要的观赏性状分类

（1）观赏树形的树木类（形木类）　如雪松等；

（2）观赏叶片的树木类（叶木类）　如紫叶李等；

（3）观赏花朵的树木类（花木类）　如白玉兰、樱花等；

（4）观赏果实的树木类（果木类）　如平枝枸子等；

（5）观赏枝干的树木类（干枝类）　如红瑞木、黄金槐等；

（6）观赏根系的树木类（根木类）　如榕树等。

3. 按园林绿化应用分类

（1）园景树　园景树又称独赏树，可孤植观赏，如金钱松、鹅掌楸、雪松、南洋杉、龙爪槐、银杏等。

（2）庭荫树　庭荫树指冠大荫浓，或花朵、果实等具有较高的观赏价值，可用作庭院遮荫的树种，如七叶树、悬铃木、榕树、樟树、银杏等。

（3）行道树　行道树是城乡绿化的骨干树，能统一、组合城市景观，体现城市与道路特色，创造宜人的空间。行道树以乔木树种为主，白蜡、银杏、悬铃木、鹅掌楸、椴树、七叶树等均为优良的行道树种。

（4）垂直绿化树　垂直绿化树占地少，绿化面积大，在增加环境绿量，提高绿化指数，改善生态效益方面具有积极作用。垂直绿化树种以藤本为主，如紫藤、凌霄、地锦、常春藤、金银花等。

（5）绿篱树　绿篱树是指耐修剪、分枝多、生长缓慢、株形紧凑的树种。大叶黄杨、小叶黄杨等均可作绿篱树使用。

（6）木本地被植物　如爬山虎、平枝枸子、铺地柏、沙地柏、偃柏、金银花、山荞麦、五叶地锦等。

（7）工矿绿化树　有污染源的厂矿企业，如化工厂、造纸厂以及无污染源，但对环境要求高的企业，均需栽植抗污染性较强的树种，如法国梧桐等。

（8）盆栽、盆景树　耐干旱贫瘠，寿命长，耐修剪，枝叶细小，姿态古朴优美的树种为宜，如榔榆、叶子花、榕树、五针松、苏铁等。

4. 综合分类法

依据对环境因子的适应能力进行树木分类：

（1）依热量因子　分为热带树种、亚热带树种、温带树种和寒带树种；

（2）依水分因子　分为耐旱树种、耐湿树种；

（3）依光照因子　分为喜阳树种、喜阴树种、中性树种；

（4）依土壤因子　分为喜酸性土树种、喜碱性土树种、耐瘠薄树种和海岸树种。

2.4.2　花卉的分类

1. 依生态习性分类

可分为露地花卉、温室花卉两大类（详见第12章）。

2. 依园林用途分类

可分为花坛花卉、盆栽花卉、室内花卉、切花花卉、观叶花卉、荫棚花卉等。

3. 依经济用途分类

可分为药用花卉、香料花卉、食用花卉、其他可生产纤维、淀粉、油料的花卉。

4. 依自然分布分类

可分为热带花卉、温带花卉、寒带花卉、高山花卉、水生花卉、岩生花卉、沙漠花卉等。

2.4.3 草坪与地被植物

草坪是由草坪草及其赖以生存的基质共同组成的一个有机体，是由密植于坪床上的多年生矮草经修剪、滚压或反复践踏后形成的平整的草地。草坪既包括草类植物，也包括其赖以生存基质。其中，草类植物是草坪的核心，如狗牙根、结缕草、早熟禾等。

地被植物指株形低矮、能覆盖地面的植物群体，这个群体中既包括草本植物，又包括木本植物中的低矮灌木，阴湿的地方还有苔藓和蕨类植物等。

2.5 植物检索表

植物分类检索表是鉴定植物的工具，一般包括分科、分属及分种检索表。鉴别植物时，利用检索表可初步查出该植物的科、属、种，然后再与植物志中该种植物描述的性状进行核对，如果完全相符即可确定为该种植物。

植物检索表的编制常用植物形态比较法，按照科、属、种划分的标准和特征，选用一对明显不同的特征，将植物分为两类，又从两类中再找相对的特征区分为两类。依次类推，最后即可分出科、属、种或品种。

植物检索表必须在对该群植物中每种植物的性状充分熟悉后才能编制出来。

常用的植物检索表有平行和定距两种形式。

2.5.1 平行检索表

平行检索表中每一相对性状的描写紧紧并列以便比较，在一种性状描述结束即列出所需的名称或是一个数字。此数字重新列于较低的一行之首，与另一组相对性状平行排列。现以蔷薇科分亚科检索表为例说明：

1. 开裂的蓇葖果，稀蒴果；多无托叶……………………………………绣线菊亚科
1. 梨果、瘦果或核果，不开裂；有托叶…………………………………………2
2. 子房下位，心皮 2~5，梨果或浆果状…………………………………苹果亚科
2. 子房上位，少数下位…………………………………………………………3
3. 心皮多数，瘦果，萼宿存，多复叶……………………………………蔷薇亚科
3. 心皮常为 1，核果，萼脱落，单叶……………………………………李亚科

2.5.2 定距检索表

定距检索表中每对特征写在左边一定的距离处，前面标以数字，与之相对应的特征写在

同样距离处。如此下去每行字数减少，距离越来越短，逐组向右收缩。定距检索表使用上较为方便，每组对应性状一目了然，便于查找核对。现以杨柳科柳属分种检索表为例说明：

1. 乔木
 2. 叶狭长，披针形至线状披针形，雄蕊2
  3. 枝条直伸或斜展，叶长5~10cm，叶柄短，2~4mm ······················· 旱柳
  3. 枝条细长下垂，叶长8~16cm，叶柄长，0.5~1.5cm ··················· 垂柳
 2. 叶较宽大，卵状披针形至长椭圆形·· 河柳
1. 灌木
 4. 叶互生，长椭圆形有锯齿，雄花序大，密被白色绢毛，有光泽·············· 银芽柳
 4. 叶对生、近对生，长圆形或倒披针状长圆形，全缘································· 杞柳

植物分类学中，常根据花、果的构造和形态编制检索表，但为了生产使用的方便，尤其是在不开花的季节使用方便，亦可仅用枝、叶、芽等形态编制检索表。

小　结

自然界中植物种类繁多，需要科学的方法分类鉴别。植物分类法包括人为分类法、自然分类法。

1. 植物系统分类法

(1) 植物分类常见采用的分类系统包括：恩格勒系统、哈钦松系统等。

(2) 植物拉丁学名采用双名法命名。双名法是以两个词来给植物命名的，第一个词是属名，多数是名词，第一个字母要大写；第二个词是种名，多数为形容词，以描述该种的主要特征，第一个字母小写。一个完整的学名还要在种名之后附以命名人的姓名。

2. 观赏植物的人为分类法

园林树木：按生长习性分类，可分为乔木类、灌木类、丛木类、藤本类、匍地类、竹木类等；按主要的观赏性状分类，可分为观赏树形的树木类（形木类）、观赏叶片的树木类（叶木类）、观赏花朵的树木类（花木类）、观赏果实的树木类（果木类）、观赏枝干的树木类（干枝类）、观赏根系的树木类（根木类）；按园林绿化应用分类，可分为园景树（独赏树）、庭荫树、行道树、花果树、垂直绿化树、绿篱树、木本地被树、工矿绿化树、盆栽盆景树；综合分类法即依据对环境因子的适应能力进行树木分类，又可分为按热量因子、按水分因子、按光照因子、按土壤因子分类等。

园林花卉：依生态习性可以将花卉分为温室花卉与露地花卉两类；依园林用途分类，可分为花坛花卉、盆栽花卉、室内花卉、切花花卉、观叶花卉、荫棚花卉等；依经济用途分类为药用花卉、香料花卉、食用花卉、其他可生产纤维、淀粉、油料的花卉。依自然分布分类可分为热带花卉、温带花卉、寒带花卉、高山花卉、水生花卉、岩生花卉、沙漠花卉等。

3. 植物检索表

植物分类检索表是鉴定植物的工具，一般分为分科、分属及分种等三种检索表。常用的检索表有平行和定距两种形式。

复习思考题

1. 常见采用的植物分类系统包括哪几种？

2. 植物的拉丁学名是以瑞典植物学家林奈所提倡的（　　　　　）来给植物命名的。（　　　　　）是以两个词来给植物命名的，第一个词是（　　　　　），多数是名词，第一个字母要大写；第二个词是（　　　　　），多数为形容词，以描述该种的主要特征，第一个字母小写。一个完整的学名还要在种名之后附以（　　　　　）。

3. 植物分类系统的各级分类基本单位是什么？

4. 依生态习性的不同，可以将花卉分为哪两大类？

5. 试根据校园常见的10种园林植物编制植物分类检索表。

第二部分　园林树木

第3章

花木类园林树木

~~~~~~

主要内容

① 花木类园林树木的基本知识。

② 43 种常见花木类园林树木的识别要点、产地与分布、习性、繁殖与栽培、观赏与应用等。

学习目标

① 掌握花木类园林树木的特点。

② 通过本章学习，可识别如下园林树种：白玉兰、紫玉兰、广玉兰、珍珠梅、白鹃梅、蔷薇、玫瑰、月季、梅、杏、李、桃、榆叶梅、樱花、西府海棠、贴梗海棠、垂丝海棠、海棠花、棣棠、连翘、紫丁香、迎春、茉莉、桂花、牡丹、天目琼花、木绣球、荚蒾、猬实、锦带花、金银木、糯米条、紫荆、洋紫荆、合欢、珙桐、四照花、溲疏、夹竹桃、木槿、扶桑、木芙蓉、蜡梅，并描述其形态特征。

③ 了解 44 种常见花木类园林树木的产地与分布、习性、繁殖与栽培、观赏与应用等知识。

~~~~~~

3.1 花木类园林树木概述

花木类园林树木，即木本植物中以观花为主的类群。这类植物大多植株高大，年年开花，花色丰富，花期较长，且栽培管理简易，寿命较长，是园林绿化中不可缺少的观赏植物。

鉴于园林规划设计中植物造景的需要，本章学习中，除重点掌握花木类园林树木的识别要点、产地与分布、习性、观赏与应用等内容外，就开花习性而言，还应注意如下方面：

（1）花相　即花朵在植株上着生的状况。包括密满花相、覆盖花相、团簇花相、星散花相、线条花相及干生花相等。

（2）花式　即开花与展叶的前后关系。

（3）花色　一般指花朵盛开时的标准颜色，包括色泽、浓淡、复色、变化等。

（4）花瓣　花瓣类型有重瓣、复瓣、单瓣等。

（5）花香　即花朵分泌、散发出的独特香味，包括浓淡、类型、飘香距离等。

（6）花期　即花朵开放的时期，又分初开、盛开及凋谢期。

（7）花韵　即花木所具有的独特风韵，是人们对客观存在所引起的感觉或印象。

花木类园林树木种类繁多，本教材仅对园林中较常见者作一介绍。

3.2 我国园林中常见的花木类园林树木

3.2.1 白玉兰

[学名] *Magnolia denudata* Desr.

[别名] 木兰

[科属] 木兰科木兰属

[识别要点] 落叶小乔木，小枝淡灰色，嫩枝及芽外被黄色短柔毛。冬芽大，密被灰绿或灰绿黄色绒毛。叶互生，倒卵形，叶端突尖，表面有光泽，背面叶脉上有柔毛，淡绿色，全缘。花先叶开放，单生枝顶，钟状，白色，有清香，直径 12～15cm；花被 9 片，肉质，矩圆状倒卵形，每 3 片排成 1 轮。花期 3 月，蓇葖果，6～7月成熟（图 3-1）。

图 3-1　白玉兰

变种与品种：

二乔玉兰（紫砂玉兰）（*M. soulangeana* Soul.），白玉兰和紫玉兰的杂交种，树形较矮，落叶小乔木或灌木状，花大而芳香，白色，背带淡紫色，较亲本更为耐寒、耐旱。

[产地与分布] 原产中国，北京及黄河流域以南至西南各地普遍栽培。

[习性] 喜光，稍耐阴，具较强的抗寒性。适生于土层深厚的微酸性或中性土壤，不耐盐碱，土壤贫瘠时生长不良。根系肉质，易烂根，忌积水低洼处栽植。不耐移植和修剪，抗二氧化硫能力较强。生长缓慢，寿命长。

[繁殖与栽培] 播种、嫁接或压条繁殖。

[观赏与应用] 白玉兰先花后叶，花洁白、美丽且清香，早春开花时犹如雪涛云海，蔚为壮观。古时常在住宅的厅前院后配置，名为"玉兰堂"，亦可在庭园路边、草坪一角、亭台前后或景窗内外、洞门两旁等处种植，孤植、对植、丛植或群植均可。

3.2.2　紫玉兰

[学名] *Magnolia liliflora* Desr.

[别名] 辛夷、木兰、木笔

[科属] 木兰科木兰属

[识别要点] 落叶灌木，高达5m，常丛生；小枝紫褐色，具白色显著皮孔。顶芽卵形，外有黄褐色绢毛。叶倒卵形或椭圆状卵形，先端急尖，或渐尖，基部楔形，全缘，具柔毛；叶柄粗短。花叶同放，单生于枝顶，杯状，外面紫红色，内面白色，花萼绿色披针形。聚合蓇葖果，圆柱形，淡褐色。花期3月，果熟期8~9月（图3-2）。

图3-2　紫玉兰

[产地与分布] 原产我国湖北、四川、云南，现除严寒地区外各省广为栽培。

[习性] 喜温暖湿润和阳光充足的环境，较耐寒，但不耐旱和盐碱，怕水淹，要求肥沃、排水好的沙壤土。

[繁殖与栽培] 常用分株、压条和播种繁殖。

[观赏与应用] 紫玉兰是著名的春季观赏花木，开花时满树紫红色花朵，姿态幽雅，别具风情，适用于古典园林中庭前院后配植，也可孤植或散植于小庭院内。

3.2.3　广玉兰

[学名] *Magnolia grandiflora* L.

[别名] 荷花玉兰

[科属] 木兰科木兰属

[识别要点] 常绿乔木，叶椭圆形或倒卵状矩圆形，硬革质，顶端钝尖，基部宽楔形，全缘，表面深绿色，有光泽，背面密生锈褐色绒毛。花单生于枝顶，荷花状，白色，芳香，花丝紫色。花期5月，果熟期9月下旬（图3-3）。

图3-3　广玉兰

[产地与分布] 原产北美，生于河岸的湿润环境。现我国长江以南广为栽培。山东亦有应用。

[习性] 喜温暖湿润气候，稍耐寒。喜阳光，幼树耐荫。对土壤要求不严，适生于肥沃、湿润的酸性土壤，不耐积水，也不耐修剪。抗烟尘、毒气的能力较强。

[繁殖与栽培] 可用播种、压条和嫁接三种方法繁殖。

[园林用途] 广玉兰树姿雄伟壮丽，树荫浓郁，花大而芳香，为城镇绿化的重要树种。适合在公园、较宽广的庭院、居

民区、工厂等处栽植，孤植、列植、对植均可。

3.2.4 珍珠梅

[学名] *Sorbaria kirilowii* (Regel) Maxim.

[别名] 吉氏珍珠梅、华北珍珠梅

[科属] 蔷薇科珍珠梅属

[识别要点] 丛生落叶灌木，高约2m，枝梢向外开展。叶互生，奇数羽状复叶，长5~10cm，小叶长椭圆状披针形，边缘具重锯齿。圆锥花序，长15~20cm，花白色，小，花蕾时似珍珠。果梗直立，果矩圆形。花期6~8月，果熟期9~10月（图3-4）。

[产地与分布] 主产于我国北部，生于海拔200~1500m的山坡、河谷及杂木林中。

[习性] 喜光，也较耐阴，耐寒性较强。不择土壤，但在湿润肥沃的土壤中生长较好。

[繁殖与栽培] 分株或扦插法繁殖，大量繁殖苗木时可用播种法。

图3-4　珍珠梅

[观赏与应用] 珍珠梅枝叶清秀，耐阴性较强，且花期较长，花期正值夏季少花季节，系北方庭园夏季主要的观花树种之一。宜栽植于各类建筑物北侧荫处、树荫下等，也可丛植于草坪、林缘、墙边、街头绿地，也可作花篱，效果良好。

3.2.5 白鹃梅

[学名] *Exochorda racemosa* (Lindl.) Rehd.

[科属] 蔷薇科白鹃梅属

[识别要点] 落叶灌木，株高3~5m。全株无毛。叶椭圆形或倒卵状椭圆形。花白色，总状花序。花期4~5月。蒴果，倒卵形，9月成熟（图3-5）。

[产地与分布] 产于我国湖北及华东各省。

[习性] 喜光，稍耐阴。耐寒，对土壤要求不严，酸性土壤、中性土壤都能生长，耐干旱、瘠薄，萌蘖性强。

[繁殖与栽培] 播种或扦插繁殖。

[观赏与应用] 白鹃梅是美丽的观赏树种，洁白如雪，秀丽动人，宜丛植于林缘、路边及假山、岩石间或草地边缘，也可配植于常绿树

图3-5　白鹃梅

丛前，或作基础栽植，极有雅趣。

3.2.6 蔷薇

[学名] *Rosa multiflora* Thunb.

[别名] 多花蔷薇、野蔷薇

[科属] 蔷薇科蔷薇属

[识别要点] 落叶蔓性灌木，枝细长，有皮刺。叶互生，奇数羽状复叶，小叶5~9，有锯齿，两面有短柔毛或腺毛，托叶与叶轴基部合生，边缘篦齿状分裂，有腺毛。伞房或圆锥

花序，花瓣5枚，花白色或微有红晕，单瓣、芳香，有重瓣栽培品种。果近球形，暗红色，果熟期9~10月（图3-6）。

变种与品种：

（1）粉团蔷薇（红刺玫）（var. *cathayensis* Rehd. et Wils.） 花较大，粉红色，单瓣，小叶通常5~7枚。

（2）十姊妹（七姊妹）（var. *platyphylla* Thory.） 小叶较大，花重瓣，深红紫色，7~10朵成扁平伞房花序。

[产地与分布] 产于我国黄河流域及以南地区的低山丘陵、溪边、林缘及灌木丛中，现全国普遍栽培。

[习性] 喜阳光，亦耐半阴。较耐寒。不耐水湿，忌积水。要求疏松、肥沃、排水良好的土壤。

图3-6 蔷薇

[繁殖与栽培] 扦插或播种繁殖。

[观赏与应用] 蔷薇初夏开花，花团锦簇，鲜艳夺目。园林中可植于花架、花格、绿廊、绿亭，也可用于美化墙垣，点缀坡岸，装饰建筑物墙面或植花篱，还可作为嫁接月季的砧木。

3.2.7 玫瑰

[学名] *Rosa rugosa* Thunb.

[别名] 徘徊花

[科属] 蔷薇科蔷薇属

[识别要点] 落叶丛生灌木，高可达2m。枝干粗壮，灰褐色，有皮刺和刺毛，小枝密生绒毛。羽状复叶，小叶5~9片，椭圆状倒卵形，质厚，边缘有钝锯齿，叶面光亮，有皱纹，叶背苍白色，有柔毛。托叶大，附着于叶柄上。花单生或3~6朵簇生于当年生新枝上端，花有单瓣或重瓣，紫红色至白色，芳香，花期4月下旬至5月底。果扁球形，9月成熟，呈砖红色（图3-7）。

变种与品种：

（1）白玫瑰（var. *alba* W. Robins.） 花白色。

（2）重瓣白玫瑰（var. *alba-plena* Rehd.） 花重瓣，白色，香味最浓。

图3-7 玫瑰

（3）红玫瑰（var. *rosea* Rehd.） 花红玫瑰色。

（4）重瓣玫瑰（var. *plena* Reg.） 花重瓣，紫色，浓香。

（5）紫玫瑰（var. *typica* Reg.） 花玫瑰紫色。

[产地与分布] 原产中国华北、西北、西南等地，各地都有栽培，以山东、北京、河北、河南、陕西等最多。

[习性] 性强健，喜阳光，也耐半阴，耐寒，耐干旱，对土壤要求不严，在排水良好的肥沃中性沙质土中生长最盛；酸性土中长势差，且易衰老。水位高、土壤粘湿处不宜栽培。

[繁殖与栽培] 扦插、压条、嫁接和播种繁殖。

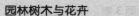

［观赏与应用］玫瑰花色鲜艳，芳香浓郁，是著名的观花闻香花木。可丛植草坪，点缀坡地，布置花坛、花境、专类园等，也可盆栽观赏或作切花。花可提炼香精，广泛应用于食品、化妆品等行业。

3.2.8 月季

［学名］*Rosa chinensis* Jacq.

［别名］长春花、月月红

［科属］蔷薇科蔷薇属

［识别要点］直立灌木。小枝有粗壮而略带钩状的皮刺。羽状复叶，小叶 3 ~ 7，宽卵形或卵状矩圆形，尖端渐尖，基部宽楔形或近圆形，边缘有锐锯齿；叶柄和叶轴散生皮刺和短腺毛，托叶大部分附生在叶柄上，边缘有腺毛。花常数朵聚生；花粉红至白色，微香，四季开花，3 ~ 10 月开花多。果卵圆形或梨形，红色（图3-8）。

变种与品种：

（1）月月红（var. *semperfolrens* Koehne） 茎较纤细，有刺或近无刺，小叶较薄，略带紫晕。花多单生，紫色至深粉红色，花梗细长而下垂。

图3-8 月季

（2）小月季（var. *minima* Voss.） 植株矮小，多分枝，高一般不过25cm，叶小而狭，花小，径约3cm，玫瑰红色，单瓣或重瓣。

［产地与分布］原产中国湖北、四川、云南、湖南、江苏等地。现各地普遍栽培。目前现代月季品种已达万种以上。

［习性］对环境适应性较强，喜温暖凉爽的气候和充足的阳光，耐旱、耐寒。

［繁殖与栽培］扦插、嫁接繁殖。

［观赏与应用］月季花色鲜艳，花型丰富，一年多次开花，系我国传统十大名花之一，是重要的园林花灌木，地栽、盆栽或切花均效果良好，可用于花坛、花境，亦可植于庭院、楼前，或布置成专类园。

3.2.9 梅

［学名］*Prunus mume* Sieb. et Zucc.

［别名］春梅、干枝梅、红绿梅

［科属］蔷薇科李属

［识别要点］落叶乔木，株高约10m，树冠圆整，干呈褐紫色。小枝细长，绿色。叶广卵形至卵形，边缘具细锯齿。花单生或 2 朵并生，无梗或具短梗，原种呈淡粉红或白色，栽培品种则有紫、红、彩斑至淡黄等花色，于早春先叶而开。果球形，一侧有浅沟槽，绿黄色，密生细毛，果肉粘核，味酸。花期 1 ~ 3 月，果熟期 5 ~ 6 月（图3-9）。

变种与品种：

图3-9 梅

我国植物分类学家陈俊愉教授对梅花的分类如下：

（1）真梅系　又分为直枝梅类、垂枝梅类、龙游梅类等。

1）直枝梅类，是梅花的典型变种，枝直伸或斜展。常见的有江梅、宫粉梅、朱砂梅、绿萼梅、玉碟梅等。

2）垂枝梅类，枝下垂，形成独特的伞形树冠，花开时花朵向下。

3）龙游梅类，枝条自然扭曲如游龙，为梅中珍品。

（2）杏梅系　是梅与杏的天然杂交种。枝、叶似杏，花为杏花型复瓣花，色如杏花，花期较晚，春末开花，抗寒性较强。

（3）樱李梅系　为19世纪末法国人以红叶李与宫粉型梅花远缘杂交而成。

（4）山桃梅系　以山桃与梅花远缘杂交而成，抗寒性较强，花白色，单瓣。

[产地与分布] 原产于我国西南各省，现秦岭以南至南岭各地均有分布。

[习性] 喜温暖湿润气候，有一定的耐寒能力，不耐气候干燥。喜光，稍耐阴。对土壤要求不严，喜排水良好，忌积水。萌芽力强，耐修剪。寿命长。

[繁殖与栽培] 嫁接繁殖，砧木多用梅、桃、杏、山杏和山桃。

[观赏与应用] 梅花苍劲古雅，傲雪斗霜，系我国十大传统名花之一，广泛应用于各类园林绿地中，孤植、丛植、群植均可。若用常绿乔木或深色建筑作背景，更可衬托出梅花玉洁冰清之美。如松、竹、梅相搭配，则形成"岁寒三友"的典雅意境。梅花可作专类园布置，形成梅岭、梅峰、梅园、梅溪、梅径等景观。梅花是南京、武汉等城市的市花。

3.2.10　杏

[学名] *Prunus armeniaca* L.

[别名] 杏花、杏树

[科属] 蔷薇科李属

[识别要点] 落叶乔木，高约10m，树冠圆整，树皮黑褐色，小枝红褐色；叶卵形至近圆形，先端短尖或渐尖，基部圆形或渐狭，边缘有圆钝齿。花单生，先叶开放，花白色或稍带红色，圆形至倒卵形。核果球形，成熟时黄白色或黄红色，常有红晕，微生短柔毛或无毛，成熟时不开裂，果肉多汁，核扁平光滑。花期3~4月，果熟期6~7月（图3-10）。

图 3-10　杏

[产地与分布] 我国长江流域以北各地均有栽培，是北方常见的果树。

[习性] 喜阳光充足，耐寒、耐旱、耐热。对土壤要求不严，稍耐盐碱，不耐涝，不喜空气湿度过高，管理较粗放。

[繁殖与栽培] 播种或嫁接繁殖，砧木多用山杏。

[观赏与应用] 杏花姿容美丽，是早春主要的观花果树之一，又称北梅，宜群植或片植于山坡，也可种植于水畔、湖边，可作北方大面积荒山造林树种，是园林结合生产的优良树木。果可供鲜食或加工成果酱、蜜饯，杏仁可入药。

3.2.11　李

[学名] *Prunus salicina* lindl.

[别名] 山李子、嘉庆子、玉皇李

[科属] 蔷薇科李属

[识别要点] 落叶小乔木，小枝无毛，红褐色。单叶互生，椭圆状倒卵形，叶缘有重锯齿，背面脉腋有簇毛。花期3~4月。花白色，常3朵簇生。果卵球形，黄绿色至紫色，无毛，外被蜡粉，7月成熟（图3-11）。

[产地与分布] 原产中国，分布较广。

[习性] 对光线要求不十分严格，一般在水分条件比较好、土层较深厚、光照不强烈的山坡背阴面等，均能良好生长。

[繁殖与栽培] 嫁接、分株、播种均可。李的砧木在北方选用山杏和山桃，南方用毛桃，东北地区又以中国李和毛樱桃作砧木。

[观赏与应用] 李子果实美丽且味美可口，具一定的药用价值，可作庭园、宅旁、村旁或风景区的绿化树种。

图3-11　李

3.2.12　桃

[学名] *Prunus persica*（Linn.）Batsch.

[别名] 桃花

[科属] 蔷薇科李属

[识别要点] 落叶小乔木。树干灰褐色，粗糙有孔。小枝红褐色或褐绿色，平滑。叶椭圆状披针形，边缘有细锯齿。花单生，先叶开放，粉红色，近无柄，重瓣或半重瓣，花萼密生绒毛。核果卵球形，果实一侧有沟槽，表面密被绒毛，果肉多汁，离核或粘核，不开裂。花期3月，果熟期6月~8月（图3-12）。

变种与品种：

桃的栽培品种和变种极多，有果桃、花桃两大类。观花品种主要有如下几种：

（1）碧桃（f. *duplex* Rehd.）　嫩枝深红带绿色，花重瓣，色淡红。

图3-12　桃

（2）洒金碧桃（f. *versicolor* Voss.）　又称二乔碧桃，花重瓣，白色，花瓣上有红色条纹，或1枝上花有红有白，或1朵花上有红有白。

（3）寿星桃（f. *densa* Mak.）　树形矮小，枝紧密，节间短，花有红色、白色两个重瓣品种。

（4）垂枝桃（f. *pendula* Dipp.）　枝下垂，花重瓣，有白、红、粉红、洒金等半重瓣、重瓣等不同品种。

[产地与分布] 原产于我国甘肃、陕西高原地带，全国均有栽培，栽培历史悠久。

[习性] 阳性树，不耐阴，在庇荫环境下枝弱花小。耐旱，不耐湿，忌涝，积水3~5天轻则落叶，重则死亡；耐高温，较耐寒；喜排水良好的肥沃沙质壤土，不耐碱和粘土，否则易产生流胶病和黄化病。

[繁殖与栽培] 嫁接繁殖为主，亦可压条繁殖。

[观赏与应用] 桃花烂漫妩媚，是园林中重要的春季花木。孤植、列植、丛植、群植均可，山坡、湖畔、草坪、林缘，几乎随处可植。最宜桃柳间植于水滨，形成"桃红柳绿"的动人景色。

3.2.13　榆叶梅

[学名] *Prunus triloba* Lindl.

[别名] 小桃红、山樱桃

[科属] 蔷薇科李属

[识别要点] 落叶灌木，干枝紫褐色，直立，粗糙。叶片倒卵形，先端渐尖，叶缘具粗锯齿。花单生或两朵并生在长枝的节部，粉红色，先叶开放或花叶同放，花期 3～4 月（图3-13）。

变种与品种：

（1）重瓣榆叶梅（f. *plena* Dipp.）　花重瓣，花梗长而下垂，最多的每朵可达 70 瓣左右，开花较迟。

（2）鸾枝（var. *atropurpurea* Hort.）　小枝紫红色，着花密集，多重瓣，花期早。

[产地与分布] 原产于我国华北及东北，生于海拔 2100m 以下山坡疏林中。

[习性] 喜光，稍耐阴；耐寒，在 –35℃ 的条件下能安全越冬。对土壤要求不严，以中性至微碱性而肥沃土壤为佳。耐旱力强，不耐水涝。有较强的抗病力。

[繁殖与栽培] 播种、扦插和嫁接法繁殖。

[观赏与应用] 榆叶梅开花时花团锦簇，灿若云霞，是早春优秀的观花灌木，可丛植于草坪边缘、道路转角等处，尤其适合与金钟、连翘等配植在一起，各类园林绿地中均很适宜。也可盆栽或切花观赏。

图 3-13　榆叶梅
1—花枝　2—果枝
3—花纵剖

3.2.14　樱花

[学名] *Prunus serrulata* Lindl.

[别名] 山樱花

[科属] 蔷薇科李属

[识别要点] 落叶乔木。树皮紫褐色，平滑有光泽，有横纹。小枝赤褐色，无毛，有锈色唇形皮孔。叶互生，椭圆形或倒卵状椭圆形，边缘有芒状单锯齿或重锯齿，先端尾尖，表面深绿色，有光泽。花与叶同放，3～6 朵簇生成短伞房总状花序，花白色或淡红色，单瓣，花梗与萼无毛。核果近球形，无沟槽，红色，后变紫褐色。花期 4 月，果熟期 7 月（图3-14）。

变种与品种：

图 3-14　樱花

（1）重瓣白樱花（f. *albo-plena* Schneid.）　花白色，重瓣。

（2）重瓣红樱花（f. *rosea* Wils.）　花粉红色，重瓣。

（3）垂枝樱（f. *pendula* Bean.）　枝开展而下垂，花粉红色，重瓣。

（4）瑰丽樱花（f. *superba* Wils.）　花淡红色，重瓣，花型大，有长梗。

[产地与分布] 产于我国长江流域，东北南部亦有，日本、朝鲜等也有分布。

[习性] 喜光，稍耐阴，喜凉爽通风的环境，不耐炎热，耐寒，适生于深厚肥沃、排水良好的土壤，不耐旱，不耐盐碱。根系浅，不耐移栽和修剪。

[繁殖与栽培] 可播种、扦插、嫁接繁殖。

[观赏与应用] 春季主要的观花植物。可植于园林及庭院之中，景致优美；也可用作切花，点缀居室环境。

3.2.15　西府海棠

[学名] *Malus micromalus* Mak.

[别名] 小果海棠

[科属] 蔷薇科苹果属

[识别要点] 落叶小乔木，系山荆子与海棠花之杂交种，树冠紧抱，枝条直伸，无刺。小枝紫褐色或暗褐色，幼时有短柔毛。叶长椭圆形，长 5~10cm。花粉红色，花梗和花萼均具柔毛，萼片短，有时脱落。果红色，球形。花期 4 月，果熟期 8~9 月成熟（图 3-15）。

[产地与分布] 原产于我国中部，各地均有栽培。

[习性] 喜阳光，不耐阴，对严寒有较强的适应性。耐干旱，喜土层深厚、肥沃、微酸性至中性土壤。

[繁殖与栽培] 播种、压条或嫁接法繁殖。

[观赏与应用] 西府海棠树姿俏丽，春花美艳，秋果鲜红，是花果并茂的庭园观赏树种。可成丛、成片栽植于庭院、草坪、假山旁，也可盆栽。果可食或加工成蜜饯。

图 3-15　西府海棠

3.2.16　贴梗海棠

[学名] *Chaenomeles speciosa*（Sweet）Nakai.

[别名] 贴梗木瓜、皱皮木瓜

[科属] 蔷薇科木瓜属

[识别要点] 落叶灌木，小枝开展，无毛，有枝刺。叶卵形或椭圆形，叶缘锯齿尖锐，两面无毛，有光泽；托叶肾形、半圆形，有尖锐锯齿。花单生或数朵簇生于二年生枝条的节部，多为粉红和深红色，也有白色，花梗极短。梨果卵形至球形，黄色、黄绿色，芳香，近无梗。花期 3~4 月，果熟期 9~10 月（图3-16）。

[产地与分布] 原产我国西北、西南、中南、华东，各地均

图 3-16　贴梗海棠

有栽培。

[习性] 喜光，较耐寒，耐旱，不耐水涝。耐修剪。不择土壤，但在深厚、肥沃、排水良好的土壤中生长良好。

[繁殖与栽培] 分株、扦插、压条均可。

[观赏与应用] 贴梗海棠繁花似锦，果香宜人，是良好的观花、观果灌木。宜于花径、路口、草坪、庭院或花坛内丛植或孤植，又可作花篱及公园绿地的基础植物材料，也可盆栽。

3.2.17 垂丝海棠

[学名] *Malus halliana*（Voes.）Koehne.

[科属] 蔷薇科苹果属

[识别要点] 落叶小乔木，高可达5m，树冠开展，多矩形枝刺。幼枝红色。叶卵形或椭圆形，先端渐尖，表面有光泽，并常带紫晕。花4～7朵簇生于小枝顶端，花梗细长而下垂，萼筒带紫色，花粉红色，有紫晕，果径6～8mm，紫色。3～4月开花。梨果，9～10月成熟（图3-17）。

变种与品种：

（1）重瓣垂丝海棠（var. *paykmanii* Rehd.）　花复瓣。

（2）白花垂丝海棠（var. *spontanea* Rehd.）　花较小，花梗较短，花白色。

[产地与分布] 原产于我国华东、华中、西南地区。

图3-17　垂丝海棠

[习性] 喜阳光，不耐阴；喜温暖湿润环境，较耐寒；对土壤要求不严，但在土层深厚、疏松、肥沃、排水良好的土壤中生长良好。

[繁殖与栽培] 嫁接繁殖，常用湖北海棠作砧木，也可扦插或压条。

[观赏与应用] 垂丝海棠树冠婆娑，花繁色艳，朵朵下垂，是著名的庭园观赏花木，多植于草坪、池畔、坡地、庭园、道路两旁或林缘，丛植、对植、列植均可。花枝可瓶插，也可制作盆景。

3.2.18 海棠花

[学名] *Malus spectabilis* Borkh.

[别名] 海棠、梨花海棠、断肠花

[科属] 蔷薇科苹果属

[识别要点] 落叶小乔木，株高可达8m，树形峭立，枝条直立。小枝红褐色，幼时疏生柔毛。叶椭圆形至长椭圆形，叶缘具细锯齿，背面幼时有柔毛。花蕾红色，开放后呈淡粉红色，单瓣或重瓣。果近球形，黄色，径约2cm，基部不凹陷，味苦。花期4～5月，9月果熟（图3-18）。

[产地与分布] 原产于我国北方，是久经栽培的观赏树种。

[习性] 喜光，不耐阴。耐寒，对土壤要求不严，耐旱，亦耐

图3-18　海棠花

盐碱，忌水湿，在干燥地带生长良好。

[繁殖与栽培] 嫁接、压条、扦插、分株、播种繁殖。

[观赏与应用] 海棠花枝繁叶茂，树姿俏丽，是我国著名观赏花木。适植于门旁、庭院、亭廊周围、草地、林缘，也可盆栽或切枝观赏。

3.2.19　棣棠

[学名] *Kerria japonica* (L.) DC.

[科属] 蔷薇科棣棠属

[识别要点] 丛生落叶小灌木，高 1~2m。小枝有棱、绿色。叶卵形或三角状卵形，先端渐尖，基部截形或近圆形，边缘有重锯齿，叶面皱褶。有托叶。花单生于短枝顶端，花瓣黄色、宽椭圆形。瘦果黑色，萼裂片宿存。花期 3~5 月，果熟期 7~8 月（图3-19）。

变种与品种：

重瓣棣棠（var. *pleniflora* Witte.），花重瓣，北京、山东、南京等地栽培。

[产地与分布] 原产于我国秦岭各地和日本。

[习性] 喜半阴，忌烈日直射。喜温暖湿润气候，不耐严寒，华

图 3-19　棣棠

北地区需栽在背风向阳、排水良好的位置。对土壤要求不严，耐湿。

[繁殖与栽培] 分株、扦插或播种繁殖。

[观赏与应用] 棣棠花、叶、枝俱美，花期从春末到初夏，重瓣棣棠可持续开花至秋季。丛植于水畔、坡地、林缘和草坪边缘，或作花径、花篱、与假山配植，都很适宜。其变种重瓣棣棠观赏价值更高。

3.2.20　连翘

[学名] *Forsythia suspensa* (Thunb.) Vahl.

[别名] 黄金条、黄秆花、黄绶带

[科属] 木犀科连翘属

[识别要点] 落叶灌木。茎丛生，枝条平展或下垂，小枝呈四棱形，有凸起的皮孔，节间中空。单叶或 3 小叶，卵形至长椭圆状卵形，上端有整齐的锯齿，下部全缘。花 1~3 朵腋生，花冠黄色，萼裂片长圆形，与花冠筒等长。果卵圆形，表面散生疣点。花期 3~4 月（图3-20）。

同属观赏种：

金钟花（*Forsythia viridissima* Lindl.），枝直立，有时呈拱形，小枝黄绿色，四棱形，枝髓片状；萼裂片卵圆形，长约为花冠筒之半。

[产地与分布] 产于我国华中、华北等省区，生于海拔 400~2000m 的山坡溪谷的疏林或灌丛中。

图 3-20　连翘

[习性] 喜光，耐半阴，耐寒，耐旱，耐瘠薄。怕涝，抗烟尘和臭氧的能力较强。

[繁殖与栽培] 播种、压条、扦插繁殖。

[观赏与应用] 连翘枝条拱形开展，花色灿烂，是北方优良的早春观花树种。多在路边、草坪、池畔、山石旁的向阳地方丛植或群植，也可作花篱或护坡栽植。

3.2.21　紫丁香

[学名] *Syringa oblata* Lindl.

[别名] 华北紫丁香

[科属] 木犀科丁香属

[识别要点] 落叶灌木或小乔木，小枝粗壮无毛。单叶对生，叶薄革质或厚纸质，卵圆形至肾形，先端渐尖，基部心形或截形、宽楔形，叶柄紫色。圆锥花序，顶生或侧生，花紫色，芳香。蒴果椭圆状，稍扁，先端尖。花期4~5月，果熟期9~10月（图3-21）。

变种与品种：

（1）白丁香（var. *alba* Rehd.）　叶形小，花白色，芳香。

（2）紫萼丁香（var. *giraldii* Rehd.）　花萼、花瓣、花轴以及叶柄均为紫色。

（3）佛手丁香（var. *plena* Hort.）　花白色，重瓣。

图3-21　紫丁香

同属观赏种：

（1）暴马丁香（*Syringa amurensis* Rupr.）　落叶灌木至小乔木，花序大而疏散，花冠白色，花丝细长。花期5~6月。

（2）欧洲丁香（*Syringa vulgaris* L.）　落叶灌木或小乔木，枝挺直，叶卵圆形，叶基多为宽楔形或平截，叶长大于宽，花冠淡紫色。花期4~5月。

[产地与分布] 原产中国，分布于吉林、辽宁、河北、内蒙古、山东、山西、陕西等地。

[习性] 喜光，稍耐阴，耐寒，耐旱，喜湿润肥沃的土壤，怕水涝。对有害气体有一定抗性。

[繁殖与栽培] 播种、扦插、嫁接、分株、压条繁殖。

[观赏与应用] 丁香叶形秀丽，赏花闻香皆宜，是华北庭园中应用最普遍的花木之一。可植路边、草坪、林缘、建筑物前，或配植成专类园，也可盆栽观赏。

3.2.22　迎春

[学名] *Jasminum nudiflorum* Lindl.

[别名] 金腰带

[科属] 木犀科茉莉属

[识别要点] 落叶或半常绿灌木，枝条细长拱形；幼枝具四棱，绿色。叶对生，3小叶复叶，卵形至椭圆状卵形，顶端突尖，边缘有短睫毛。花单生于叶腋，先叶开花，花冠黄色。花期2~4月，栽培一般不结果（图3-22）。

[产地与分布] 原产于我国西北和西南部山区，分布于辽宁、河北、陕西、山东、山西、甘肃、江苏、湖北、福建、四川、贵

图3-22　迎春

州、云南等省。

[**习性**] 喜光，耐寒，耐旱，耐碱，怕涝。不择土壤，但在背风向阳、地势较高、土层深厚、肥沃、湿润而又排水良好的中性土壤中生长最好。

[**繁殖与栽培**] 分株、压条或扦插繁殖。

[**观赏与应用**] 迎春绿枝弯垂，金花满枝。宜植于路边、山坡、池畔、岸边、悬崖、草坪边缘，或作花篱、花丛及岩石园材料。花枝可瓶插。

3.2.23 茉莉

[**学名**] *Jasminum sambac*（L.）Ait.

[**别名**] 茉莉花

[**科属**] 木犀科茉莉属

[**识别要点**] 常绿小灌木或藤本状灌木。幼枝无毛，小枝有棱角。单叶对生，叶宽卵形或椭圆形，叶脉明显，叶面微皱，叶柄短而向上弯曲，叶有光泽。聚伞花序腋生，有花数朵；花白色，芳香，常重瓣，花冠高盆状。花期5~8月（图3-23）。

[**产地与分布**] 原产于中国、印度、伊朗、阿拉伯半岛。

[**习性**] 茉莉喜温暖湿润、阳光充足的环境，怕干旱，不耐湿涝和碱性土壤，以肥沃的酸性沙壤土为好，越冬温度不低于5℃。

[**繁殖与栽培**] 扦插、压条繁殖。

[**观赏与应用**] 茉莉叶色亮绿，花朵洁白，芳香浓郁，系我国栽培历史悠久的花木。南方用以布置花坛或作花篱，北方多盆栽；可点缀阳台、窗台和居室。花朵可熏茶。

图3-23 茉莉

3.2.24 桂花

[**学名**] *Osmanthus fragrans* Lour.

[**别名**] 木犀、丹桂、岩桂

[**科属**] 木犀科木犀属

[**识别要点**] 常绿灌木或小乔木，树冠圆球形，树干粗糙，灰白色。叶革质，对生，椭圆形至长椭圆形，幼叶边缘有锯齿。花序簇生于叶腋，花梗纤细；花冠黄白色，极芳香。核果椭圆形，紫黑色。花期9~10月，10~11月成熟（图3-24）。

常见栽培品种有：

（1）金桂组（var. *thunbergii* Mak.） 花金黄色，有香甜气。

（2）银桂组（var. *latifolius* Mak.） 花期比金桂晚，花乳白色，香气最浓。

（3）丹桂组（var. *aurantiacus* Mak.） 花橙红色，极美丽，但香气较淡。

（4）四季桂组（var. *semperflorens* Hort.） 可连续开花数次，故名。

图3-24 桂花

[**产地与分布**] 原产我国西南、中南地区，淮河流域至黄河以南各地普遍栽培。

[**习性**] 喜温暖湿润，耐高温而不耐寒，抗逆性强，对土壤要求不严，但以土层深厚、疏松肥沃、排水良好的微酸性沙质壤土为宜。萌芽力强，寿命长，对有害气体抗性强。

[**繁殖与栽培**] 分株、播种、压条、嫁接和扦插法繁殖。

[**观赏与应用**] 桂花终年常绿，秋季花开，有"独占三秋压群芳"的美誉。园林中多与建筑物或山石相配，丛植于亭、台、楼、阁附近，孤植、对植、片植均宜。也可盆栽观赏。

3.2.25 牡丹

[**学名**] *Paeonia suffruticosa* Andr.

[**别名**] 木芍药、花王、富贵花、洛阳花

[**科属**] 毛茛科芍药属

[**识别要点**] 落叶灌木，高达2m；枝粗壮。2回3出复叶，小叶广卵形至卵状长椭圆形，先端3~5裂，基部全缘，背面有白粉，平滑无毛。花单生枝顶，大型，径10~30cm，有单瓣和重瓣，花色丰富，有紫、深红、粉红、白、黄、豆绿等色，极为美丽。雄蕊多数，心皮5枚，有毛，周围为花盘所包。花期4月下旬~5月，9月果熟（图3-25）。

变种与品种：

图3-25 牡丹

（1）矮牡丹（var. *spontanea* Rehd.）　植株较低矮，叶背及叶轴有短柔毛，花白色或浅灰色，单瓣，特产于我国延安一带山坡疏林中。

（2）紫斑牡丹（var. *papaveracea* Baily.）　花大，粉红、紫红色，花瓣内面基部具有深（黑）紫晕。主产于我国陕西秦岭北坡疏林中。

牡丹栽培品种多达300余个，常根据花瓣自然增加及雄蕊瓣化作为牡丹花型分类的第一级标准，形成3类11个花型：

（1）单瓣类　花瓣宽大，1~3轮，雌、雄蕊正常。包括单瓣型。

（2）千层类　花瓣多轮，无内外瓣之分。又分为荷花型、菊花型、蔷薇型、千层台阁型等。

（3）楼子类　雄蕊部分或全部瓣化，全花中部高起。又分为金蕊型、托桂型、金环型、皇冠型、绣球型、楼子台阁型。

[**产地与分布**] 原产我国西部及北部，栽培历史悠久，目前以山东菏泽、河南洛阳、安徽亳州、北京等地最为著名。

[**习性**] 喜凉恶热，宜燥畏湿，在年平均相对湿度45%左右的地区可正常生长。喜光，亦稍耐阴。要求疏松、肥沃、排水良好的中性壤土或沙壤土，在粘重、积水土壤或低温处栽植时生长不良。

[**繁殖与栽培**] 分株、嫁接法繁殖，也可播种和扦插。

[**观赏与应用**] 牡丹花大而美，有"花中之王"的美誉，是我国传统十大名花之一，在

园林中常作专类花园，又可植于花台、花池观赏，还可盆栽作室内观赏或切花瓶插。

3.2.26　木绣球

[学名] *Viburnum macrocephalum* Fort.

[别名] 绣球荚蒾、斗球

[科属] 忍冬科荚蒾属

[识别要点] 落叶或半常绿灌木，高达4m，树冠球形，裸芽、幼枝、叶背均密生星状毛。叶卵形至卵状椭圆形，先端钝尖，基部圆或微心形，缘有细齿，无托叶。聚伞花序，顶生，径8~15cm，全为不孕花，花冠辐射状，初开时绿色，后变为白色，清香。花期4~5月，不结果（图3-26）。

变种品种：

聚八仙 [f. *keteleeri*（Carr.）Nichols.]，与原种区别为，花序中央为可育花，仅边缘为大型不孕花，花后结果，核果椭圆形，红色。果期9~10月。

图3-26　木绣球

[产地与分布] 原产于我国长江流域，山东、河南也有分布。

[习性] 喜温暖、湿润的气候环境，不耐寒。喜阴，亦可光照充足。在肥沃、排水好、富含腐殖质的酸性土中生长良好，也能适应平原向阳的中性土，萌芽力、萌蘖力均强。

[繁殖与栽培] 扦插繁殖为主，也可压条和分株繁殖。

[观赏与应用] 木绣球是一种常见的庭院花木，树姿开展，繁花聚簇，孤植、群植或列植于园路两侧、配植于庭中堂前，均十分相宜。

3.2.27　天目琼花

[学名] *Viburnum sargentii kochne.*

[别名] 鸡树条荚蒾

[科属] 忍冬科荚蒾属

[识别要点] 落叶直立灌木。老枝灰褐色，小枝赤褐色。单叶，对生，呈宽卵圆形，通常3裂，裂片边缘有不规则粗锯齿，3出脉，叶柄上有凹槽。聚伞花序，边缘为不孕花，中央为孕花，乳白色。核果，球形，熟时红色。花期5月，果熟期8~9月，冬季宿存枝梢上（图3-27）。

图3-27　天目琼花

[产地与分布] 产于我国东北南部、华北至长江流域山区。

[习性] 喜光，较耐阴；耐寒、耐旱性强；耐高温、耐水湿，对土壤适应性强，根系发达。

[繁殖与栽培] 播种、分株繁殖。

[观赏与应用] 天目琼花树姿清秀，叶形美丽，秋叶红艳，春花洁白，观赏价值较高。宜植于林下、林缘、水边、石隙、庭院角隅、园路两旁等。

3.2.28　荚蒾

[学名] *Viburnum dilatatum* Thunb.

[科属] 忍冬科荚蒾属

[识别要点] 丛生直立落叶灌木。高约 1～3m，小枝幼时有毛。单叶对生，叶宽倒卵形至椭圆形，长 3～9cm，边缘具粗锯齿。聚伞花序，花白色，5～6 月开放。核果卵形，9～10 月成熟，果实殷红，艳丽夺目（图3-28）。

[产地与分布] 原产中国南部沿海、日本和朝鲜的南部。

[习性] 喜光，喜温暖湿润，也耐阴、耐寒，对气候因子及土壤条件要求不严，最好是微酸性肥沃土壤。

[繁殖与栽培] 播种繁殖。

图 3-28　荚蒾

[观赏与应用] 荚蒾花白色而繁茂，果红色而艳丽，可栽植于庭园观赏。

3.2.29　猬实

[学名] *Kolkwitzia amabilis* Graebn.

[科属] 忍冬科猬实属

[识别要点] 落叶灌木。幼枝被柔毛，老枝皮剥落。叶椭圆形至卵状矩圆形，叶面疏生短柔毛。花粉红至紫红色，花冠钟状 5 裂，萼筒紧贴，下部合生，外面密生粗硬毛，有长喙。坚果，常 1 个不发育，其外密生刺毛，萼宿存。花期 5～6 月，8～9 月成熟（图3-29）。

[产地与分布] 原产中国中部和西北部，河南省西部山区及华山南坡多野生。现世界各地广为栽培。

[习性] 喜阳光，耐半阴；有一定的耐寒力；喜排水良好的肥沃土壤，也有一定的耐干旱瘠薄能力。

[繁殖与栽培] 播种、扦插、分株繁殖。

图 3-29　猬实

[观赏与应用] 猬实花密色艳，果实奇特，夏秋挂满"猬实"，别有情趣，为著名的庭园观花植物，宜丛植于草地、角隅、山石旁、亭廊、建筑物周围，还可植为花篱、花台，盆栽或切枝插瓶，是国家三级保护树种。

3.2.30　锦带花

[学名] *Weigela florida*（Bunge）A. DC.

[别名] 五色海棠、文官花

[科属] 忍冬科锦带花属

[识别要点] 落叶灌木。枝条开展，幼枝有 2 列短柔毛。单叶，对生，椭圆形至卵状长椭圆形，叶面疏生短柔毛，背面毛较密。花 1～4 朵呈聚伞花序，顶生或腋生于短枝上。花冠呈漏斗状钟形，玫瑰红色或粉红色，初开时颜色深，后逐渐变淡。蒴果，种子无翅。花期 4～5 月，果熟期 10 月（图3-30）。

同属观赏种:

海仙花（*Weigela coraeensis* Thunb.），小枝粗壮，无毛或近无毛。叶脉间稍有毛。花数朵组成聚伞花序，腋生，萼片线状披针形，裂达基部，花冠初时乳白色、淡红色后变深红色。种子有翅。花期 6~8 月，果熟期 9~10 月。

[**产地与分布**] 产于我国东北、华北、华东北部，现各地均有栽培。

[**习性**] 喜温暖、湿润，也耐寒、耐旱。喜阳光充足，也稍耐阴。性强健，对土壤要求不严。

[**繁殖与栽培**] 分株、播种、扦插、压条繁殖。

[**观赏与应用**] 锦带花花大色美，花期较长，是华北地区重要的花灌木之一，适宜丛植于草坪、庭园角隅、山坡、河滨、建筑物前，亦可密植为花篱，或点缀假山石旁，或制盆景。花枝可切花插瓶。

图 3-30　锦带花

3.2.31　金银木

[**学名**] *Lonicera maackii*（Rupr.）Maxim.

[**别名**] 金银忍冬、马氏忍冬

[**科属**] 忍冬科忍冬属

[**识别要点**] 落叶灌木，枝条苗壮，小枝髓心中空，嫩枝有柔毛。单叶，对生，卵状椭圆形，两面疏生柔毛。总花梗短于叶柄，苞片线形，花冠唇形，唇瓣长为花冠筒的 2~3 倍，花初开时白色，后变黄色。浆果，球形，合生，熟时红色。花期 5 月，果期 9~10 月（图 3-31）。

[**产地与分布**] 产于我国长江流域及以北地区。

[**习性**] 喜光，稍耐阴。耐寒，耐旱，耐水湿，不择土壤。

[**繁殖与栽培**] 播种、扦插繁殖。

[**观赏与应用**] 金银木枝叶扶疏，花果俱美，耐阴性较强，为重要的庭园观花、观果植物，可孤植、丛植于草坪、路边、林缘、建筑物周围。

图 3-31　金银木
1—花枝　2—花　3—果实

3.2.32　糯米条

[**学名**] *Abelia chinensis* R. Br.

[**别名**] 茶条树

[**科属**] 忍冬科六道木属

[**识别要点**] 落叶灌木，高 2m。枝条展开，幼枝红褐色，有柔毛，小枝皮撕裂状。叶卵状或椭圆形，长 2~3.5cm，先端短渐尖，叶缘浅锯齿，背面叶脉上有柔毛。圆锥状聚伞花序，顶生或腋生。花萼 5，长圆形，被柔毛，宿存，绿色或粉红色。花冠漏斗状，5 裂片，半圆形，花白色至粉红色，芳香。瘦果状核果，花期 7~9 月（图 3-32）。

[产地与分布] 原产中国长江以南。

[习性] 喜温暖湿润气候，耐寒力差。北方地区栽植，枝条易受冻害。喜光，也能耐阴。对土壤条件要求不严，耐旱，耐瘠薄，生长旺盛，根系发达，萌蘖、萌芽力强。

[繁殖与栽培] 播种、扦插繁殖。

[观赏与应用] 糯米条枝条细弱柔软，树姿婆娑，花开繁茂，可群植、列植或修剪成花篱，也可栽植于池畔、路边、草坪等处，也是优良的观花盆景材料。

图 3-32　糯米条
1—花枝　2—花
3—果实及宿存的花萼

3.2.33　紫荆

[学名] *Cercis Chinensis* Bunge.

[别名] 满条红

[科属] 豆科紫荆属

[识别要点] 落叶大灌木或小乔木，小枝"之"字形，密生皮孔。单叶互生，叶近圆形，先端骤尖，基部心形。花 5~8 朵，簇生于 2 年生以上的老枝上，萼红色，花冠紫红色。荚果扁，腹缝线有窄翅，网脉明显。花期 4 月，果熟期 9~10 月（图 3-33）。

变种品种：

白花紫荆（f. *alba* P. S. Hsu.），花白色。

[产地与分布] 产于我国黄河流域以南，湖北有野生大树，陕西、甘肃南部、新疆伊宁、辽宁南部亦有栽培。

[习性] 喜光，稍耐侧阴，有一定耐寒性，对土壤要求不严，但在肥沃而排水良好的土壤中生长良好。不耐涝，萌蘖性强，深根性，耐修剪，对烟尘、有害气体抗性强。

[繁殖与栽培] 播种、分株、扦插、压条等法均可，而以播种为主。

[观赏与应用] 紫荆早春开花，满枝嫣红。适植于墙隅、篱外、草坪边缘、建筑物周围，与常绿乔木配置，则对比鲜明，更加美丽。也可列植成花篱，前以常绿小灌木衬托。

图 3-33　紫荆

3.2.34　洋紫荆

[学名] *Bauhinia blakeana* L.

[别名] 红花羊蹄甲、艳紫荆

[科属] 豆科羊蹄甲属

[识别要点] 常绿乔木，高达 10m。单叶互生，革质，阔心形，先端 2 裂，深约为全叶的 1/3，状如羊蹄。顶生总状花序，花大，花径 10~12cm，盛开时直径几乎与叶相等；花瓣 5 枚，倒卵状矩形，玫瑰红或玫瑰紫色，间以白色脉状彩纹，中间花瓣较大，其余 4 瓣两侧成对排列，花极清香。花期 10 月，花后无果实（图 3-34）。

[**产地与分布**] 分布于我国香港、广东、广西等地。

[**习性**] 喜阳光，喜暖热、潮湿环境，不耐寒。喜酸性肥沃土壤，成活容易，生长较快。

[**繁殖与栽培**] 扦插或压条繁殖，小苗须遮阴。

[**观赏与应用**] 洋紫荆树冠雅致，花大色艳，叶形奇特，系热带、亚热带观赏佳品，现为香港特别行政区区花。可作风景树、行道树、庭荫树。北方地区可盆栽或温室栽培。

图 3-34　洋紫荆

3.2.35　合欢

[**学名**] *Albizzia julibrissin* Durazz.

[**别名**] 绒花树、马缨花、夜合花

[**科属**] 豆科合欢属

[**识别要点**] 落叶乔木，树冠伞形。树皮褐灰色或淡灰色，小枝有棱，无毛。2 回羽状复叶，4～12 对小羽片，小叶镰刀形，基部偏斜，叶缘及背面中脉有毛。头状花序排成伞房状，萼及花冠均黄绿色，雄蕊多数，细长，伸出花冠。荚果扁条形，黄褐色。花期 6～7 月，果熟期 9～10 月（图 3-35）。

[**产地与分布**] 产于我国黄河流域以南，常生于温暖湿润的山谷林缘。

[**习性**] 喜光，适应性强，有一定耐寒能力，但华北宜选平原或低山的小气候较好处栽植。对土壤要求不严，耐干旱、瘠薄，不耐水涝。浅根性，有根瘤菌，抗污染能力强，不耐修剪，生长快。复叶朝开暮合，雨天亦闭合。

图 3-35　合欢

[**繁殖与栽培**] 播种繁殖。

[**观赏与应用**] 合欢绿荫如伞，夏花繁茂，系美丽的庭园观花树种，宜作行道树、庭荫树，或配植在山坡、林缘、草坪、池畔，可孤植、列植、群植，庭园、公园、居民区、工矿企业、农村"四旁"及风景区等均很适宜。

3.2.36　珙桐

[**学名**] *Davidia involucrata* Baill.

[**别名**] 水梨子、鸽子树

[**科属**] 珙桐科（蓝果树科）珙桐属

[**识别要点**] 落叶乔木，树冠圆锥形，树皮深灰褐色，不规则片状脱落。叶宽卵形或心形，先端短尾状突出，粗锯齿。花杂性同株，花序苞片椭圆状卵形，初为淡绿色，后变白色，花后脱落。核果椭圆形，花期 4～5 月，果期 10 月（图 3-36）。

［产地与分布］产于湖北西部、四川、贵州、云南北部。

［习性］喜半阴和凉爽环境，不耐炎热和阳光曝晒，稍耐寒，在深厚肥沃、湿润而排水良好的酸性或中性土壤中生长良好，忌碱性及干燥土壤。

［繁殖与栽培］可播种、扦插或压条繁殖。

［观赏与应用］珙桐为世界著名的珍贵观赏树种、国家一级重点保护树种。树形高大端正，开花时白色苞片似白鸽飞栖树端，故有"鸽子树"之名。适合栽植于高山庭院、宾馆、疗养所，作庭荫树、行道树均可，如与常绿树种混栽，效果亦佳。

图 3-36 珙桐

3.2.37 四照花

［学名］*Dendrobenthamia japonica*（DC.）Fang var. *chinensis*（Osborn）Fang.

［别名］山荔枝、小车轴木

［科属］山茱萸科（四照花科）四照花属

［识别要点］落叶小乔木。小枝紫红色，嫩枝被白色柔毛。叶对生，纸质，卵形或卵状椭圆形，上面绿色，下面粉绿色，两面均有灰白色短毛。花白色，球形头状花序，有小花 20～30 朵。核果球形，肉质，橙红或紫红色。花期 6 月，果期 9～10 月（图 3-37）。

［产地与分布］产于长江流域、西南及河南、陕西、山西、甘肃等地。

［习性］喜光，稍耐阴。耐干旱，耐寒，喜湿润、排水良好的沙壤土。

图 3-37 四照花

［繁殖与栽培］扦插、分蘖繁殖。

［观赏与应用］四照花初夏开花，白花满树，适于以常绿树为背景丛植于草地、路边、林缘、池畔等处。

3.2.38 溲疏

［学名］*Deutzia scabra* Thunb.

［别名］空疏

［科属］虎耳草科溲疏属

［识别要点］落叶灌木，株丛高 2～3m。小枝淡褐色，枝皮薄，片状剥落。叶对生，卵状或椭圆状，先端渐尖，锯齿细密，两面有锈褐色星状毛，叶柄短。圆锥花序直立生长，花白色或略带粉红色，单瓣，花梗、花萼密生锈褐色星状毛。蒴果，半球形。花期 5～7 月，果熟期 7～8 月（图 3-38）。

图 3-38 溲疏
1—花枝 2—雄蕊

[**产地与分布**] 产于我国华东各省，野生于山坡灌丛中或路旁。

[**习性**] 喜光，稍耐阴。有一定的耐旱耐寒能力。喜温暖湿润气候，微酸性和中性土壤。

[**繁殖与栽培**] 播种、分株、压条和扦插法繁殖。

[**观赏与应用**] 溲疏初夏开白花，花繁茂素雅，花期较长。适宜丛植于草坪、林缘、路旁、岩石园，也可作花篱。花枝可切花插瓶。

3.2.39 夹竹桃

[**学名**] *Nerium indicum* Mill.

[**别名**] 红花夹竹桃、柳叶桃

[**科属**] 夹竹桃科夹竹桃属

[**识别要点**] 常绿灌木或小乔木，多分枝，树高达5m，叶对生或3枚轮生，窄披针形，中脉明显，肥厚革质。聚伞花序顶生，单瓣或重瓣，白色、红色或黄色，微有香气。蓇葖果矩圆形，种子顶端具黄褐色种毛。花期6~9月，果期12月至翌年1月（图3-39）。

变种与品种：

白花夹竹桃（cv. Paihua）花纯白色，较原种耐寒性稍强。

图3-39 夹竹桃

[**产地与分布**] 原产地中海地区、伊朗等地。我国引种已久，长江以南广泛栽培。

[**习性**] 喜光，喜温暖湿润的气候。适应性较强，耐干旱瘠薄，也能适应较荫蔽的环境。不耐寒，较耐湿。萌发力强，耐修剪。

[**繁殖与栽培**] 扦插为主，也可压条、播种和分株繁殖。

[**观赏与应用**] 夹竹桃花繁叶茂，姿态优美，且花期较长，是园林中重要的花灌木。可作绿带、整形绿篱或用于荒坡地绿化，系适宜工厂、矿山绿化的先锋树种。也可盆栽布置会场或于建筑物前摆放。

3.2.40 木槿

[**学名**] *Hibiscus syriacus* L.

[**别名**] 木锦花、荆条

[**科属**] 锦葵科木槿属

[**识别要点**] 落叶灌木，茎直立，多分枝。小枝密被黄色星状毛。叶互生，三角状卵形或菱形，先端通常3裂，叶缘有不规则钝齿或缺刻。花单生于枝端、叶腋，花冠钟状，单瓣或重瓣，有白、红、紫、玫瑰等色。蒴果卵圆形。花期6~9月。果熟期10~11月（图3-40）。

[**产地与分布**] 原产东亚，我国各地有栽培。

[**习性**] 喜温暖湿润气候，宜阳光充足，也稍耐阴，耐干

图3-40 木槿

旱，耐湿，耐瘠薄土壤，抗寒性较强。

[繁殖与栽培] 扦插、播种繁殖。

[观赏与应用] 木槿夏秋开花，花色丰富，花期长达数月，是重要的园林花木。可于公共场所作花篱、绿篱及庭院布置，墙边及滨水地带种植也很适宜。因抗烟尘及有害气体的能力较强，适宜工厂及街道绿化。

3.2.41　扶桑

[学名] *Hibiscus rosa-sinensis* L.

[别名] 朱槿

[科属] 锦葵科木槿属

[识别要点] 落叶灌木，直立多分枝，树冠椭圆形。叶互生，长卵形，先端渐尖，边缘有粗齿，基部全缘，3主脉，两面无毛或背面沿脉有疏毛，叶面有光泽。花大，腋生，花瓣倒卵形，多玫瑰红、淡红、淡黄、白色等色，雄蕊柱、花柱长，伸出花冠外，花梗长而有关节。几乎全年有花，夏秋最盛（图3-41）。

[产地与分布] 原产我国南部，福建、台湾、广东、广西、云南、四川等地均有分布。长江流域及以北地区温室越冬。

[习性] 喜温暖湿润气候，不耐寒霜，不耐阴，宜在阳光充足、通风的场所生长，对土壤要求不严，但在肥沃、疏松的微酸性土壤中生长最好，越冬温度不低于5℃。

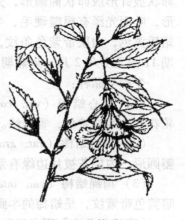

图3-41　扶桑

[繁殖与栽培] 扦插和嫁接繁殖。

[观赏与应用] 扶桑为马来西亚国花，花朵艳丽，花期较长，是著名的观赏花木，夏季布置庭院的良好材料，北方地区多盆栽。

3.2.42　木芙蓉

[学名] *Hibiscus mutabilis* L.

[别名] 芙蓉花、芙蓉

[科属] 锦葵科木槿属

[识别要点] 落叶灌木或小乔木，植株全体密被星状毛和短柔毛。叶大，阔卵形而近于圆状卵形，掌状5～7裂，边缘有钝锯齿。花大而美丽，单生枝端，单瓣或重瓣，清晨开花时乳白色或粉红色，傍晚变为深红色，花梗近顶端有关节。蒴果，球形。花期8～10月，果期10～11月（图3-42）。

[产地与分布] 原产我国西南部，华南至黄河流域广为栽培。

[习性] 喜温暖湿润的气候，不耐寒。喜阳光，略耐阴。不耐干旱，耐水湿，在肥沃临水之地生长最盛。长江流域以北地区栽培时，冬季地上部分冻死，翌春从根部萌发新枝。

图3-42　木芙蓉

[**繁殖与栽培**]播种、扦插和压条繁殖。

[**观赏与应用**]木芙蓉秋季开放，花大而美丽，是良好的观花树种，多用于点缀庭院、坡地、路边、林缘等处，也可在铁路、公路、沟渠边种植。抗性强，可用于厂矿绿化。

3.2.43　蜡梅

[**学名**]*Chimonanthus praecox*（L.）Link.

[**别名**]腊梅、黄梅花

[**科属**]蜡梅科蜡梅属

[**识别要点**]落叶灌木，高达3m。小枝近方形。叶卵状披针形或卵状椭圆形，先端渐尖，基部圆形或广楔形，叶面光泽有粗糙硬毛，半革质。花单生，花被外轮蜡质黄色，内层带紫色条纹，浓香。聚合果紫褐色。花期11月至翌年2月，果熟期6~8月（图3-43）。

变种与品种：

（1）素心蜡梅（var. *concolor* Mak.）　花大，内外轮花被片为纯黄色，香味浓。

（2）馨口蜡梅（var. *grandiflorus* Mak.）　叶大，花瓣圆形，内层花被片边缘有紫色条纹，香味最浓。

（3）狗蝇蜡梅（var. *intermedius* Mak.）　花瓣狭长，暗黄色带紫纹，是蜡梅的半野生类型。

[**产地与分布**]原产于我国陕西秦岭南坡，北京以南广泛栽培。

[**习性**]喜避风、向阳的环境，喜肥，耐干旱，忌积水，碱土、重黏土中生长不良。耐寒，但应避免栽植于风口处。耐修剪，抗有害气体能力强，病虫害少。

[**繁殖与栽培**]分株、压条和嫁接法繁殖。

[**观赏与应用**]蜡梅严冬或早春开放，色黄如蜡，芳香怡人，系我国园林冬季主要的花灌木。常成丛、成片种植于公园、庭园的墙隅、窗前、林缘或草坪一角，也可与南天竹、沿阶草和山石配植，亦适宜作盆栽、盆景。

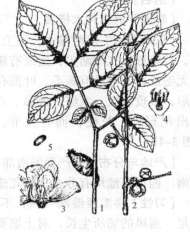

图3-43　蜡梅
1—果枝　2—花枝　3—花纵剖
4—花托纵剖　5—种子

小　结

本章内容主要包括：

① 花木类园林树木基本知识：花木类园林树木即木本植物中以观花为主的类群，大多植株高大，年年开花，花色丰富、花期长，且栽培管理简易，是园林绿化中不可缺少的观赏植物。学习花木类园林树木时，除掌握花木类园林树木的识别要点、产地与分布、习性、观赏与应用等内容外，就开花习性而言，还应注意花相、花式、花色、花瓣、花香、花期、花韵等各方面。

② 43种常见花木类园林树木的识别要点、产地与分布、习性、繁殖与栽培、观赏与应

用等，包括：白玉兰、紫玉兰、广玉兰、珍珠梅、白鹃梅、蔷薇、玫瑰、月季、梅、杏、李、桃、榆叶梅、樱花、西府海棠、贴梗海棠、垂丝海棠、海棠花、棣棠、连翘、紫丁香、迎春、茉莉、桂花、牡丹、天目琼花、木绣球、荚蒾、猬实、锦带花、金银木、糯米条、紫荆、洋紫荆、合欢、珙桐、四照花、溲疏、夹竹桃、木槿、扶桑、木芙蓉、腊梅等。

复习思考题

1. 花木类园林树种有何特点？

2. 白玉兰、紫玉兰、广玉兰中，先花后叶、花洁白清香的树种是（　　　　　　　）；花叶同放，花单生于枝顶，外面紫红色，内面白色的树种是（　　　　　）；常绿乔木，花期5月，花单生于枝顶，荷花状，白色，芳香的树种是（　　　　　）。

3. 本章介绍的花灌木中，耐阴性较强，宜栽植于建筑物北侧阴处的树种有哪些？

4. 简述蔷薇、玫瑰、月季的形态差异。

5. 如何对梅花进行分类？

6. 简述榆叶梅的识别要点，它有哪些常见变种与品种？

7. 简述西府海棠、垂丝海棠、贴梗海棠、海棠花的形态差异。

8. 简述牡丹的生态习性及园林应用。

9. 本章介绍的花木类树种中，春花类的有哪些？夏花类的有哪些？

10. 蜡梅常见的变种品种有哪些？在园林中如何应用？

叶木类园林树木

~~~~~~

主要内容

① 叶木类园林树木的含义及分类。

② 37 种常见叶木类园林树木的识别要点、产地与分布、习性、繁殖与栽培、观赏与应用等。

学习目标

① 掌握叶木类园林树木的含义及分类。

② 通过本章学习，可识别如下叶木类园林树木：女贞、珊瑚树、石楠、海桐、蚊母树、枸骨、阔叶十大功劳、大叶黄杨、苏铁、八角金盘、鹅掌楸、柽柳、凤尾兰、七叶树、鸡爪槭、三角枫、五角枫、元宝枫、枫香、复叶槭、红花檵木、卫矛、乌桕、山麻杆、杜英、木荷、厚皮香、榉树、黄栌、黄连木、盐肤木、银杏、无患子、刺楸、槲栎、紫叶李、胡颓子，并可熟练描述其形态特征。

③ 了解 37 种叶木类园林树木的产地分布、生活习性、观赏与应用等内容。

~~~~~~

4.1 叶木类园林树木概述

叶木类园林树木专指叶形、叶色或叶幕具有良好观赏价值的树种，可分为亮绿叶类、异形叶类、异色叶类等。

1. 亮绿叶类

亮绿叶类园林树木系常绿树种，枝叶繁茂，叶幕厚密，叶色浓绿而有光泽，是各类庭院中最为常见的树种，如女贞、石楠、大叶黄杨等。

2. 异形叶类

异形叶类园林树木的叶片多为普通的绿色，但叶形奇特，极具观赏性。如鹅掌楸、七叶树、八角金盘等。

3. 异色叶类

异色叶类园林树木又称色叶植物或彩叶植物，指叶片呈现红色、黄色、紫色等色彩，具有较高观赏价值的树种。可分为：

（1）常彩类　叶色终年均为彩色的树种，包括嵌色、洒金、镶边、复色等多种类型。

（2）变色类　叶色呈现季节性变色的树种，包括春色叶树种、秋色叶树种。

春色叶树种指春季新生嫩叶呈现显著艳丽叶色的树种，多为红色、紫红色或黄色，如石楠、臭椿、山麻杆等。

秋色叶树种指秋季树叶变色比较均匀一致，持续时间长，观赏价值高的树种。秋色叶树种主要为落叶树种，如黄栌、火炬树等。少数常绿树种秋叶艳丽，也可作为秋色叶树种应用。

4.2　常见亮绿叶类园林树木

4.2.1　女贞

[学名] *Ligustrum lucidum* Ait.

[别名] 大叶女贞、蜡树、冬青

[科属] 木犀科女贞属

[识别要点] 常绿小乔木，高达10m，树皮光滑，枝叶无毛。单叶对生，全缘，叶革质，上面深绿色，有光泽，背面淡绿色，叶卵形、宽卵形、椭圆形或卵状披针形。顶生圆锥花序，花小，白色，密集，有芳香。果椭圆形，蓝紫色，被白粉，花期6～7月，果期11～12月（图4-1）。

图4-1　女贞

[产地与分布] 产于我国秦岭、淮河流域以南至广东、广西，西至四川、贵州、云南，广布于我国中部，华北及西北地区多有引种栽培。

[习性] 暖地阳性树种，济南地区栽植时，气温低时易受冻。喜光，稍耐阴，适应性强，在湿润、肥沃的微酸性土壤中生长最为适宜，也能适应中性、微碱性土壤。不耐干旱和瘠薄，根系发达，萌蘗、萌芽力强，耐修剪整形。

[繁殖与栽培] 播种、扦插或压条繁殖。

[观赏与应用] 女贞终年常绿，苍翠可爱，为优良的常绿阔叶树。可孤植、列植于绿地、广场、建筑物周围，亦可作行道树，南方可栽为高篱。女贞对二氧化硫等有害气体抗性较强，是厂矿区优良的抗污染树种。

4.2.2　珊瑚树

[学名] *Viburnum awabuki* K. Koch.

[别名] 日本珊瑚树、法国冬青

[科属] 忍冬科荚蒾属

[识别要点] 常绿小乔木或灌木，高可达10m，全体无毛，枝干挺直，树皮灰褐色而平滑。单叶对生，叶厚革质，上面暗绿色，背面淡绿色，长椭圆形至倒披针形，先端钝尖，基部宽楔形，全缘或近先端有不规则波状钝齿。圆锥状聚伞花序，花小而白，芳香，果椭圆形，红色，似珊瑚，经久不变，熟后转黑色。花期5～6月，果期10月（图4-2）。

图4-2　珊瑚树

[**产地与分布**]珊瑚树产于浙江和台湾，日本及印度也有分布。长江流域以南广泛栽培，黄河以南各地也有栽培。

[**习性**]喜温暖气候，不耐寒，喜湿润肥沃土壤。喜光，稍耐阴。根系发达，抗有毒气体能力强，萌蘖力、萌芽力强，耐修剪，易整形。

[**繁殖与栽培**]以扦插繁殖为主，也可播种。

[**观赏与应用**]珊瑚树枝叶茂密，树叶碧绿光亮，深秋时红果累累，状如珊瑚，是良好的观叶、观果树种。在庭院中，可作绿墙、绿门、绿廊、高篱或丛植装饰墙角，亦可修剪成规整的几何造型。珊瑚树对多种有毒气体抗性强，且能抗烟尘、隔音，是工厂、街道绿化的良好树种。

4.2.3　石楠

[**学名**]*Photinia serrulata* Lindl.

[**别名**]千年红、扇骨木

[**科属**]蔷薇科石楠属

[**识别要点**]常绿小乔木，高可达 12m，全体无毛，树冠自然圆满，小枝无刺无毛，冬芽大，红色。单叶互生，叶革质，倒卵状椭圆形，先端渐尖或急渐尖，基部圆形或楔形，革质而有光泽，幼叶带红色。花小，白色，5~6 月盛开。梨果球形，红色，内含 1 粒种子，10 月成熟（图 4-3）。

[**产地与分布**]产于我国秦岭南坡、淮河流域以南，各地庭园多有栽培。

图 4-3　石楠

[**习性**]喜光，稍耐阴，喜温暖气候，较耐寒，济南地区露地越冬时有时顶梢受冻。耐干旱、瘠薄，可在石缝中生长，不耐积水。生长慢，萌芽力强，耐修剪，分枝密，有减噪声、隔音功效，抗二氧化硫、氯气等污染。

[**繁殖与栽培**]播种、扦插、压条繁殖。

[**观赏与应用**]石楠树冠圆满，枝叶茂密，新叶鲜红，老叶浓绿，秋果累累，树姿优美，是优良的观叶、观果树种。园林中可作庭荫树、绿墙、绿篱、绿屏栽植，孤植、列植均可。幼苗可作嫁接枇杷的砧木。

4.2.4　海桐

[**学名**]*Pittosporum tobira*（Thunb.）Ait.

[**别名**]山矾花、臭海桐

[**科属**]海桐科海桐属

[**识别要点**]常绿灌木，高 2~6m，树冠圆球形，分枝点低。单叶互生，稀轮生，叶革质，倒卵形，全缘，先端圆钝，基部楔形，边缘反卷，叶面深绿而有光泽。顶生伞房花序，花白色或黄白色，径约 1cm，芳香。蒴果卵形，熟时三瓣裂，种子鲜红色。花期 4~5 月，果期 10 月（图 4-4）。

[**产地与分布**]原产我国江苏、浙江、福建、广东、台湾等

图 4-4　海桐

地，朝鲜及日本均有分布。长江流域及以南各地均有栽培。

[习性] 暖地树种，喜光，耐阴力强，喜温暖、湿润气候，不耐寒，华北地区不能露地越冬。对土壤适应能力强，耐盐碱，萌芽力强，耐修剪，对有害气体及烟尘抗性强。

[繁殖与栽培] 播种、扦插繁殖。

[观赏与应用] 海桐枝叶茂密，叶色光亮，白花芳香，种子红艳，是优良的观叶、观花、闻香树种。可规则式配置于庭前、甬道两旁，或自然式丛植于草坪、林缘，或作为下层常绿基调树种片植于树丛中，能起到隐蔽遮挡及隔离空间的作用。北方寒冷地区可盆栽。

4.2.5　蚊母树

[学名] *Distylium racemosum* S. et Z.

[别名] 蚊母

[科属] 金缕梅科蚊母树属

[识别要点] 常绿乔木，高达 16m，栽培时常呈灌木状，树冠开阔，呈球形，树皮暗灰色，粗糙，老枝无毛。单叶互生，叶椭圆形或倒卵形，先端钝尖，基部宽楔形，全缘，厚革质，叶上常有囊状虫瘿。总状花序，长约 2cm，花药红色，蒴果卵形，密生星状毛。花期 4 月，果熟期 9 月（图 4-5）。

品种与变种：

彩色蚊母树（var. *variegatum* Sieb）：叶面有白色或黄色条斑。

图 4-5　蚊母树

[产地与分布] 产于我国台湾、浙江、福建、广东和海南等地，长江流域城市园林中栽培较多。

[习性] 暖地树种，喜光，能耐阴，喜温暖湿润气候，对土壤要求不严，但以排水良好而肥沃湿润的酸性、中性土壤为宜。发枝力强，耐修剪，对有害气体、烟尘均有较强抗性，寿命长。

[繁殖与栽培] 播种或扦插繁殖。未形成虫瘿和产卵之前，应及时喷洒农药防除。

[观赏与应用] 蚊母树枝叶繁茂，四季常青，在园林上常用作基础种植。因其抗性强，是常见的工矿企业绿化树种，也可修剪成球形或作绿篱栽植。

4.2.6　枸骨

[学名] *Ilex cornuta* Lindl.

[别名] 鸟不宿、猫儿刺

[科属] 冬青科冬青属

[识别要点] 常绿灌木、小乔木，高 3~4m，树皮灰白色，平滑，小枝无毛，叶硬革质，矩圆形，先端具 3 枚尖硬齿，基部平截，两侧各有 1~2 枚尖硬刺齿，叶缘向下反卷，上面深绿色，有光泽，背面淡绿色，花黄绿色，簇生于 2 年生枝叶腋，雌雄异株，核果球形，鲜红色。花期 4~5 月，果熟期 9 月（图 4-6）。

[产地与分布] 产于我国长江流域及以南各地，生于山坡、

图 4-6　枸骨

谷地、溪边杂木林或灌丛中。

[习性] 喜光，耐阴。喜温暖湿润气候，稍耐寒，喜排水良好，肥沃深厚的酸性土，中性或微碱性土壤亦能生长。耐湿，萌芽力强，耐修剪，生长缓慢，深根性，须根少，移植较困难。耐烟尘，抗二氧化硫和氯气。

[繁殖与栽培] 播种繁殖较容易，也可扦插。

[观赏与应用] 枸骨红果鲜艳，叶形奇特，浓绿光亮，是优良的观果、观叶树种，可与假山石配植或栽于花坛中心，丛植于草坪或道路转角处，也可在建筑的门庭两侧或路口对植，宜作刺篱，兼有防护与观赏效果，亦可盆栽作室内装饰，老桩作盆景，叶、果、枝均可插花。枸骨形态与圣诞树相似，故基督教堂中种植很多。

4.2.7　阔叶十大功劳

[学名] *Mahonia bealei*（Fort.）Carr.

[别名] 土黄柏

[科属] 小檗科十大功劳属

[识别要点] 直立丛生灌木，常绿，全体无毛，奇数羽状复叶，小叶 9～15，卵形、卵状椭圆形，每边有 2～5 枚刺齿，厚革质，上面深绿色有光泽，背面黄绿色，边缘反卷，侧生小叶，基部歪斜，花黄色，有香气。果卵圆形，花期 9 月至翌年 3 月，果熟期 3～4 月（图4-7）。

图4-7　阔叶十大功劳

同属栽培种：

十大功劳 [*Mahonia fortunei*（Lindl.）Fedde] 别名黄天竹，常绿灌木，小叶 5～9 枚，狭披针形，长 8～12cm，革质而光泽，叶缘具刺齿 6～13 对，小叶均无叶柄，花黄色，总状花序，4～8 条簇生。浆果近球形，蓝黑色，被白粉，花期 8～12 月，果期 12～1 月。

[产地与分布] 产于我国秦岭以南，多生于山坡、山谷之林下、林缘多石砾处，各地多栽培。

[习性] 喜光，较耐阴，喜温暖、湿润气候，不耐寒，华北各地盆栽，济南地区露地栽植时冬天需加以保护。喜深厚肥沃土壤，耐干旱，稍耐湿，萌蘖性强，对二氧化硫抗性较强，对氟化氢敏感。

[繁殖与栽培] 播种、分株、扦插繁殖

[观赏与应用] 阔叶十大功劳枝干挺直，叶色亮绿，叶形奇特，树姿典雅，是观叶观果兼备树种。常配植于建筑物的门口、窗下，也可点缀于假山、岩隙、溪边，阳处、阴处均较适宜，可作下木或分隔空间。根茎入药。

4.2.8　大叶黄杨

[学名] *Euonymus japonicus* Thunb.

[别名] 冬青卫矛、正木

[科属] 卫矛科卫矛属

[识别要点] 常绿灌木或小乔木，小枝绿色，成四棱形。叶革质而有光泽，椭圆形至倒

卵形，叶缘有细钝锯齿，两面无毛。花绿白色，果扁球形，淡红色或带黄色，熟时4瓣裂，假种皮桔红色。花期5~6月，果期10月（图4-8）。

常见栽培品种与变种有：

（1）金边大叶黄杨（var. *aureo-marginatus* Nichols.）叶缘金黄色。

（2）银边大叶黄杨（var. *Albo-marginatus* T. Moore.）叶边缘白色。

（3）金心大叶黄杨（var. *Aureo-variegatus* Reg.）　叶面具黄色斑纹，但不达边缘。

（4）斑叶大叶黄杨（var. *viridi-variegatus* Rehd.）　叶形大，亮绿色，叶面有黄色和绿色斑纹。

[产地与分布] 原产日本，我国南北各省均有栽培，尤以长江流域以南各地为多。

[习性] 喜光，亦耐阴，喜温暖、湿润气候，较耐寒。对土壤要求不严，但以中性、肥沃壤土生长最佳。适应性强，耐干旱、瘠薄。生长慢，寿命长，极耐整形修剪。

[繁殖与栽培] 以扦插为主，也可播种、压条。

[观赏与应用] 大叶黄杨枝叶浓密，四季常青，变种叶色斑斓，艳丽可爱，系优良的观叶树木。可栽植于花坛、树坛、建筑物、草坪四周，修剪成球形、台形等各种形状。常栽作绿篱，可修剪成条带形、城墙形等各种几何形状，整齐美观。也可自然式栽植于草坪、假山石旁等。对有害气体抗性较强，抗烟尘，是污染区绿化的理想树种。

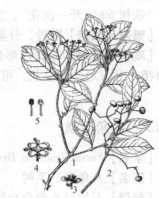

图4-8　大叶黄杨
1—花枝　2—果枝　3—花
4—花（去花被示花盘、雄蕊和雌蕊）
5—雄蕊背腹面

4.3　常见异形叶类园林树木

4.3.1　苏铁

[学名] *Cycas revoluta* Thunb.

[别名] 铁树、凤尾蕉、凤尾松、避火蕉

[科属] 苏铁科苏铁属

[识别要点] 常绿棕榈状木本植物，茎高达5m，茎干短粗，圆柱形，一般不分枝。叶羽状深裂，长达0.5~2.0m，厚革质而坚硬，羽片条形，长达18cm，边缘显著反卷。雌雄异株，花单生枝顶，雄球花长圆柱形，小孢子叶木质，密被黄褐色绒毛，背面着生多数药囊；雌球花略呈扁球形，大孢子叶宽卵形，有羽状裂，密被黄褐色绒毛，在下部两侧着生2~4个裸露的直立胚珠。种子卵形而微扁，长2~4cm。花期6~8月，种子10月成熟，熟时红色（图4-9）。

[产地与分布] 原产中国福建、台湾、广东，各地都有栽培。华南、西南地区可露地栽植，长江流域及以北地区多盆栽。

图4-9　苏铁

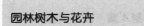

[习性] 喜暖热、湿润气候，不耐寒，温度低于0℃时极易受害。栽培环境要求通风良好，喜肥沃湿润的沙壤土，不宜过湿，忌积水。生长速度缓慢，寿命可达200年。民间传说，"铁树60年开一次花"，实则10年以上植株在南方每年均可开花。

[繁殖与栽培] 播种、分蘖等法繁殖。

[观赏与应用] 苏铁体形优美，是表现热带风光的优良树种。在南方适于草坪内孤植或群植，北方地区多盆栽，可布置于花坛中心，也可用于装饰大型会场。羽状叶可用于插花。

4.3.2 八角金盘

[学名] *Fatsia japonica* Decne et Planch.

[别名] 八角盘、手树

[科属] 五加科八角金盘属

[识别要点] 常绿灌木，高4～5m，常成丛生状，幼嫩枝叶具褐色毛，易脱落。叶革质，掌状5～9裂，基部心形，叶缘有锯齿，上面有光泽。花两性或杂性，多个伞形花序聚成顶生圆锥花序，花小，白色。果紫黑色，外被白粉。花期10～11月，果期翌年5月（图4-10）。

[产地与分布] 原产于我国台湾及日本，长江以南城市可露地栽培，北方温室盆栽。

[习性] 喜阴湿温暖环境，不耐干旱，耐寒性差，不耐酷热和强光曝晒。在排水良好、肥沃的微酸性壤土中生长良好，萌芽性强。

图4-10 八角金盘

[繁殖与栽培] 可播种、扦插或分株繁殖。

[观赏与应用] 八角金盘绿叶大而光亮，状似金盘，婀娜可爱，是重要的观叶树种之一，在日本被称为"下木之王"。适植于栏下、窗边、庭前、门旁墙隅及建筑物背阴处，也可点缀于溪流、池畔或成片丛植于草坪边缘、疏林之下。北方多盆栽，供室内观赏。对二氧化硫抗性较强，是厂矿街道美化的良好材料。

4.3.3 鹅掌楸

[学名] *Liriodendron chinense* (Hemsl.) Sarg.

[别名] 马褂木

[科属] 木兰科鹅掌楸属

[识别要点] 落叶乔木，树冠阔卵形。小枝灰褐色，叶马褂状，近基部有1对侧裂片，上部平截，叶背苍白色，有乳头状白粉点。花两性，单生枝顶，杯状，黄绿色，外面绿色较多，内方黄色较多，花被片9，清香。聚合果，纺锤形，翅状小坚果钝尖，花期5～6月，果熟期10～11月（图4-11）。

同属栽培种：

（1）北美鹅掌楸（*L. tulipifera* L.）小枝褐色或棕褐色，叶

图4-11 鹅掌楸

较小，鹅掌形，两侧各有 1～3 裂，浅黄绿色，在内侧近基部有橙黄色斑，聚合带翅坚果。花期 5～6 月。原产北美，我国青岛、南京、上海等地有引种。比鹅掌楸耐寒，生长快，寿命长，适应平原地区能力较强。

（2）杂种鹅掌楸（*L. chinense × L. tulipifera*）　叶形变异大，叶片两侧各有 1 或 2 阔浅裂，介于两亲本之间，花黄白色，略带红色，生长势旺，生长更快，适应平原自然条件的能力更强。

[产地与分布] 产于我国长江流域以南、海拔 500～1700m 山区，常与各种阔叶树混生。

[习性] 中性偏阴性树种，喜温暖、湿润气候，在湿润、深厚、肥沃、疏松的酸性、微酸性土中生长良好。不耐干旱、贫瘠，忌积水。树干大枝易受雪压、日灼危害，对二氧化硫有一定抗性。生长较快，寿命较长。

[繁殖与栽培] 播种、扦插繁殖

[观赏与应用] 鹅掌楸树形高大，干直挺拔，冠形端正，叶形奇特，花若金盏，秋叶金黄，是珍贵的庭荫树、极有发展的行道树。丛植草坪、列植园路或与常绿针、阔叶树混交，效果良好，也可在居民区、街头绿地与各种花灌木配植成景。

4.3.4　柽柳

[学名] *Tamarix chinensis* Lour.

[别名] 观音柳、三春柳、红荆条

[科属] 柽柳科柽柳属

[识别要点] 落叶小乔木或灌木，高可达 7m，树冠圆球形，小枝细长而下垂，红褐色或淡棕色，叶钻形或卵状披针形，长 1～3mm，先端渐尖，总状花序集生为圆锥状复花序，通常下垂，花粉红色或紫红色，花期春、夏季，有时 1 年可 3 次开花。果期 10 月（图 4-12）。

[产地与分布] 原产我国长江流域中下游至华北、辽宁南部各地，福建、广东、广西、云南等地有栽培。

图 4-12　柽柳
1—枝　2—叶枝（放大）
3—花序　4—花萼　5—花

[习性] 喜光，不耐庇荫。对气候适应性强，耐干旱，耐高温和低温，对土壤要求不严，耐盐碱能力强，为盐碱地指示植物。深根性，根系发达，抗风力强，萌蘖性强，耐修剪和沙埋。

[繁殖与栽培] 以扦插为主，也可播种、压条或分株。

[观赏与应用] 柽柳干红枝柔，叶细如丝，花色美丽，经久不落，是良好的绿化材料和林带植物。适合配植于盐碱地的池边、湖畔、河滩，有降低土壤含盐量的显著功效和保土固沙等防护功能，是改造盐碱地和建造海滨防护林的优良树种。老桩可作盆景，嫩枝可编筐，嫩枝、叶可药用。

4.3.5　凤尾兰

[学名] *Yucca gloriosa* Linn.

[别名] 菠萝花、厚叶丝兰

[科属] 百合科丝兰属

[识别要点] 常绿灌木、小乔木，主干短，有时有分枝，高2~4m，叶剑形，略有白粉，长60~75cm，宽约5cm，挺直，顶端坚硬，全缘，老时略有纤维丝，花序长1m以上，花杯状，下垂，乳白色，常有紫晕，花期5月、10月，2次开花，果椭圆状卵形，不开裂（图4-13）。

同属栽培种：

丝兰（*Yucca filamentosa* Linn.） 常绿灌木，植株低矮，叶丛生，叶片较薄而柔软，反曲，线状披针形至剑形，缘有白色丝状纤维。花茎直立，花下垂，白色，常有绿晕，花期6~7月。

图4-13 凤尾兰

[产地与分布] 原产于北美。我国长江流域及以南和山东、河南有引种，北京常见栽培。

[习性] 喜光，亦能耐阴，适应性强，能耐干旱、寒冷，除盐碱地外，各种土壤均能生长，耐干旱瘠薄，耐湿，生长快，耐烟尘，对多种有害气体抗性强，茎易产生不定芽，萌芽力强。

[繁殖与栽培] 茎切块繁殖或分株繁殖。

[观赏与应用] 凤尾兰树形挺直，叶形似剑，花茎高耸，花洁白芳香。常丛植于花坛中心、草坪一角，树丛边缘，宜与棕榈配植，高低错落，颇具热带风情，是岩石园、街头绿地、厂矿污染区常用的绿化树种，可在分车带中列植，也可作绿篱栽植。花可入药，叶纤维可供制缆绳。

4.3.6 七叶树

[学名] *Aesculus chinensis* Bunge.

[别名] 天师栗、娑罗树

[科属] 七叶树科七叶树属

[识别要点] 落叶乔木，高达25m。树冠庞大，圆球形，小枝光滑粗壮，髓心大，顶芽发达。掌状复叶互生，小叶5~7，缘具细锯齿，背面仅脉上有疏毛。圆锥花序呈圆柱状，顶生，长约25cm，白色，花瓣4。果近球形，径3~5cm，密生疣点，种子深褐色，花期5月，果期9~10月（图4-14）。

[产地与分布] 产于我国黄河流域及东部，包括陕西、甘肃、河南、北京、山西、江苏、浙江等省，自然分布于海拔700m以下山地。

图4-14 七叶树
1—花枝 2—果 3—花

[习性] 喜温暖、湿润气候，较耐寒，畏干热。喜深厚、湿润、肥沃而排水良好的土壤，深根性，寿命长，萌芽力不强。

[繁殖与栽培] 以播种为主，也可扦插或高空压条。

[观赏与应用] 七叶树树姿壮丽，枝叶婆娑，叶大而形美，开花时花序硕大，是世界著名的观赏树种、五大佛教树种之一。宜作庭荫树、行道树，可配植于公园、大型庭园、机

关、学校等。

4.4　常见异色叶类园林树木

4.4.1　鸡爪槭

[学名] *Acer palmatum* Thunb.

[别名] 青枫

[科属] 槭树科槭树属

[识别要点] 落叶小乔木，高 8m，枝细长光滑，绿色，受光面常红色。叶 5～9 掌状深裂，基部心形，裂片卵状椭圆形至披针形，先端锐长尖，重锯齿，下面脉腋有白色簇生毛。花序顶生，花小、紫色，果翅开展呈钝角。花期 4～5 月，果熟期 10 月（图 4-15）。

图 4-15　鸡爪槭
1—果枝　2—花枝
3—雄花　4—两性花

变种与品种：

（1）红枫 [var. *atropurpureum*（Vanh.）Schwer.] 叶常年红色，紫红色，又名紫红鸡爪槭。

（2）细叶鸡爪槭 [var. *dissectum*（Thunb.）Maxim.] 叶掌状深裂达基部，裂片狭长又羽状裂，树冠开展，树姿矮小，小枝略下垂。又名羽毛枫、塔枫。

（3）深红细叶鸡爪槭（var. *dissectum* f. *ornatum* Andre.） 叶常年紫红色，又名红羽毛枫、红塔枫。

（4）深裂鸡爪槭（var. *thunbergii* Pax.） 叶较小，径约 4cm，掌状 7 裂，裂片长尖，果小，翅短，又名蓑衣枫。

[产地与分布] 主产我国长江中下游，北至河南大别山、伏牛山，常生于海拔 1200m 以下林缘及路旁。北京、天津、河北、山东有栽培。

[习性] 喜半阴，忌烈日直射，喜温暖湿润气候，稍耐寒，北京可在小气候良好条件下栽植，需保护越冬。喜湿润、肥沃、排水良好的土壤，土壤条件好时生长较快。不耐湿，稍耐旱，不耐海潮风。

[繁殖与栽培] 播种繁殖，各变种、品种须嫁接繁殖。

[观赏与应用] 鸡爪槭叶形清秀，树姿优美，秋叶红艳，是著名的观叶树种，园林应用广泛。最宜与常绿树种配植于水池边、粉墙前、山石旁，也可栽植于古典建筑的亭台楼阁间，也可盆栽室内摆放或制作树桩盆景。

4.4.2　三角枫

[学名] *Acer buergerianum* Miq.

[别名] 丫枫、鸡枫树

[科属] 槭树科槭树属

[识别要点] 落叶乔木，高达 20m。树皮灰褐色，裂成薄条片状剥落，有顶芽。叶常 3

浅裂或不裂，先端渐尖，基部圆或宽楔形，3 出脉，全缘，幼树及萌蘖枝的叶片 3 深裂，锯齿粗钝。花黄绿色，伞房花序顶生，果翅呈锐角。花期 5 月，果熟期 9～10 月（图 4-16）。

[产地与分布] 原产我国秦岭以南陕西、甘肃、山东、江苏、安徽、浙江、江西、台湾、湖南、湖北、广东等地。常生于山坡、路旁、山谷及溪沟两边。

[习性] 喜光，耐侧阴，喜温暖湿润气候，有一定耐寒性，北京可露地越冬。喜深厚、肥沃、湿润的土壤，耐水湿，萌芽力强，根系发达，生长较快。

[繁殖与栽培] 播种繁殖，幼苗喜阴湿。

[观赏与应用] 三角枫树姿优美，树荫浓郁，秋叶暗红，常用作庭荫树、行道树。配植于草坪、路边、湖畔、建筑旁，也可与松、枫香、银杏等各种观叶树种组成风景林。

图 4-16　三角枫

4.4.3　五角枫

[学名] *Acer mono* Maxim.

[别名] 色木、地锦槭

[科属] 槭树科槭树属

[识别要点] 落叶乔木，高达 20m，树冠广卵形。叶掌状 5 裂，基部常心形，裂片全缘，卵状三角形，两面无毛或仅背面脉腋簇生毛。花杂性，黄绿色，成顶生伞房花序。双翅果，两翅展开呈钝角，长约为果核的 2 倍。花期 4 月，果熟期 9～10 月（图 4-17）。

[产地与分布] 五角枫是我国槭树属植物中分布最广的一种，东北、华北及长江流域均有分布，多生于山谷疏林中。朝鲜及日本亦有分布。

[习性] 弱阳性树种，稍耐阴，耐寒，喜凉爽湿润气候，过于干冷及高温处栽培，则生长不良。对土壤要求不严，稍耐湿，深根性，生长速度中等，寿命长。

[繁殖与栽培] 播种繁殖。

图 4-17　五角枫

[观赏与应用] 五角枫树形优美，叶果秀丽，秋叶变红或变黄，堪与春花媲美，可作庭荫树、行道树，与其他秋色叶树种或常绿树种配植，则争辉斗艳，别具风姿。

4.4.4　元宝枫

[学名] *Acer truncatum* Bunge.

[别名] 平基槭、华北五角枫

[科属] 槭树科槭树属

[识别要点] 落叶乔木，高 8～12m，树冠伞形或倒广卵形。树皮深灰色，浅纵裂，叶掌

状 5 裂，长 5～10cm，中裂片有时有 3 小裂，基部平截或近心形，两面无毛，叶柄细长，花序顶生，黄绿色。果翅与果核近等长，两翅展开约呈直角。花期 5 月，果熟期 9 月（图4-18）。

[产地与分布] 主要分布于我国北方，辽宁南部、内蒙古、河北、山西、陕西、甘肃、河南、山东、安徽北部、江苏北部都有分布。

[习性] 喜侧方庇荫，耐寒，喜凉爽湿润气候，也耐干燥，喜肥沃湿润排水良好的土壤，耐旱，不耐积水，抗风雪，耐烟尘及有害气体，深根性，寿命长。

[繁殖与栽培] 播种繁殖。

[观赏与应用] 元宝枫树冠圆满，叶形秀丽，秋叶金黄或红艳，是我国北方著名的秋色叶树种，宜作庭荫树、行道树、孤植、群植、对植、列植均可。

图 4-18 元宝枫

4.4.5 枫香

[学名] *Liquidambar formosana* Hance.

[别名] 枫树、路路通

[科属] 金缕梅科枫香属

[识别要点] 落叶乔木，高达 30m，胸径 1m。树冠广卵形或略扁平，小枝有柔毛，叶宽卵形，裂片先端尾尖，基部心形，下面有柔毛，后脱落，叶缘有锯齿。果序球形，径 3～4cm，有花柱和针刺状萼片，宿存。种子多角形，种皮坚硬，褐色，花期 3 月，果熟期 10 月（图 4-19）。

[产地与分布] 产于我国南部、中部及台湾省，日本也有分布。

[习性] 喜光，幼树较耐阴。耐寒能力不强。喜温暖湿润气候及深厚肥沃的土壤，耐干旱瘠薄，不耐湿。抗风耐火，对二氧化硫和氯气抗性较强，不耐修剪，不耐移植。深根性，萌蘖力强。生长较快，寿命长。

图 4-19 枫香
1—花枝 2—果枝
3—雌花 4—雄花

[繁殖与栽培] 播种、扦插或压条繁殖。

[观赏与应用] 枫香树干通直，树冠宽阔，气势雄伟，深秋叶色红艳，美丽壮观，是南方著名的秋色叶树种。可在南方低山、丘陵地区营造风景林，亦可在园林中作庭荫树、孤植、丛植，或于山坡、池畔与其他树木混栽均可。枫香具有较强的耐火性和对有毒气体的抗性，可用于厂矿绿化。不耐修剪，大树移植又较困难，故一般不用作行道树。

4.4.6 复叶槭

[学名] *Acer negundo* L.

[别名] 梣叶槭

[科属] 槭树科槭树属

[识别要点]落叶乔木，高达20m，树冠圆球形，奇数羽状复叶对生，小叶3~5或7~9，卵形或卵状披针形，叶缘有粗锯齿，顶生小叶有时3裂，雌雄异株，雄花伞房花序，雌花总状花序，均下垂，双翅果。花期3~4月，果熟期9月（图4-20）。

[产地与分布]原产北美，我国东北、华北、内蒙古、新疆至长江流域均有栽培。

[习性]喜光，喜干冷气候，暖湿地区生长不良，耐寒，对土壤要求不严，耐干旱，稍耐湿，耐烟尘能力强。生长较快，但寿命短。

[繁殖与栽培]播种繁殖。

[观赏与应用]复叶槭枝叶茂密，秋叶金黄，宜作庭荫树、行道树，亦可丛植于草坪作为观叶的上层骨干树种与常绿树种配植。

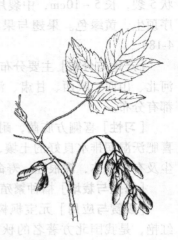

图4-20 复叶槭

4.4.7 红花檵木

[学名]*Loropetalum chinense*（R. Br.）Oliver. var. *ruberum* Yieh

[别名]红桎木、红檵花

[科属]金缕梅科檵木属

[识别要点]常绿灌木、小乔木，树皮暗灰色，枝及花萼均被锈色星状短柔毛，新叶紫红色，老叶正面紫黑色，背面紫红色，花3~4朵簇生，花瓣带状线形，紫红色。花期4~5月，果熟期8月（图4-21）。

[产地与分布]产于我国长江中下游及以南各地，印度北部也有分布，现广为栽培。

[习性]耐半阴，喜温暖气候及酸性土壤，适应性较强，不耐寒。耐旱，不耐瘠薄，发枝力强，耐修剪。

[繁殖与栽培]播种、嫁接繁殖。

[观赏与应用]红花檵木花叶紫红，具有很高的观赏价值，广泛用于盆景及造型植物中，也可丛植于草坪、林缘、园路转角等处。

图4-21 红花檵木

4.4.8 卫矛

[学名]*Euonymus alatus*（Thunb.）Sieb.

[别名]鬼箭羽、四棱树

[科属]卫矛科卫矛属

[识别要点]落叶灌木，高3m，小枝有2~4条木栓质翅，叶对生，倒卵形或倒卵状椭圆形，先端渐尖或突尖，基部楔形，叶柄短，锯齿细尖。花黄绿色，蒴果紫色，深1~4瓣裂，假种皮桔红色。花期5~6月，果熟期9~10月（图4-22）。

[产地与分布] 我国东北、华北、华中、华东、西北都有分布，常生于湿润的山谷疏林中。

[习性] 喜光，亦能耐阴，耐寒，对土壤适应性强，耐干旱瘠薄，萌芽力强，耐修剪整形，抗二氧化硫。

[繁殖与栽培] 播种、扦插繁殖。

[观赏与应用] 卫矛枝翅奇特，嫩叶、秋叶均为紫红色，且有鲜艳的桔红色假种皮，是优美的观果、观叶、观枝树种。可丛植于草坪、水边，或作绿篱，栽植于亭阁山石间，亦甚为美丽。因可吸收二氧化硫等有毒有害气体，用于厂矿企业绿化十分相宜。

图 4-22　卫矛
1—花枝　2—花　3—果穗　4—蒴果

4.4.9　乌桕

[学名] *Sapium sebiferum* Roxb.

[别名] 蜡子树、木油树

[科属] 大戟科乌桕属

[识别要点] 落叶乔木，高达 15m，树冠近球形，小枝纤细，叶菱形、菱状卵形，先端突渐尖，基部宽楔形，全缘。叶柄细长，顶端有 2 腺体，花序顶生，花黄绿色，果扁球形，黑褐色，熟时开裂。种子黑色，外被白蜡，宿存在果轴上，经冬不落。花期 5 ~ 7 月，果熟期 10 ~ 11 月（图 4-23）。

[产地与分布] 产于我国秦岭、淮河以南，分布很广，主要栽培于长江及珠江流域，以浙江、四川、贵州、安徽、云南、江西、福建等省为最多。

[习性] 喜光，耐寒性不强，年平均温度 15℃ 以上，降雨量 750mm 以上地区均可生长。对土壤适应性较强，主侧根发达，以深厚肥沃的冲积土生长最好，土壤水分条件好则生长旺盛，能耐短期积水。深根性，抗风，寿命长。

图 4-23　乌桕

[繁殖与栽培] 以播种繁殖为主。

[观赏与应用] 乌桕树形整齐，秋叶转红，落叶后白色种子似满树白花，经冬不落，是长江流域主要的秋景树种。适植于池畔、江边、草坪中央或边缘，孤植、丛植、群植或与其他常绿或落叶的秋景树种混植、列植于堤岸或道路旁，均十分美观，也可用于工厂绿化。

4.4.10　山麻杆

[学名] *Alchornea davidii* Franch.

[别名] 桂圆树

[科属] 大戟科山麻杆属

[识别要点] 落叶灌木，高 1 ~ 2m，丛生。幼枝有柔毛，老枝光滑。单叶互生，纸质，

宽卵形近圆，3 出脉，脉间有腺点 1 对，两面有毛，初生幼叶红色、紫红色。穗状花序，蒴果扁球形，密生毛，花期 4～5 月，果熟期 6～8 月（图 4-24）。

[产地与分布] 原产于我国，长江流域以南有分布。常野生于低山区、河谷两岸，山野阳坡的灌丛中。

[习性] 亚热带阳性树种，喜光，稍耐阴，抗寒性差，对土壤适应性强，喜湿润、肥沃的土壤，萌蘖性强，易更新。

[繁殖与栽培] 分株、扦插、播种繁殖。

[观赏与应用] 山麻杆树形秀丽，幼叶红艳，是极佳的观春色叶树种。可丛植于庭园、公园和各类绿地的路旁、水滨、岩石旁，成丛或成片栽植均可。

图 4-24　山麻杆

4.4.11　杜英

[学名] *Elaeocarpus sylvestris*（Lour.）Poir.

[别名] 山杜英、胆八树

[科属] 杜英科杜英属

[识别要点] 常绿乔木，高 10～20m；主干挺拔，树冠卵球形，小枝红褐色，幼时疏生短柔毛，后光滑，单叶互生，薄革质，基部楔形，叶缘有浅锯齿，脉腋有时具腺体，绿叶中常有少量鲜红的老叶，腋生总状花序，花下垂，花瓣白色，细裂如丝，雄蕊多数，核果椭球形，熟时暗紫色。花期 6～8 月，果熟期 10～12 月（图 4-25）。

[产地与分布] 产于我国南部，浙江、江西、福建、台湾、湖南、广东、广西及贵州等地。

图 4-25　杜英
1—花枝　2—果枝

[习性] 亚热带树种，喜温暖湿润的气候条件，稍耐阴，耐寒性不强，适生于酸性土壤，根系发达，萌芽力强，耐修剪，生长速度中等偏快。对二氧化硫抗性强。

[繁殖与栽培] 播种或扦插繁殖。

[观赏与应用] 杜英枝叶茂密，树冠圆整，霜后部分叶片变红，红绿相间，鲜艳夺目。适于丛植、片植、宜作树丛的常绿基调树种和花木的背景树，或列植成绿墙，起隐蔽遮挡及隔音作用。因对二氧化硫抗性强，可选作厂矿区绿化和防护林带树种。

4.4.12　木荷

[学名] *Schima superba* Gardn. et Champ.

[别名] 荷树

[科属] 山茶科木荷属

[识别要点] 常绿乔木，树高 30m，主干通直，树冠广圆形，叶厚革质，深绿色，有钝锯齿。花白色，芳香，径约 3cm，具长柄，子房密被细毛。蒴果扁球形，果柄粗。花期 4～7 月，果期 9～10 月（图 4-26）。

[产地与分布] 长江流域以南广泛分布，多生于海拔 150~1500m 的山谷。较喜光，喜暖热，适生于土层深厚、富含腐殖质的酸性黄红壤山地，耐瘠薄土壤。幼苗极需庇荫，不耐水湿。深根性，生长快。

[繁殖与栽培] 播种繁殖，大树养护时注意剪除根际萌蘖。

[观赏与应用] 木荷树干端直，树姿优美，夏季白花芬芳，入秋叶色转红，艳丽可爱。适作庭荫树和风景林，也可与其他常绿树种混栽，配植于山坡、溪谷等处。对有毒气体有一定抗性，是著名的防火树种。

图 4-26　木荷

4.4.13　厚皮香

[学名] *Ternstroemia gymnanthera* (Wight et Arn.) Sprague.

[别名] 珠木树、猪血柴、水红树

[科属] 山茶科厚皮香属

[识别要点] 常绿小乔木，树皮灰绿色，粗壮，近轮生，多层分叉形成圆锥形树冠。叶革质，倒卵状椭圆形，基部渐窄下延，有光泽，中脉在表面显著下凹。花淡黄色，有浓香，常数朵集生枝梢，果近球形，萼片宿存。花期 6 月，果期 10 月（图 4-27）。

[产地与分布] 分布于我国华东、华中、华南、西南各地，日本、印度、柬埔寨等亦有分布。多生于海拔 700~3500m 的酸性土山坡及林地。

[习性] 喜阴湿环境，能忍受 -10℃ 低温，常生于背阴、潮湿、酸性黄壤或黄棕壤的山坡，也能适应中性和微碱性土壤。根系发达，抗风力强，不耐强修剪。

[繁殖与栽培] 播种或扦插繁殖。

图 4-27　厚皮香
1—果枝　2—花枝　3—花

[观赏与应用] 厚皮香枝干浑圆，枝叶平展成层，叶质光亮，入冬转为红色，似红花满树，花开时浓香馥郁，色、香俱美。可植于门庭两侧、步道角隅、草坪边缘，在林缘、树丛下栽植时，可增加群落层次，丰富色彩。病虫害较少，对二氧化硫、氟化氢、氯气等抗性强，并能吸收有毒有害气体，适于街道、厂矿绿化，可营造环境保护林。

4.4.14　榉树

[学名] *Zelkova schneideriana* Hand. Mazz.

[别名] 大叶榉

[科属] 榆科榉属

[识别要点] 落叶乔木，高达 25m，树冠倒卵状伞形，树干通直，一年生枝密生柔毛。叶椭圆状卵形，先端渐尖，基部宽楔形近圆，桃形锯齿排列整齐，上面粗糙，背面密生灰色柔毛，叶柄短，歪斜且有皱纹。花期 3~4 月，果熟期 10~11 月（图 4-28）。

[产地与分布] 产于我国黄河流域以南、长江中下游至两广、云南、贵州等地。江南园林常见。

[习性] 喜光，喜温暖气候及深厚肥沃湿润的土壤，在微酸性、中性及石灰质土、轻盐碱土上均可生长。深根性，抗风能力强，幼时生长较慢，寿命长。耐烟尘、抗污染。

[繁殖与栽培] 播种繁殖。

[观赏与应用] 榉树高大雄伟，姿态优美。夏季绿荫浓密，入秋树叶红艳。可孤植、丛植于草坪边缘、亭台池畔，列植于园路两旁或间植以其他观叶树种。居民新区、工矿企业、农村"四旁"绿化等均可应用，是长江中下游各地的造林树种。

图 4-28　榉树
1—果枝　2—果

4.4.15　黄栌

[学名] *Cotinus coggygria* Scop.

[别名] 红叶树、栌木

[科属] 漆树科黄栌属

[识别要点] 落叶灌木或小乔木，高可达 8m，树冠圆球形、卵圆形。树皮暗灰褐色，不开裂，嫩枝紫褐色，有蜡粉。单叶互生，倒卵形，先端圆或微凹，叶柄细长。花小，黄绿色。果序长 5～20cm，许多不孕花的花梗伸长成粉红色羽毛状。核果肾形。花期 4～5 月，果熟期 6～7 月（图 4-29）。

[产地与分布] 原产我国中部及北部地区，欧洲南部及西亚、印度也有分布。

[习性] 喜光，略耐阴，耐寒、耐旱，对土壤要求不严，耐干旱瘠薄和盐碱土壤，不耐水湿及黏土。对二氧化硫有较强的抗性，滞尘能力强。萌蘖性强，耐修剪，根系发达，生长快。秋季温度降至 5℃，日温差在 10℃ 以上时，4～5 天叶色即转为红色。

[繁殖与栽培] 常用播种繁殖，亦可压条、分株或插根繁殖。

[观赏与应用] 黄栌秋叶转红，鲜艳可爱，是北方著名的秋叶树种。初夏花序上粉红色羽毛状的伸长花梗缭绕树间，恍若炊烟。适宜公园、绿地中片植，或丛植草坪一角、假山一侧，也可在山地、水库周围营造大面积风景林，亦为荒山造林的先锋树种。

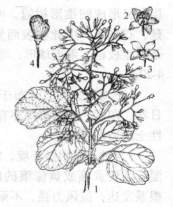

图 4-29　黄栌
1—果枝　2—雄花
3—雌花　4—核果

4.4.16　黄连木

[学名] *Pistacia chinensis* Bunge.

[别名] 楷木

[科属] 漆树科黄连木属

[识别要点] 落叶乔木，高达 25m，树冠近圆球形。偶数羽状复叶互生，小叶 10～14 枚，披针形或卵状披针形，全缘，先端渐尖，基部偏斜。花雌雄异株，圆锥花序，先花后

叶，核果扁球形，紫蓝色或红色。花期 4 月，果期 9 ~ 11 月（图 4-30）。

[**产地与分布**] 我国黄河流域以南均有分布，常散生于低山丘陵及平原，与黄檀、化香、栎类树种混生。

[**习性**] 喜光，幼时耐阴，不耐严寒，耐干旱瘠薄，对土壤要求不严。深根性，萌蘖力强，生长缓慢。抗污染、耐烟尘，抗风力强。

[**繁殖与栽培**] 播种繁殖为主，扦插、分蘖亦可。

[**观赏与应用**] 黄连木树姿雄伟，树干通直，枝叶繁茂，且春秋季均为红叶，是园林中常用的庭荫树、行道树，亦可于草坪、山坡、墓地、寺庙中栽植。丛植或群植均可，也可与其他色叶树种混植成风景林，或作农村"四旁"绿化、低山造林树种等。

图 4-30　黄连木
1—雄花枝　2—雌花枝
3—果枝　4—核果

4.4.17　盐肤木

[**学名**] *Rhus chinensis* Mill.

[**别名**] 盐肤子、五倍子树

[**科属**] 漆树科漆树属

[**识别要点**] 落叶小乔木，高达 8m；小枝被柔毛，有皮孔。奇数羽状复叶互生，叶轴具狭翅，小叶 7 ~ 13，卵状椭圆形，边缘有粗锯齿，背面密被锈褐色毛，近无柄。圆锥花序顶生，花萼 5 裂，宿存；花瓣 5；花小，乳白色。核果，扁球形，密被毛，桔红色。花期 7 ~ 8 月，果期 10 ~ 11 月（图 4-31）。

[**产地与分布**] 盐肤木在我国分布范围广，北自东北南部、黄河流域，南达广东、广西、海南岛，西至甘肃南部，四川中部、云南等省均有分布，朝鲜、日本及马来西亚也有分布。

[**习性**] 喜温暖湿润气候，也能耐寒冷和干旱。对土壤要求不严，酸性、中性或石灰质的碱性土壤都能生长，耐瘠薄，不耐水湿。根系发达，有很强的萌蘖性，生长迅速。

[**繁殖与栽培**] 分蘖、播种、压条、扦插均可，育苗期间应注意排水，否则易烂根。

[**观赏与应用**] 盐肤木秋叶转红，果实成熟时亦为桔红色，是园林中常见的观叶观果树种。丛植、孤植于公园、绿地、山林，效果良好。

图 4-31　盐肤木
1—花枝　2—果枝　3—雄花
4—两性花　5—去花瓣示雌蕊、雄蕊
6—果　7—种子

4.4.18　银杏

[**学名**] *Ginkgo biloba* L.

[**别名**] 白果树、公孙树

[科属] 银杏科银杏属

[识别要点] 落叶大乔木，高30～40m。叶扇形，在长枝上互生，短枝上簇生，有二叉状叶脉。雌雄异株，雄花成下垂葇荑花序；雌花具长柄，顶端具2胚珠。种子核果状，外层种皮肉质，成熟时有辛辣臭味，中层种皮白色骨质，内层种皮薄，膜质，红褐色。种子具2枚子叶（图4-32）。

变种、变型、品种：

（1）黄叶银杏（f. *aurea* Beiss）叶黄色。

（2）塔状银杏（f. *fastigiata* Rehd.）大枝的开展尺度小，树冠呈尖塔柱形。

（3）裂叶银杏（cv. Lacinata）叶形大，缺刻深。

（4）垂枝银杏（cv. Pendula）枝下垂。

（5）斑叶银杏（f. *variegata* Carr.）叶有黄斑。

[产地与分布] 我国特产树种，有"活化石"、"孑遗植物"之称，栽培分布广泛。朝鲜、日本及欧美各国庭院都有栽培。

[习性] 喜光、耐寒，深根性，喜温暖、湿润及肥沃平地，忌水涝。寿命长，树龄可达千年。

[繁殖与栽培] 播种、分株、扦插、嫁接繁殖均可。

[观赏与应用] 银杏挺拔雄伟，古朴雅致，叶形奇特，秋叶金黄，是珍贵的园林观赏树种。可孤植于草坪广场，列植为行道树，配植于庭园、大型建筑物四周及前庭入口，也可与其他色叶植物混植点缀秋景。风景区中常有银杏古树，也可修剪造型成树桩盆景。

图4-32 银杏
1—长短枝及种子 2—雌球花枝
3—雄球花（示珠座及胚珠）

4.4.19 无患子

[学名] *Sapindus mukorossi* Gaertn.

[别名] 圆皂角、木患子

[科属] 无患子科无患子属

[识别要点] 落叶乔木，高可达20～25m，枝开展，树冠广卵形或扁圆形，树皮黄褐色。偶数羽状复叶，小叶互生或近对生，卵状披针形或卵状长椭圆形，基部不对称，网脉显著。圆锥花序顶生，有茸毛，花黄白色或淡紫色。核果球形，径1.5～2.0cm，熟时淡黄色。果皮肉质，种子黑色，球形。花期5～6月，果期9～10月（图4-33）。

[产地与分布] 产于我国长江流域及其以南各省区。

[习性] 喜光，稍耐阴，喜温暖湿润气候，对土壤要求不严，在酸性土、钙质土上均能生长，而以土层深厚、肥沃、排水良好的土壤生长最快；深根性，萌芽力强。

[繁殖与栽培] 播种繁殖。

[观赏与应用] 无患子树姿挺秀，冠大荫浓，秋叶金

图4-33 无患子
1—果枝 2—花序 3—花

黄，绚丽夺目。可作庭荫树和行道树，与常绿树种混植，或配以红叶树种，可形成季相变化

明显的秋季景观。病虫害少，对二氧化硫抗性强，适于街道、厂矿绿化。

4.4.20 刺楸

[**学名**] *Kalopanax septemlobus*（Thunb.）Koidz.

[**别名**] 刺桐、刺楸树

[**科属**] 五加科刺楸属

[**识别要点**] 落叶乔木，高达30m，树皮深纵裂，枝干上密布宽扁的皮刺。单叶互生，叶掌状5裂，稀7裂，裂片三角状卵形，先端渐尖，缘有细齿，叶柄长于叶片。花两性，伞形花序集成短总状花序，花小，白色或淡黄绿色，核果近球形，熟时蓝黑色，花柱宿存。花期7~8月，果期9~10月（图4-34）。

[**产地与分布**] 我国南北各地均有分布，辽宁为分布北界。朝鲜、日本也有分布。

[**习性**] 喜光，稍耐阴，对气候的适应性较强，耐寒，喜土层深厚、肥沃、湿润的土壤。耐旱，不耐积水。深根性，根茎萌芽性强。生长快，寿命长。

[**繁殖与栽培**] 播种或分根繁殖。

图4-34　刺楸

[**观赏与应用**] 刺楸树形壮丽，花叶俱美，适作行道树和庭荫树，也可配植于路角、山边、坡地、溪谷，也是营造风景林及防火林带的重要树种。

4.4.21 槲栎

[**学名**] *Quercus aliena* Blume.

[**别名**] 细皮青冈、细皮栎、波罗

[**科属**] 壳斗科（山毛榉科）栎属

[**识别要点**] 落叶乔木，高达20m，树冠广卵形，小枝无毛，有淡褐色皮孔。叶长椭圆状倒卵形，先端微钝或短渐尖，基部宽楔形，有波状钝齿，背面密生灰白色细绒毛。叶柄长1~3cm，无毛。壳斗杯状，小苞片鳞片状，排列紧密，有灰白色柔毛，坚果卵状椭圆形。花期4~5月，果熟期10月（图4-35）。

[**产地与分布**] 我国辽宁、河北、陕西、华南、西南均有分布，常与麻栎、白栎、木荷、枫香等混生。

[**习性**] 喜光，稍耐阴，耐寒，对土壤适应性强。耐干旱、瘠薄，萌芽力强，根系发达，抗风力强，耐烟尘，对有害气体抗性强。

图4-35　槲栎

[**繁殖与栽培**] 播种繁殖或萌芽更新。大苗移栽需"断根缩坨"，否则难以成活。

[**观赏与应用**] 槲栎树冠开展，叶形奇特，秋叶转红，枝叶饱满，可作庭荫树或孤植于山坡林缘、草坪角隅，若与其他树种混合栽植成风景林，极具野趣。因抗烟尘能力强，也适

于厂矿绿化。

4.4.22 紫叶李

[**学名**] *Prunus cerasifera* Ehrh. var. *Atropurpurea* Jacq.

[**别名**] 红叶李

[**科属**] 蔷薇科李属

[**识别要点**] 落叶小乔木，高可达 8m，枝、叶片、花萼、花梗、雄蕊都呈紫红色。叶卵形至椭圆形，重锯齿尖细，背面中脉基部密生柔毛。花淡粉红色，径约 2.5cm，常单生，花梗长 1.5～2cm，果球形，暗红色。花期 4～5 月（图 4-36）。

[**产地与分布**] 是樱李的变型，原产于亚洲西南部。现我国各地园林中普遍栽培。

[**习性**] 喜光，光照充足处叶色鲜艳，喜温暖湿润的气候环境，稍耐寒，对土壤要求不严，可在黏质土壤中生长，根系较浅，生长旺盛，萌芽力强。

[**繁殖与栽培**] 嫁接繁殖，用桃、李、杏、梅为砧木，也可压条繁殖。

图 4-36 紫叶李

[**观赏与应用**] 紫叶李为常色叶树种，春、秋色泽更为鲜艳，是重要的色叶植物。适于庭园及公园中群植、孤植、列植或与桃李配植，也可与常绿树配植，形成色彩调和、花叶兼赏的景色。

4.4.23 胡颓子

[**学名**] *Elaeagnus pungens* Thunb.

[**别名**] 羊奶子

[**科属**] 胡颓子科胡颓子属

[**识别要点**] 常绿灌木，枝开展，高达 4m，具棘刺，被褐色鳞片。叶革质，边缘微翻卷或微波状，背面有银白色及褐色鳞片。花银白色，芳香，1～3 朵腋生，下垂。果椭圆形，长 1.2～1.5cm，被锈色鳞片，成熟时棕红色。花期 9～12 月，果期次年 4～6 月（图 4-37）。

变种与品种：

（1）金边胡颓子（var. *aurea* Serv.） 叶缘深黄色。

（2）银边胡颓子（var. *variegate* Rehd.） 叶缘黄白色。

（3）金心胡颓子（var. *federici* Bean.） 叶狭小，具有黄心及绿色狭边。

[**产地与分布**] 产于江苏、浙江、江西、安徽、福建、湖南、湖北、四川、贵州、陕西等省区，日本也有分布。

图 4-37 胡颓子

[**习性**] 喜光，耐半阴，喜温暖气候，对土壤要求不严，耐干旱瘠薄，也耐水湿，对有害气体有一定抗性。

[**繁殖与栽培**] 播种为主，也可扦插或嫁接。

[**观赏与应用**] 胡颓子枝叶浓密，叶背银灰，花含芳香，果色红艳，极为可爱。宜配植于花丛林缘、建筑物角隅，可修剪成球形栽培，也可作绿篱或盆景。因抗污染性强，适于工厂绿化。

小　结

本章主要内容包括：

① 叶木类园林树木的含义及分类：叶木类专指叶形、叶色或叶幕具有良好观赏价值的树种，可分为亮绿叶类、异形叶类、异色叶类。其中，异色叶类又可分为常彩类、变色类。

② 37 种常见叶木类园林树木的识别要点、产地与分布、习性、繁殖与栽培、观赏与应用等，包括：女贞、珊瑚树、石楠、海桐、蚊母树、枸骨、阔叶十大功劳、大叶黄杨、苏铁、八角金盘、鹅掌楸、柽柳、凤尾兰、七叶树、鸡爪槭、三角枫、五角枫、元宝枫、枫香、复叶槭、红花檵木、卫矛、乌桕、山麻杆、杜英、木荷、厚皮香、榉树、黄栌、黄连木、盐肤木、银杏、无患子、刺楸、槲栎、紫叶李、胡颓子等。

复习思考题

1. 叶木类园林树木有何特征？又可分为哪几类？

2. 简述大叶女贞、石楠、海桐、大叶黄杨、鹅掌楸、柽柳、凤尾兰、鸡爪槭、卫矛、乌桕、山麻杆、榉树、黄栌、黄连木、银杏、紫叶李等树种的识别要点及园林应用。

3. 五角枫、元宝枫的形态有何差异？

4. 结合实际，谈谈异色叶类园林植物的观赏价值及常见的园林应用形式。

果木类园林树木

主要内容

① 果木类园林树木的含义、观赏特性。

② 15 种果木类园林树木的识别要点、产地、习性、观赏与应用。

学习目标

① 掌握果木类园林树木的观赏特性及常见园林应用形式。

② 通过本章学习，可识别如下果木类园林树木：郁李、枇杷、樱桃、木瓜、山楂、火棘、平枝栒子、无花果、枣、杨梅、柿、君迁子、石榴、南天竹、柑橘，并能描述其形态特证。

③ 了解常见应用的 15 种果木类园林树木的产地与分布、习性、观赏与应用等。

5.1　果木类园林树木概述

果木类园林树木即以观赏果实为主的树木，又称观果树木类、赏果树木类，主要观赏果实的色、香、味、形、量等。

在庭院中利用果木类植物造景，是我国造园的一大特色，如庭院中栽植柿树，寓意"事事如意"；栽植石榴，象征"多子多福"等。在现代园林中，利用果木类植物营造硕果累累的秋季景观，已成为较常用的造景手法。尤其是在旅游风景区、农业休闲观光园、采摘园、各种类型的生态餐厅等特殊的环境中，果木类植物更是得到了充分利用。

以观赏为主要应用目的的果木类园林树木与农业生产中的果树有所不同，它无意追求经济价值，但必须经久耐看，不污染地面、不招引虫蝇，这是最基本的条件。其次，在外形方面还应具备如下条件：

1）果实色泽醒目，如天目琼花、紫珠、湖北海棠、构骨、大果冬青、山楂、香橼、老鸦柿等。

2）果实形状奇特，如佛手、柚子、秤锤树、刺梨、石榴、木瓜、罗汉松等。

3）果实的数量繁多，如火棘、荚蒾、金柑、南天竹、葡萄、石楠、枇杷等。

如前所述，将观赏树木分为花木类、叶木类、果木类、篱木类等是一种较为实用的分类方式，分类的主要依据是观赏特性和功能用途。这种分类虽简明实用，但所涉及的树种，有可能出现交叉重复现象，如栾树，既可观花，果实亦很美，树冠又很大，是优良的庭荫树。为此，我们仅根据其主要的性状或功能给以分类，而在其他有关类别中略加提及。

5.2 我国园林中常见应用的果木类园林树木

5.2.1 郁李

[学名] *Prunus japonica* Thunb.

[别名] 寿李、钙果、赤李子、车李子

[科属] 蔷薇科李属

[识别要点] 落叶小灌木，高 1.5m。小枝细密，冬芽 3 枚并生。叶卵形、卵状披针形，先端渐尖，叶缘具锐重锯齿，背面脉上有短柔毛或无毛，入秋叶转紫红色，托叶条形，有腺齿。花繁茂，单生或 2~3 朵簇生，白色或粉红色。核果近球形，深红色，径约 1cm，可生食。花期 3~4 月，果熟期 5~6 月(图 5-1)。

图 5-1 郁李
1—花枝 2—果枝
3—带叶枝条 4—花 5—果

同属栽培种：

麦李（*P. glandulosa* Thunb.）叶片较狭长，花叶同放，花期较晚。

变种与品种：

重瓣郁李（南郁李）（var. *kerii* Koehn.）叶较狭长，无毛，花重瓣，梗短。分布偏南。

[产地与分布] 产于我国华北、华中、华南；日本、朝鲜半岛也有分布。

[习性] 喜光，抗性强，耐旱、耐水湿、耐寒、耐烟尘。对土壤要求不严，但在石灰岩土地中生长最旺。萌蘖性强。

[繁殖与栽培] 播种、分株或扦插繁殖，重瓣品种可用毛桃或山桃做砧木嫁接。

[观赏与应用] 郁李是花果兼美的春季花木，常和棣棠、迎春、榆叶梅等春季花木成丛成片栽植，可配植在阶前、屋旁、山坡上，或点缀于林缘、草坪周围，也可作花境、花篱。

5.2.2 枇杷

[学名] *Eriobotrya japonica*（Thunb.）Lindl.

[科属] 蔷薇科枇杷属

[识别要点] 常绿小乔木，高可达 10m。小枝粗壮，密生锈色或灰棕色绒毛。叶革质，倒披针形至长椭圆形，长 10~30cm，宽 3~10cm，先端尖，基部全缘，边缘有粗钝锯齿，叶面褶皱，背面及叶柄密生锈色绒毛。圆锥花序，花白色，芳香。梨果近球形或长圆形，黄色或桔黄色，果实大小、形状因品种不同而异。花期 10~12 月，果期翌年 5~6 月（图 5-2）。

图 5-2 枇杷
1—花枝 2—花 3—花纵剖 4—果

[产地与分布] 原产我国中部，四川、湖北等省有野

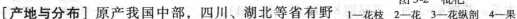

生。南方各地多作果树栽培，越南、缅甸、印度、印度尼西亚及日本均有分布。

[习性] 亚热带常绿树种，喜光，稍耐阴，喜温暖、湿润气候及肥沃而排水良好的土壤，不耐寒。不耐积水，冬季干旱生长不良。生长缓慢，寿命较长。

[繁殖与栽培] 播种、嫁接为主，亦可扦插压条繁殖。

[观赏与应用] 枇杷树形整齐美观，叶大荫浓，是南方庭院良好的观赏树种，可丛植或群植于草坪边缘、湖边池畔、山坡地等阳光充足处。因其秋萌、冬花、春实、夏熟，备四时之气而被誉为"百果中的奇珍"，是园林结合生产的优良树种。

5.2.3　樱桃

[学名] *Prunus pseudocerasus* Lindl.

[别名] 朱樱、含桃、莺桃、荆桃

[科属] 蔷薇科李梅属

[识别要点] 落叶小乔木，高达8m。叶卵形或椭圆状卵形，长7~12cm，先端锐尖，基部圆形，边缘有腺齿，叶上面有毛或微有毛，背面疏生柔毛。花白色，3~6朵成总状花序。核果球形，红色，多汁。花期3~4月，果熟期5~6月（图5-3）。樱桃与樱花的形态差异见表5-1。

图5-3　樱桃
1—花枝　2—果枝

表5-1　樱桃与樱花的形态差异

种　名	苞　片	叶　缘	花	果　实
樱花	苞片大，不脱落	叶缘有芒状锯齿	花白色或淡粉红色	果实黑色，肉薄
樱桃	苞片小，脱落	叶缘有重锯齿	花白色	果实红色，肉厚

[产地与分布] 原产我国中部，河北、山西、陕西、甘肃、山东、江苏、江西、贵州、广西等地均有分布。

[习性] 喜光，耐旱，抗寒，耐瘠薄，对土壤要求不严，但以沙质壤土为好。萌蘖性强，生长迅速。

[繁殖与栽培] 扦插、分株或嫁接法繁殖，栽培管理简易。

[观赏与应用] 樱桃花如云霞，丹果满树，可于公园、绿地、庭园、草坪内孤植或群植，也可与芭蕉配植，极富情趣。

5.2.4　木瓜

[学名] *Chaenomeles sinensis* (Thouin) Koehne.

[别名] 木梨

[科属] 蔷薇科木瓜属

[识别要点] 落叶小乔木，高可达10m，树皮呈不规则薄片状剥落。嫩枝有毛，芽无毛。叶卵形、卵状椭圆形，叶缘具芒状腺齿，幼时背面有毛，后脱落。托叶卵状披针形，有腺齿。花单生叶腋，粉红色，叶后开放。梨果椭圆球形，暗黄色，木质，芳香，称木瓜。花期4~5月，果熟期8~10月（图5-4）。

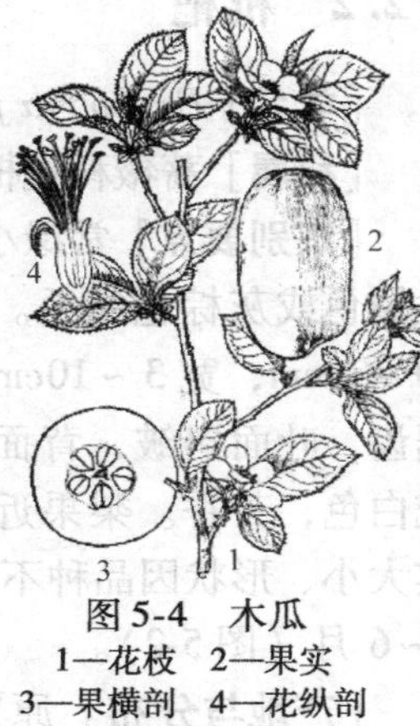

图5-4　木瓜
1—花枝　2—果实
3—果横剖　4—花纵剖

[**产地与分布**] 原产于我国山东、安徽、江苏、江西、河南、湖北、广东、广西、陕西等省区，各地常见栽培。

[**习性**] 喜光，耐侧阴。适应性强，北京可露地越冬。喜肥沃、排水良好的轻壤土或黏壤土，不耐积水和盐碱地，不易栽种在风口，生长较慢。

[**繁殖与栽培**] 嫁接或播种繁殖，砧木可选用海棠果。一般不做修剪，只除去病枯枝即可。

[**观赏与应用**] 木瓜树皮斑驳，古色古香，且花艳果香，是园林中常见的赏花观果树种。可孤植、丛植于庭前屋后，对植于建筑前、入口处，也可与其他花木混植，或以常绿树为背景栽植，以赏花观果。尤其适合古建筑群中应用，形成"木瓜院"的庭园景观。果实可入药，也可室内摆放闻香。

5.2.5　山楂

[**学名**] *Crataegus pinnatifida* Bunge.

[**别名**] 山里红

[**科属**] 蔷薇科山楂属

[**识别要点**] 落叶小乔木，有枝刺或无枝刺，叶互生，宽卵形至三角状卵形，两侧各有羽状深裂 3 ~ 5，基部 1 对裂片较深，缘有不规则锐齿，托叶大而有齿。花白色，伞房花序顶生，有长柔毛。梨果球形，深红色，有白色或褐色皮孔，内含 1 ~ 5 个具单种子的骨质小核。花期 5 ~ 6 月，果熟期 9 ~ 10 月（图 5-5）。

图 5-5　山楂

变种与品种：

山里红（var. *major* N. E. Br.）　果大，径约 2.5cm。叶较大，羽状裂较浅，枝上无刺。树体较原种大而健壮，作果树栽培。

[**产地与分布**] 产于我国东北、华北等地，生于海拔 100 ~ 1500m 的溪边、山谷、林缘，现广为栽培。

[**习性**] 喜光，喜侧阴。喜干冷气候，耐寒、耐旱，在排水良好的湿润、肥沃沙壤土中生长良好。根系发达，萌蘖性强，抗氯气、氟化氢污染。树性强健，产量稳定，栽培 10 年左右进入盛果期。

[**繁殖与栽培**] 播种、嫁接、分株繁殖。

[**观赏与应用**] 山楂树冠圆满，叶形清秀，白花繁茂，红果艳丽，是观果、观花、园林结合生产的优良树种，也是优美的庭院树种。可孤植、丛植于草坪边缘、园路转角，也可作绿篱、花篱、果篱栽植。

5.2.6　火棘

[**学名**] *Pyracantha fortuneane*（Maxim.）Li

[**别名**] 火把果、救兵粮

[**科属**] 蔷薇科火棘属

[**识别要点**] 常绿灌木，高达 3m，有枝刺；嫩枝有锈色柔毛，老时无毛。叶片倒卵形或倒卵状长圆形，先端圆或微凹，或有短尖头，基部渐狭，下延，叶缘有钝锯齿。花白色，径约 1cm，成复伞房花序。梨果深红色或桔红色，近球形，直径约 5mm。花期 5 ~ 6 月，果期

8~10 月（图 5-6）。

[**产地与分布**] 产于我国江苏、浙江、福建、广西、湖南、四川、贵州、云南、西藏、甘肃等地，野生分布海拔 500~2800m 的山地灌丛中或河沟。现各地广为栽培。

[**习性**] 喜光，稍耐阴，对土壤要求不严，但须排水良好，耐干旱能力强，山地平原都能适应。萌芽力强，耐修剪。

[**繁殖与栽培**] 扦插、播种繁殖，定植后需适当重剪，成活后不需精细管理。

[**观赏与应用**] 火棘是优良的观果树种，入秋后果实红艳如火，经久不落，具有很高的观赏价值。园林应用中，可在林缘丛植或作下木，也可配植岩石园或孤植于草坪、庭院一角，或栽植在路边、岩坡、水池边，作绿篱或基础种植亦较适宜。还可作盆景或果枝插瓶。

图 5-6　火棘

5.2.7　平枝枸子

[**学名**] *Cotoneaster horizontalis* Decne.

[**别名**] 铺地蜈蚣、矮英子

[**科属**] 蔷薇科枸子属

[**识别要点**] 落叶或半常绿低矮灌木，枝水平开展成整齐二列状，宛如蜈蚣。叶小，厚革质，近圆形或宽椭圆形，先端急尖，基部楔形，全缘，背面疏被平伏柔毛。花小，无柄，单生或 2 朵并生，粉红色。果近球形，径 4~7mm，鲜红色，常含 3 小核。花期 5~6 月，果期 9~12 月（图 5-7）。

[**产地与分布**] 产于我国湖南、湖北、陕西、甘肃、四川、云南、贵州等省，多生于海拔 1000~3500m 的湿润岩石坡，灌木丛中及路边，是西藏高原东南部亚高山灌木丛主要树种之一。

[**习性**] 喜半阴，光照充足处亦能生长。喜空气湿润，耐寒。对土壤要求不严，耐干旱瘠薄，石灰质土壤也能生长。不耐水涝。华北地区栽培宜选择避风处或盆栽。

[**繁殖与栽培**] 播种、扦插繁殖。

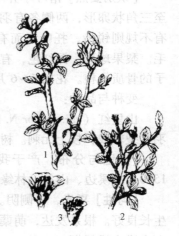

图 5-7　平枝枸子
1—花枝　2—果枝
3—花及花的纵剖

[**观赏与应用**] 平枝枸子枝叶横展，树形低矮，春季粉红色小花星星点点，秋来红果累累，经冬不落。最适宜作基础种植、地面覆盖材料，也是布置岩石园、庭院、绿地和墙沿角隅的优良材料。亦可作盆景。

5.2.8　无花果

[**学名**] *Ficus carica* L.

[**别名**] 蜜果、映日果

[**科属**] 桑科榕属

[**识别要点**] 落叶小乔木，常呈灌木状，高可达 10m。小枝粗壮，留有环状托叶痕。叶互生，宽卵形或近圆形，基部心形或截形，3~5 裂，锯齿粗钝或波状缺刻，上面有粗短硬

毛，下面有绒毛。花小，雌雄同株，生于中空的肉质花托内，形成隐头花序。隐花果梨形，径约5～8cm，绿黄色，熟后黑紫色，味甜，有香气，可食，一年可多次开花结果（图5-8）。

[产地与分布] 原产于地中海沿岸、西南亚地区。我国引种历史悠久，现中南部各省普遍栽培。

[习性] 喜光，亦耐阴。喜温暖气候，不耐寒，冬季有时小枝受冻。对土壤适应性强，喜深厚肥沃的土壤，耐干旱瘠薄。耐修剪，2～3龄开始结果，6～7龄进入盛果期。抗污染，抗烟尘，生长快，病虫害少，寿命可达百年。

[繁殖与栽培] 扦插、分蘖、压条繁殖，极易成活。

[观赏与应用] 无花果叶形奇特，果味甜美，栽培容易，是园林结合生产的优良树种。对有毒气体抗性强，为厂矿绿化的主要材料。园林应用时，多丛植于公园旷地、林缘或房前屋后，也可作林下灌木。

图5-8 无花果

5.2.9 枣

[学名] *Zizyphus jujuba* Mill.

[科属] 鼠李科枣属

[识别要点] 落叶乔木，高可达10m。枝有长枝、短枝和脱落性小枝。长枝呈之字形，曲折，红褐色，光滑，有托叶刺或不明显，俗称"枣头"。短枝似长乳头状，在长枝上互生，俗称"枣股"。脱落性小枝俗称"枣吊"，为纤细下垂的无芽枝，簇生于短枝上，冬季与叶同落。单叶对生，叶卵状椭圆形至披针形，3出或5出脉。花小，黄绿色，8～9朵簇生于脱落性小枝的叶腋，成聚伞花序。核果，长椭圆形，淡黄绿色，熟时红褐色，核锐尖。花期6月，果熟期8～10月（图5-9）。

图5-9 枣

变种与品种：

栽培品种很多，如金丝小枣、冬枣、大枣、无核枣、湘枣等。园林中常见栽培的变种与品种有：

（1）龙爪枣（曲枝枣 cv. Tortuosa） 枝及叶柄均扭曲，状如龙爪柳，亦可盆栽或制作盆景。

（2）酸枣 [var. *spinosa*（Bunge）Hu. ex H. F. Chow] 多刺灌木，叶小，果小，味酸，核端圆钝，花芳香，是良好的蜜源植物、刺篱植物和砧木。

（3）无刺枣（var. *inermis* Bunge Rehd.） 枝上无刺，果大，味甜。

[产地与分布] 原产我国东北南部、黄河、长江流域各地。华北、西北地区是主要产区，为我国最早的栽培果树。

[习性] 喜光，耐寒、耐热、耐干旱气候，空气湿度大的地区病虫害较多，对土壤适应性强，耐瘠薄，干旱、水湿。在轻度盐碱土上生长，枣的糖度增加。耐烟尘及有害气体，根系发达，根蘖性强，抗风沙。结果早，栽后十几年达盛果期。

[**繁殖与栽培**] 分蘖、根插、嫁接繁殖，栽培管理粗放。果实快成熟时不宜灌水。

[**观赏与应用**] 枣树枝叶扶疏，红果累累，是我国栽培最早的果树，产量居世界首位，也是园林结合生产的优良树种。可单独设置枣园，也可作庭荫树、园路树，孤植、群植于宅前屋后、坡地、建筑群旁。枣树对多种有害气体抗性较强，可用于厂矿绿化。果实营养丰富，号称"铁杆庄稼"。

5.2.10 杨梅

[**学名**] *Myrica rubra*（Lour.）Sieb. et Zucc.

[**别名**] 树梅、山杨梅

[**科属**] 杨梅科杨梅属

[**识别要点**] 常绿乔木，高可达 12m，树冠球形。树皮灰色，老时浅纵裂，嫩枝有油腺点。单叶互生，叶厚革质，长圆状倒卵形或倒披针形，表面深绿色，有光泽，背面色稍淡，有金黄色腺体。雌雄异株，花序腋生，雄花序圆柱形，紫红色，雌花序卵形或球形。核果球形，外果皮肉质，多汁液，味酸甜，深红、紫红、白色等，是可食用部分。花期 3~4 月，果熟期 6~7 月（图 5-10）。

图 5-10 杨梅

[**产地与分布**] 原产我国东南各省和云贵高原。现主要分布于长江流域以南各省区，浙江省栽培最多。

[**习性**] 喜温暖湿润气候，不耐寒，不耐强烈日照，幼苗喜阴。喜排水良好的酸性沙壤土，宜肥力中等，稍耐瘠薄。深根性，萌芽力强。对二氧化硫和氯气抗性较强。寿命可达 200 年。

[**繁殖与栽培**] 播种、压条和嫁接繁殖。

[**观赏与应用**] 杨梅与枇杷、樱桃合称为"初夏三姐妹"，果实成熟时丹实点点，烂漫可爱，是优良的观果树种。适宜丛植或列植于路边、草坪或作分隔空间、隐蔽遮挡的绿墙，也是厂矿绿化及城市隔音林带的优良树种。

5.2.11 柿树

[**学名**] *Diospyros kaki* Linn.

[**科属**] 柿树科柿树属

[**识别要点**] 落叶乔木，株高可达 15m，树冠开展。树皮块状开裂，深灰色，冬芽肥大，先端钝，黄褐色，小枝有短柔毛。叶互生，近革质，阔椭圆形、卵状椭圆形或倒卵形，全缘，叶面无毛，叶背有短柔毛。花黄白色，单性同株或异株。果卵圆形、扁球形或扁方形，熟时橙黄色或鲜黄色，萼卵圆形，端钝圆，宿存。花期 5~6 月，果熟期 10 月（图 5-11）。柿久经栽培，品种很多，主要分为甜柿、涩柿两大类。

图 5-11 柿树
1—花枝 2—雄花 3—雌花
4—去花冠后的雌花
5—雄花的花冠筒展开
6—雄蕊腹背面 7—浆果

[**产地与分布**] 原产我国长江流域，栽培历史悠久，分布广泛，是我国北方主要果树之一。

[习性]　喜光，喜温暖，也能耐寒。对土壤要求不严，耐干旱瘠薄，耐湿，不耐盐碱。对有害气体抗性强，根系发达，寿命长。

　　[繁殖与栽培]　嫁接繁殖，砧木在北方及西南地区多用君迁子、在南方多用油柿、老鸦柿、野柿。

　　[观赏与应用]　柿树树形优美，叶、果俱佳，夏季浓荫似盖，秋季叶色转红，果实累累。可孤植作庭荫树，也可与其他常绿、落叶的秋景树混植为风景林，或丛植于草坪、庭院点缀秋景。因对有害气体抗性强，可用于厂矿绿化。果实营养丰富，有"果中圣品"之誉，是园林结合生产的优良树种。

5.2.12　君迁子

　　[学名]　*Diospyros lotus* L.

　　[别名]　丁香柿、黑枣、软枣

　　[科属]　柿树科柿树属

　　[识别要点]　落叶乔木，高达 20m。树皮灰色，呈方块状深裂，小枝及叶背面具灰色毛。叶椭圆形或长椭圆形，全缘，具波状起伏，叶面无光泽，背面灰绿色。花淡黄至淡红色。浆果球形，直径 1.5～2cm，初为橙色，熟时蓝黑色，外被白粉。萼宿存，先端钝圆，花期 4～5 月，果熟期 10～11 月（图 5-12）。

图 5-12　君迁子

　　[产地与分布]　产于我国东北南部、华北至中南、西南各地。

　　[习性]　喜光，耐半阴，性强健。耐寒，耐干旱，耐瘠薄，也耐水湿。喜肥沃、深厚的土壤，在微碱性土和石灰质土壤上也能良好生长。根系发达但较浅，生长迅速。抗污染性强。

　　[繁殖与栽培]　播种繁殖，播前应浸种 1～2 日，待种子膨胀后再播。

　　[观赏与应用]　君迁子枝干秀雅，秋叶变红，果实色泽鲜艳，是环境绿化的优良树种，可作庭荫树、行道树，孤植或丛植均可。北方地区多用作柿树嫁接的砧木。

5.2.13　石榴

　　[学名]　*Punica granatum* L.

　　[别名]　安石榴、海石榴

　　[科属]　石榴科石榴属

　　[形态特征]　落叶灌木或小乔木，株高可达 7m，矮生种仅高 15～30cm。叶倒卵状长椭圆形，先端尖或钝，基部楔形，新叶红褐色。花萼钟形，橙红色；花瓣红色，有皱折。浆果近球形，径 6～8cm，果皮厚，成熟后可食用。花期 4～8 月，果熟期 9～10 月（图 5-13）。

　　变种与品种：

　　可分为花石榴与果石榴两大类。

　　（1）花石榴　观花兼观果，常见栽培的变种有如下几种：

　　1）白石榴（var. *albescens* DC.）　又称银榴，花近白色，单瓣。

图 5-13　石榴
1—花枝　2—花纵剖　3—果

2）千瓣白石榴（var. *multiplex* Sweet） 花白色，重瓣，花红色者称千瓣红石榴。

3）黄石榴（var. *flavescens* Sweet） 花单瓣，黄色，花重瓣者称千瓣黄石榴。

4）玛瑙石榴（var. *legrellei* Vanh.） 花大，重瓣，花瓣有红色、白色条纹或白花红色条纹。

5）千瓣月季石榴（var. *nana* Pers） 矮生种类型，花红色，重瓣，花期长。单瓣者称月季石榴。

6）墨石榴（var. *nigra* Hort.） 花红色，单瓣，果小，熟时果皮呈紫黑褐色，为矮生类型。

（2）果石榴 以食用为主，兼有观赏价值，花多单瓣。

[**产地与分布**] 原产地中海地区。我国除严寒地区外，均有栽培。

[**习性**] 喜光，喜温暖气候，有一定耐寒能力，喜肥沃湿润而排水良好的石灰质土壤，有一定耐旱能力，在平地和山坡均可生长。

[**繁殖与栽培**] 扦插、播种、分株、压条、嫁接繁殖均可。盆栽者注意防雨。

[**观赏与应用**] 石榴为西班牙、利比亚国花。其树姿优美，枝繁叶茂，入夏繁花似锦，秋来硕果累累，在我国一向被视为繁荣昌盛、团结和睦、多子多福的象征。可丛植于庭中、阶前、窗前、亭台、山石、路旁。对有害气体抗性强，系工矿企业的重要观赏树种，也是制作盆景和桩景的好材料。

5.2.14 南天竹

[**学名**] *Nandina domestica* Thunb.

[**别名**] 天竺

[**科属**] 小檗科南天竹属

[**识别要点**] 常绿灌木，干直立，叶互生，2~3回羽状复叶，小叶椭圆状披针形，全缘，革质。圆锥花序顶生，花小，白色。浆果球形，鲜红色。花期5~7月，果期9~10月（图5-14）。

变种与品种：

玉果南天竹（var. *leucocarpa* Thunb.） 果黄绿色。

[**产地与分布**] 原产我国和日本，国内外庭院普遍栽培。

[**习性**] 喜温暖湿润和通风、半阴的环境，较耐寒，怕强光，要求肥沃、湿润、排水良好的沙壤土。

[**繁殖与栽培**] 分株、扦插或播种繁殖。

[**观赏与应用**] 南天竹枝干挺拔如竹，羽叶开展而秀美，秋冬时节转为红色，异常绚丽，穗状果序红果累累，鲜艳夺目，可观果、观叶、观姿态。丛植于建筑前特别是古建筑前、配植于粉墙一角或假山旁均可，也可作林下地被植物、盆栽或盆景，切枝插瓶也较为适宜。

图5-14 南天竹
1—果枝 2—花枝 3—花

5.2.15 柑橘

[**学名**] *Citrus reticulata* Blanco.

[**别名**] 橘子

[科属] 芸香科柑橘属

[识别要点] 常绿小乔木或灌木。小枝较细弱，常有短刺。叶椭圆状卵形、披针形，先端钝，常凹缺，基部楔形，钝锯齿不明显；叶柄的翅很窄，近无翅。花白色，单生或簇生，叶腋芳香。果扁球形，橙红色或橙黄色，果皮与果瓣易剥离，果瓣10，果心中空。花期5月，果熟期10~12月（图5-15）。

柑橘在果树园艺上常分为两大类：

（1）柑类：果较大，径5cm以上，果皮较粗糙而稍厚，剥皮难，分布偏南。

（2）橘类：果较小，径5cm以下，果皮光滑而薄，剥皮易，分布偏北。

[产地与分布] 我国是柑橘原产地，长江以南各省区广泛栽培。

图5-15 柑橘
1—花枝 2—花 3—雄蕊
4—果 5—部分叶，示油点

[习性] 喜光，稍耐侧阴，光照不足时只长枝叶，不开花。喜通风良好、温暖的气候，不耐寒，江苏南部太湖一带可露地越冬。适生于疏松肥沃、腐殖质丰富、排水良好的沙壤土中,忌积水。有菌根，耐修剪，果实结在当年生春梢上。抗二氧化硫等有害气体的能力强。

[繁殖与栽培] 嫁接、播种、压条繁殖，以嫁接为主。

[观赏与应用] 柑橘树形优美，四季常青，春季白花芳香，秋季果实累累，是著名的果树，可辟果园栽植，也可丛植于草坪、林缘、池畔。北方地区多盆栽，为春节传统的盆栽观果树种。

小 结

本章内容主要包括：

① 果木类园林树木即以观赏果实为主的树木，又称观果树木类、赏果树木类，主要观赏果实的色、香、味、形、量等。果木类树种的果实必须经久耐看，不污染地面、不招引虫蝇，在外形方面还应具备色泽醒目、形状奇特、果实数量繁多等特点。

② 15种常见果木类园林树木的识别要点、产地与分布、习性、繁殖与栽培、观赏与应用等，包括：郁李、枇杷、樱桃、木瓜、山楂、火棘、平枝栒子、无花果、枣、杨梅、柿、君迁子、石榴、南天竹、柑橘。

复习思考题

1. 果木类园林树木有何特征？

2. 在我国有"多子多福"的美好象征的果木类园林树木是哪一种？可以分为哪两大类？园林中如何应用？

3. 樱花与樱桃的形态有何差异？

4. 柑橘在果树园艺上可分为哪两大类？二者的主要区别是什么？简述柑橘的生活习性。

5. 本章介绍的果木类园林树种中，初夏结实的有（　　　　）、（　　　　）、
（　　　　）。

6. 无花果的花序为（　　　　），果实的类型是（　　　　），梨形，一年可多次开花
结果。

7. 简述郁李、枇杷、木瓜、山楂、火棘、平枝栒子、杨梅、柿、君迁子、南天竹等树
种的识别要点。

第 6 章

针叶类园林树木

主要内容

① 针叶类园林树木的特征、特性。

② 27 种常见针叶类园林树木的识别要点、产地与分布、习性、繁殖与栽培、观赏与应用等。

学习目标

① 掌握针叶类园林树木的特征、特性及常见的园林应用形式。

② 通过本章学习，可识别如下针叶类园林树木：南洋杉、冷杉、红皮云杉、白扦、青扦、华北落叶松、日本落叶松、金钱松、雪松、白皮松、华山松、马尾松、樟子松、油松、黑松、红松、水杉、杉木、柳杉、侧柏、圆柏、沙地柏、铺地柏、罗汉松、粗榧、三尖杉、东北红豆杉，并能准确描绘其形态特征。

③ 了解常见针叶类园林树木的产地与分布、习性、繁殖与栽培、观赏与应用等内容。

6.1 针叶类园林树木概述

6.1.1 针叶树的特性

针叶树即裸子植物，多为乔木或灌木，稀为木质藤本。茎有形成层，能产生次生构造，次生木质部具管胞，稀具导管，韧皮部中无伴胞。叶多为针形、条形或鳞形，无托叶。球花单性，雌、雄同株或异株，胚珠裸露，不包于子房内。种子有胚乳，子叶 1 至多数。

裸子植物发生、发展的历史悠久，最早出现在 34500 万年至 39500 万年之间的古生代的泥盆纪，古生代的石炭纪、二叠纪发展最为繁盛，中生代的三叠纪、侏罗纪、白垩纪发展趋于衰退，新生代的第三纪和第四纪，随地史、气候的多次重大变化，新的种类不断产生，古老的种类相继死亡，尤其第四纪北半球出现冰川后，大部分种类在地球上绝迹。现存裸子植物中，不少种类是第三纪后的孑遗植物，如我国的银杏、水杉、油杉、铁杉、金钱松、红松、杉木、水松、红豆杉等。

针叶树种多生长缓慢，寿命长，适应范围广。多数种类在各地林区组成针叶林或针、阔叶混交林，为林业生产上的主要用材和绿化树种，也是制造纤维、树脂、单宁及药用的原料树种，有些种类的枝叶、花粉、种子及根皮可入药，具有很高的经济价值。

6.1.2 针叶树在园林中的应用

在园林绿化领域，尤其在北方地区，针叶树是主要的常绿观赏树种，以悠长的树龄、苍劲的形态、常青的风格以及体态多样等特性而备受推崇。世界著名的五大园景树（雪松、金钱松、日本金松、南洋杉和巨松）全部是针叶树种。我国从北到南，由海平面至高山的庭院中都有其踪影。从古到今，针叶树在宫廷、寺庙、陵园、墓地中独占鳌头，为植物配植的主体，寄寓着"万古长青"、"浩气永存"之情思。如北京天坛的侧柏林，曲阜孔庙的侧柏、圆柏林，南京中山陵的雪松等，均气势雄伟、庄严肃穆，颇具代表性。公园、道路、庭院等各种类型的园林绿地中都能见到各种针叶树。

针叶树种以常绿、高大、树形独特和良好的适应环境能力等优点而倍受园林工作者的厚爱。其应用形式主要有如下几种：

1. 独赏树

独赏树又称孤植树、独植树，主要表现树木的形体美，可以成为独立的景物供观赏，如雪松、南洋杉、金钱松、日本金松、巨杉（世界爷），这五种树木被称作世界五大庭园观赏树种。

2. 庭荫树

庭荫树又称绿荫树，主要用以形成绿荫供游人纳凉、避免日光曝晒，也可起到装饰作用，如银杏、油松、白皮松等。

3. 行道树

以美化、遮荫和防护为目的，在道路两侧栽植的树木。称为行道树。银杏、桧柏、油松、水杉等均可作行道树。

4. 树丛、树群、片林

在大面积风景区中，常将针叶树丛植或片植，以组成风景林，如松、柏混交林，针、阔混交林。常用树种主要有油松、侧柏、红松、马尾松、云杉、冷杉等。

5. 绿篱及绿雕塑

绿篱主要起分隔空间、遮蔽视线、衬托景物、美化环境及防护的作用。在针叶树中，常用的绿篱树种主要有侧柏、桧柏等，用作植物雕塑的树种包括龙柏、桧柏等。

6. 地被植物

针叶树中用作地被材料的树种有沙地柏、铺地柏等，主要起到遮盖地表及固沙、固土的作用。

6.2 我国园林中常见应用的针叶类园林树木

6.2.1 南洋杉

[学名] *Araucaria cunninghamii* Sweet.

[**别名**] 鳞叶南洋杉

[**科属**] 南洋杉科南洋杉属

[**识别要点**] 常绿大乔木，高60～70m。树皮粗糙，作环状剥落。幼树树冠整齐，呈尖塔形，老树平顶状。主枝轮生，平展，侧枝亦平展或稍下垂。叶二型，生于侧枝及幼枝上的多呈针状，排列疏松；生于老枝上的叶则排列紧密，卵形或三角状钻形。雌雄异株。球果卵形，种鳞有弯曲的刺状尖头（图6-1）。

[**产地与分布**] 原产大洋洲东南沿海地区，我国的广州、厦门、海南、广西等地可露地栽培；长江流域以北多盆栽观赏。

[**习性**] 喜温暖湿润气候，适宜温度10～25℃，越冬温度应保持在5℃以上。耐阴，不耐干旱。具较强的抗病虫、污染能力。速生，萌蘖力强。

[**繁殖与栽培**] 播种、扦插、压条均可，但种子发芽率低，需用破壳播种法。

[**观赏与应用**] 南洋杉树形高大，形态优美，为世界五大庭院观赏树种之一。最宜孤植，亦可作行道树，幼树是珍贵的观叶植物。北方多盆栽，可用于厅堂、会场的点缀装饰。

图6-1　南洋杉
1、2、3—枝叶　4—球果
5—苞鳞背面　6—苞鳞腹面
7—苞鳞侧面

6.2.2　辽东冷杉

[**学名**] *Abies holophylla* Maxim.

[**别名**] 杉松

[**科属**] 松科冷杉属

[**识别要点**] 常绿乔木，树冠阔圆锥形，老龄时为广伞形。叶条形，上面凹下，下面有2条气孔带，先端突尖或渐尖。球果圆柱形，直立，近无柄，熟时淡褐色。花期4～5月，果期10月（图6-2）。

[**产地与分布**] 产于吉林、黑龙江及辽宁东部，为长白山及牡丹江山区主要森林树种之一。俄罗斯西伯利亚及朝鲜亦有分布。

[**习性**] 耐阴性强，喜生于冷湿气候与湿润深厚土壤中，根系浅，在排水不良处生长较差。

[**繁殖与栽培**] 播种繁殖，幼苗期生长缓慢。易受冷杉毒蛾、树干小尖红腐病等危害。

[**观赏与应用**] 辽东冷杉枝条轮生，树形优美，适宜丛植、群植、列植，可在建筑物北侧及其他树冠庇荫下栽植。

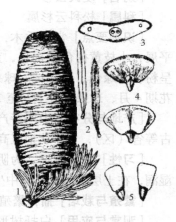

图6-2　辽东冷杉
1—球果枝　2—叶子的上下面
3—叶的横切面　4—种鳞背面及苞鳞
5—种子

6.2.3　红皮云杉

[**学名**] *Picea koraiensis* Nakai.

[**别名**] 虎尾松、高丽云杉、带岭云杉

[科属] 松科云杉属

[识别要点] 常绿乔木，树冠尖塔形，大枝斜伸或平展，小枝上有明显叶枕；一年生枝淡红褐色或淡黄褐色。芽长圆锥形，小枝基部宿存芽鳞的先端常反卷。叶锥形，先端尖，横切面菱形，四面有气孔线。球果卵状圆柱形或圆柱状矩圆形，熟时褐色。花期5~6月，果期9~10月（图6-3）。

[产地与分布] 分布于东北小兴安岭、吉林山区海拔1400~1800m地带，朝鲜及俄罗斯乌苏里地区也有分布。

[习性] 较耐阴，浅根性。适应性较强，较耐湿，喜空气湿度大及排水良好、土层深厚的环境条件。

[繁殖与栽培] 播种繁殖，应适当密植，幼苗期常灌溉，苗木生长慢，3~4年移栽。

[观赏与应用] 红皮云杉形态优美，既耐寒，又耐湿，生长亦较迅速，可作为独赏树应用于园林绿地中，也可列植或丛植。

图6-3 红皮云杉
1—球果枝 2—叶
3—种鳞 4—种子

6.2.4 白扦

[学名] *Picea meyeri* Rehd. et Wils.

[别名] 麦氏云杉

[科属] 松科云杉属

[识别要点] 常绿乔木，高达30m，树冠狭圆锥形，枝近平展，小枝黄褐色或褐色，芽鳞反卷。叶四棱状线形，弯曲，呈粉状青绿色，叶端钝。球果成熟后褐黄色，长圆状圆柱形。花期4月，球果9月下旬至10月上旬成熟（图6-4）。

[产地与分布] 中国特产树种，分布于河北、山西及内蒙古等省（区），为华北地区高山上部主要乔木树种之一。

[习性] 耐阴性强，为阴性树种，耐寒，浅根性，喜空气湿润，在土层深厚的土壤中生长良好，根系分布深。

[繁殖与栽培] 播种繁殖，适当密植、幼苗期经常灌溉。

[观赏与应用] 白扦树形优美，枝叶茂密，叶的气孔线如白霜，下枝不易秃干，为优良观赏树种，孤植、丛植均可。

图6-4 白扦
1—球果枝 2—叶
3—种鳞 4—种子

6.2.5 青扦

[学名] *Picea wilsonii* Mast.

[别名] 细叶云杉

[科属] 松科云杉属

[识别要点] 常绿高大乔木，树冠阔圆锥形，树皮淡黄灰色，浅裂或不规则鳞片状剥落。枝细长开展，淡灰色或淡黄色，光滑。芽卵圆形，栗褐色，小枝基部的宿存芽鳞紧贴枝干，不反卷。叶针状四棱形，坚硬，较短，排列较密，枝上的叶贴伏小枝生长。球果卵状圆柱

形，初绿色，成熟后褐色。花期四月，果期 11 月（图 6-5）。

[产地与分布] 产于我国陕西、湖北、四川、山西、甘肃、青海、河北及内蒙古等省（区），北京、西安、太原等城市常见栽培。

[习性] 耐阴性强，喜气候冷凉、湿润、土层深厚及排水良好的微酸性、中性土壤。耐寒，也耐瘠薄，忌高温干旱、水涝及盐碱土。根系浅，抗风力差，不宜修剪。

[繁殖与栽培] 播种繁殖。适当密植，当年不间苗，苗期生长慢。

[观赏与应用] 青扦枝叶繁密，层次清晰，叶色蓝灰，优雅别致，是极为优良的绿化树种。适宜在园林绿地中孤植、散植、对植、列植。

图 6-5　青扦
1—球果枝　2—种鳞
3—种子　4—叶

6.2.6　华北落叶松

[学名] *Larix principis-rupprechtii* Mayr.

[科属] 松科落叶松属

[识别要点] 落叶乔木，树冠圆锥形。树皮暗灰褐色，呈不规则鳞状开裂，大枝平展，1 年生小枝淡褐黄色或淡褐色，不下垂。叶窄条形，扁平，在长枝上螺旋状互生，短枝上呈轮生状。球果长卵形或卵圆形，种鳞边缘不反曲，花期 4 ~ 5 月，果期 9 ~ 10 月（图 6-6）。

[产地与分布] 产于河北、山西、北京等地海拔 1400m 以上的高山地带。辽宁、内蒙古、山东、甘肃、宁夏、新疆等地均有栽培。

[习性] 喜光，极耐寒，对土壤适应性强，寿命长，根系发达，生长快，在山地棕壤土中生长最好。

[繁殖与栽培] 播种繁殖，夏季注意防高温日灼及排水，生长高峰到来前注意肥水管理。

[观赏与应用] 华北落叶松树冠整齐，呈圆锥形，叶轻柔潇洒，十分美观，最适合于较高海拔和较高纬度地区配植应用，可孤植、丛植、片植。

图 6-6　华北落叶松
1—球果枝　2—球果
3—种鳞　4—种子

6.2.7　日本落叶松

[学名] *Larix kaempferi*（Lamb.）Carr.

[科属] 松科落叶松属

[识别要点] 落叶乔木，树冠卵状圆锥形。树皮暗褐色，纵裂，大枝平展。一年生枝淡黄色或淡红色，有白粉，2 至 3 年生枝灰褐色或黑褐色。叶扁平条形，在长枝上螺旋状互生，在短枝上呈轮生状。球果广卵圆形或圆柱状卵形，种鳞上部边缘向后反卷。花期 4 月下旬，球果 9 ~ 10 月成熟（图 6-7）。

[产地与分布] 原产日本，我国黑龙江到长江流域有分布。

[习性] 阳性喜光树种，生长快，树干直，适应性强，对土壤肥力和水分要求较高，在干旱瘠薄、多风或土质粘重排水不良的地方生长缓慢。最适土壤为灰化的火山堆积土，石灰质土壤和沙壤上也能生长良好。

[繁殖与栽培] 播种、嫁接、扦插繁殖均可，生产上多采用播种繁殖。

[观赏与应用] 日本落叶松叶色鲜绿，树形端庄，可作造园树种或风景区绿化树种。栽植密度不宜过大。

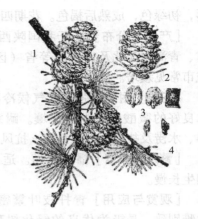

图 6-7　日本落叶松
1—球果枝　2—球果　3—种鳞　4—种子

6.2.8　金钱松

[学名] *Pseudolarix amabilis*（Nels.）Rehd.

[别名] 金松

[科属] 松科金钱松属

[识别要点] 落叶乔木，树冠阔圆锥形，树皮赤褐色，狭长鳞片状剥离。大枝不规则轮生，平展。叶条形，在长枝上互生，在短枝上轮状簇生，球果卵形或倒卵形，有短柄，当年成熟，淡红褐色。花期4~5月，果期10~11月（图6-8）。

[产地与分布] 产于安徽、江苏、浙江、江西、湖南、湖北、四川等省，在天目山生于海拔100~1500m处，在庐山生于海拔1000m处。

[习性] 喜光，幼时稍耐阴，耐寒，抗风力强，不耐干旱，喜温凉湿润气候，在深厚、肥沃、排水良好的沙质壤土上生长良好。

[繁殖与栽培] 播种繁殖。播后最好用菌根土覆盖。

[观赏与应用] 金钱松体形高大，树干端直，入秋叶色变为金黄色，形如金钱，极为美丽，为珍贵的观赏树种之一，与南洋杉、雪松、日本金松和巨杉合称为世界五大园景树，国家二级保护树种。可孤植或丛植。

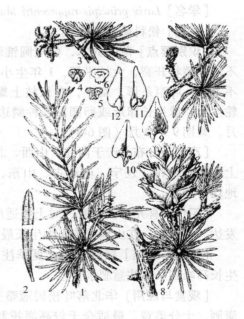

图 6-8　金钱松
1—枝叶　2—叶的背面　3—雄球花枝
4、5、6—雄蕊　7—雌球花枝　8—球果枝
9—种鳞背面及苞鳞　10—种鳞腹面
11、12—种鳞背腹面

6.2.9　雪松

[学名] *Cedrus deodara*（Roxb）Loud.

[别名] 喜马拉雅雪松、喜马拉雅杉

[科属] 松科雪松属

[识别要点] 常绿乔木，树冠圆锥形。树皮灰褐色，呈鳞片状裂。大枝不规则轮生，平展；一年生长枝淡黄褐色，有毛，短枝灰色。叶在长枝上散生，在短枝上簇生，针状，灰绿色，宽与厚相等，各面有数条气孔线，雌雄异株，少数同株。球果椭圆状卵形，顶端圆钝，成熟时脱落；种子具翅。花期 10～11 月，球果次年 9～10 月成熟（图 6-9）。

[产地与分布] 原产于阿富汗至印度地区，中国自 1920 年起引种，现在长江流域各大城市中多有栽培。青岛、西安、昆明、北京、郑州、上海、南京等地均生长良好。

[习性] 喜光，喜温凉气候，有一定耐阴力，抗寒性较强，浅根性，抗风性不强，抗烟尘能力弱，幼叶对二氧化硫极为敏感，受害后迅速枯萎脱落，严重时导致树木死亡。在土层深厚、排水良好的土壤上生长最好。

[繁殖与栽培] 播种、扦插或嫁接繁殖，大树移植以 4～5 月为宜，应带土球移栽并于定植后设立支架。

[观赏与应用] 雪松树体高大，树形优美，为世界著名的观赏树种，印度民间视为圣树。最适宜孤植于草坪中央、建筑前庭中心、广场中心或主要建筑物的两旁及园门的入口等处。其主干下部的大枝自近地面处平展，长年不枯，能形成繁茂雄伟的树冠。此外，列植于园路的两旁，形成甬道，亦极为壮观。

图 6-9 雪松
1—球果枝 2—雄球花枝
3—雄蕊 4—种子 5—种鳞

6.2.10 白皮松

[学名] *Pinus bungeana* Zucc.

[别名] 虎皮松、白骨松、蛇皮松

[科属] 松科松属

[识别要点] 常绿乔木，树冠阔圆锥形、卵形或圆头形。树皮淡灰绿色或粉白色，呈不规则鳞片状剥落。1 年生小枝灰绿色，光滑无毛；大枝自近地面处斜出。冬芽卵形，赤褐色。针叶 3 针 1 束。球果圆锥状卵形，熟时淡黄褐色，近无柄。花期 4～5 月，果翌年 9～11 月成熟（图 6-10）。

[产地与分布] 为中国特产，东亚唯一的 3 针松。山东、山西、河北、陕西、河南、四川、湖北、甘肃等省均有分布。北京、南京、上海等地均有栽培。

[习性] 阳性树种，喜光，幼树稍耐阴，较耐寒，耐干旱，不择土壤，喜生于排水良好、土层深厚的土壤中。深根性树种，寿命长，对二氧化硫及烟尘污染有较强的抗性。

图 6-10 白皮松
1—雄球花枝 2—球果枝
3—雄蕊 4—种鳞 5—种子

[繁殖与栽培] 播种繁殖。播种前应浸种催芽，适当早播，可减少立枯病的发生。

[观赏与应用] 白皮松高大雄伟，树干斑驳，乳白色，颇具特色，是优美的庭院树种，在我国古典园林中应用广泛。孤植、列植、丛植皆宜，庭园、亭侧、房前屋后均可栽植，尤宜与山石配植在一起。

6.2.11 华山松

[学名] *Pinus armandii* Franch.

[别名] 五须松

[科属] 松科松属

[识别要点] 常绿乔木，树冠广圆锥形。大枝开展，轮生现象明显。小枝平滑无毛，冬芽小，圆柱形，栗褐色。幼树树皮灰绿色，老时裂成方形厚块固着树上。针叶5针一束，质柔软，边缘有细锯齿，叶鞘早落。球果圆锥状长卵形，成熟时种鳞张开，种子脱落。种子无翅有棱，花期4~5月，球果翌年9~10月成熟（图6-11）。

[产地与分布] 原产山西、河南、甘肃、湖北及西南各省，现各地均有栽培。

[习性] 喜光，幼苗须适当庇荫。喜温凉湿润气候，耐寒力强，不耐炎热和盐碱。能适应多种土壤，最宜深厚、湿润、疏松的中性或微酸性壤土。对二氧化硫抗性较强。

[繁殖与栽培] 播种繁殖，幼苗稍耐阴，也可在全光下生长。

[观赏与应用] 华山松高大挺拔，针叶苍翠，树形优美，生长迅速，是优良的庭院绿化树种。在园林中可用作园景树、庭荫树、行道树及林带树，并为高山风景区之优良风景林树种。丛植、群植均可。

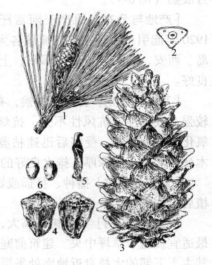

图 6-11　华山松
1—雌球花枝　2—叶横剖　3—球果
4、5—种鳞背、腹、侧面　6—种子

6.2.12 马尾松

[学名] *Pinus massoniana* Lamb. （*P. sinensis* Lamb.）

[别名] 青松

[科属] 松科松属

[识别要点] 常绿乔木，树冠在壮年期呈狭圆锥形，老年期内则开张如伞状，树皮红褐色，不规则裂片状开裂。一年生小枝淡黄褐色，轮生。叶2针1束，长12~20cm，质软，叶缘有细锯齿。球果长卵形，有短柄，熟时栗褐色，脱落。花期4月，球果翌年10~12月成熟（图6-12）。

图 6-12　马尾松
1—雄球花枝　2—针叶　3—叶横剖面
4—芽鳞　5—雄蕊　6—球果枝
7—种鳞　8—种子

[产地与分布] 分布极广，北自河南及山东南部，南至两广、台湾，东自沿海，西至四川中部及贵州，遍布于华中、华南各地。

[习性] 强阳性树种，喜光，喜温暖湿润气候，耐寒性差，喜酸性黏质壤土，对土壤要求不严，能耐干旱贫瘠之地，不耐盐碱，在钙质土上生长不良。深根性，侧根多。

[繁殖与栽培] 播种繁殖，播前需浸种催芽，并用 0.5% 的硫酸铜液浸泡消毒。幼苗期注意防治立枯病。

[观赏与应用] 马尾松树形高大雄伟，树干苍劲，为传统的园林观赏树种，生长快，繁殖容易，用途广，是江南及华南地区绿化及造林的重要树种。

6.2.13 樟子松

[学名] *Pinus sylvestris* Linn. var. *mongolica* Litv.

[科属] 松科松属

[识别要点] 常绿乔木，幼树树冠尖塔形，老树呈圆形或平顶。一年生枝淡黄褐色，无毛，冬芽淡褐黄色，有树脂。叶2针一束，较短，硬直，扭曲。球果长卵形，果柄下弯，熟时黄绿色。花期 5~6 月，果期翌年 9~10 月（图6-13）。

[产地与分布] 原产于大兴安岭山地和小兴安岭北部海拉尔以西、以南沙丘地区，俄罗斯、蒙古也有，北京、辽宁、新疆等地有栽培。

[习性] 喜光，很耐寒，耐瘠薄，能生于沙地及石砾地带，生长速度较快，不耐重盐碱及积水。深根性，根系发达。

[繁殖与栽培] 播种繁殖，幼苗耐荫性很弱，不要遮阴。

[观赏与应用] 樟子松耐干旱、瘠薄，是工矿区良好的绿化树种。东北地区樟子松主要用于营造用材林、防护林和"四旁"绿化树种，也可孤植于园林绿地供观赏。

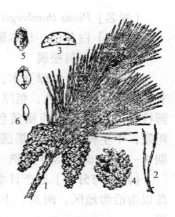

图6-13 樟子松
1—球果枝 2——束针叶
3—叶横剖面 4—球果
5—种鳞 6—种子

6.2.14 油松

[学名] *Pinus tabulaeformis* Carr.

[别名] 短叶马尾松、东北黑松、短叶松

[科属] 松科松属

[识别要点] 常绿乔木，树冠在壮年期呈塔形或广卵形，老年期呈盘状伞形。树皮灰棕色，鳞片状开裂，裂缝红褐色。小枝粗壮，无毛，褐黄色；冬芽圆形，端尖，红棕色。叶2针1束，树脂道边生，叶鞘宿存，基部稍扭曲。球果卵形，无柄或有极短柄，可宿存枝上达数年之久。花期 4~5 月，球果翌年 10 月成熟（图6-14）。

变种与品种：

（1）黑皮油松（var. *mukdensis* Uyeki.） 乔木，树皮深灰色，2 年生以上小枝灰褐色或深灰色。

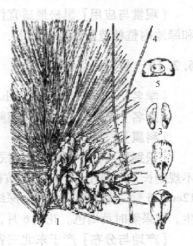

图6-14 油松
1—球果枝 2—种鳞 3—种子
4——束针叶 5—叶横剖面

（2）扫帚油松（var. *unbraculifera* Liou et Wang.） 小乔木，树冠呈扫帚形，主干上部的大枝向上斜伸，树高8～15m。

[产地与分布] 产于辽宁、吉林、内蒙古、河北、河南、山西、陕西、山东、甘肃、宁夏、青海、四川北部等地。朝鲜亦有分布。

[习性] 温带树种，强阳性，喜光，幼苗稍需庇荫。抗寒，耐干旱、贫瘠，深根性，寿命长，不耐水涝，不耐盐碱，在深厚肥沃的棕壤土及淋溶褐土上生长最好。

[繁殖与栽培] 播种繁殖，春播、秋播均可，一般春播，春播前需催芽处理。

[观赏与应用] 油松树干挺拔苍劲，四季常青，树形优美，寿命长，是园林常用树种，可孤植、群植或与其他林木混植，均效果良好。

6.2.15 黑松

[学名] *Pinus thunbergii* Parl.

[别名] 白芽松、日本黑松

[科属] 松科松属

[识别要点] 常绿乔木，树冠卵圆锥形或伞形。幼树树皮暗灰色，老树皮灰黑色，粗厚，裂成鳞状厚片脱落。冬芽银白色，圆柱状。一年生枝淡褐黄色，无毛，无白粉，针叶2针一束，粗硬，中生树脂道。球果圆锥状卵形、卵圆形，鳞盾肥厚。花期4～5月，球果翌年成熟（图6-15）。

[产地与分布] 原产日本及朝鲜南部沿海地区，我国辽东半岛以南沿海地区、南京、上海、杭州、武汉、郑州等地引种栽培。

[习性] 喜光树种，幼树较耐阴。喜温暖湿润的海洋性气候，耐海潮风和海雾，对海岸环境适应能力较强。对土壤要求不严，忌粘重，不耐积水。

[繁殖与栽培] 播种繁殖。栽培中为获得整齐的树形，需于4、5月间或秋末整形修剪。

[观赏与应用] 黑松最适宜作海崖风景林、防护林、海滨行道树、庭荫树，也可于公园和绿地内整枝造型后配植假山、花坛或孤植于草坪。

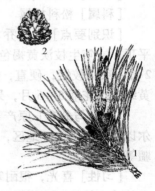

图6-15 黑松
1—雄球花及雄球花花枝
2—球果

6.2.16 红松

[学名] *Pinus koraiensis* Sieb. et Zucc.

[别名] 果松、红果松、朝鲜松、海松

[科属] 松科松属

[识别要点] 常绿乔木，树冠卵状圆锥形，树皮灰褐色，呈不规则长方形裂片。小枝密生黄褐色或红褐色柔毛。针叶长6～12cm，5针一束，粗硬且直，深绿色，叶缘有细锯齿，树脂道中生。球果熟时黄褐色。花期6月，果期9～10月（图6-16）。

[产地与分布] 产于东北三省，长白山、完达山和小兴安岭分布极多。朝鲜、俄罗斯、日本北部也有分布。

[习性] 中等喜光，喜凉爽气候，耐寒性强，根系浅，喜深

图6-16 红松
1—枝叶 2—球果枝
3—种鳞背腹面 4—一束针叶
5—针叶横切面

厚肥沃、排水良好的微酸性山地棕色森林土壤。对有害气体抗性较弱。浅根性，水平根系发达，抗风力较弱。

[**繁殖与栽培**]　播种繁殖，因种壳坚硬，播前需催芽，因春季萌动较早，移植应较其他松类为早。

[**观赏与应用**]　红松树形高大壮丽，宜作北方风景林区植物材料，或配置于庭院中，也是北方优良的用材树种。

6.2.17　水杉

[**学名**]　*Metasequoia glyptostroboides* Hu et Cheng.

[**科属**]　杉科水杉属

[**识别要点**]　落叶乔木，幼树树冠尖塔形，老树广圆头形。树干基部膨大，树皮灰褐色，裂成长条片。大枝斜上伸展，近轮生，小枝对生下垂，枝条层层舒展，1年生枝浅灰色。叶扁平条形，柔软，在侧枝上排成羽状，冬季叶和小枝一起脱落。雌雄同株，球果下垂，深褐色，近球形，具长柄，当年成熟。花期2月，果期11月（图6-17）。

[**产地与分布**]　产于四川石柱县、湖北利川等地，系古代孑遗植物，我国特产树种，有植物界的"活化石"之称，主要分布在长江中下游地区。

[**习性**]　喜光性树种，根系发达，具一定的抗寒性，喜温暖湿润的气候及深厚肥沃的酸性土，要求排水良好，对二氧化硫等有害气体抗性较弱。

[**繁殖与栽培**]　播种或扦插繁殖，由于种源缺乏，常采用扦插法。

图6-17　水杉
1—球果枝　2—球果
3—种子　4—雄球花枝
5—雄球花　6—雄蕊

[**观赏与应用**]　水杉树形挺拔，叶形秀丽，秋叶转棕褐色，可作为庭院观赏树种，园林应用中丛植、列植或孤植均可，也可成片林植。因生长迅速，适应性强，又可进行无性繁殖，故可作为速生丰产的造林树种，是郊区、风景区绿化的重要树种。

6.2.18　杉木

[**学名**]　*Cunninghamia lanceolata*（Lamb.）Hook.

[**别名**]　沙木、沙树、刺杉

[**科属**]　杉科杉木属

[**识别要点**]　常绿乔木，幼树树冠尖塔形，大树则为广圆锥形。树皮灰褐色，长片状脱落。小枝近对生或轮生，常成二列状；幼枝绿色，无毛。叶披针形或条状披针形，革质，坚硬，微弯呈镰刀状，深绿色，有光泽。球果卵圆形至圆球形，熟时棕黄色，种子具翅。花期4～5月，果期9～10月（图6-18）。

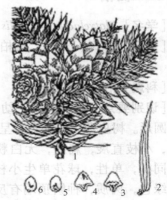

图6-18　杉木
1—球果枝　2—叶　3—苞鳞背面
4—苞鳞腹面及种鳞　5、6—种子背腹面

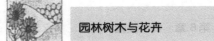

[产地与分布] 生于温暖、湿润、土壤肥沃的山坡和山谷林中。分布广，我国长江流域、秦岭以南山地广为栽培。

[习性] 亚热带树种，喜温暖湿润气候，喜光，怕风、怕旱，不耐寒，喜深厚肥沃排水良好的酸性土壤。

[繁殖与栽培] 播种或扦插繁殖，苗期需遮阴，保持较高的空气湿度和土壤水分。

[观赏与应用] 杉木树干端直，高大，不易秃干，适于园林中群植或作行道树栽植。

6.2.19　柳杉

[学名] *Cryptomeria fortunei* Hooibrenk ex Otto et Dietr.

[别名] 长叶柳杉、孔雀松

[科属] 杉科柳杉属

[识别要点] 常绿乔木，树冠塔形。树皮深褐色，纵裂。树冠卵圆形，大枝斜展或平展，小枝下垂，绿色。叶钻形，幼树及萌生枝条叶较长，微向内曲，四面有气孔线。雌雄同株。球果近圆形，熟时深褐色。花期4月，果期10~11月（图6-19）。

图6-19　柳杉
1—雄球花枝　2—球果枝　3—种子

[产地与分布] 产于浙江、福建、江西等地。江苏南部、安徽南部、四川、贵州、云南、湖南、湖北、广东、广西等地有栽培，河南、山东也有少量栽培。

[习性] 中等阳性树种，喜温暖湿润，稍耐阴，略耐寒，在深厚、肥沃土壤中生长良好，抗空气污染能力强。

[繁殖与栽培] 播种、扦插繁殖，夏季需设荫棚，冬季设暖棚。

[观赏与应用] 柳杉树形圆整高大，树干粗壮，极为雄伟，最适独植、对植，亦可丛植或群植。在江南习俗中，自古以来多作墓道树，亦作风景林栽植。

6.2.20　侧柏

[学名] *Platycladus orientalis*（L.）Franco.

[别名] 柏树、香柏、扁柏、扁松、扁桧、黄柏

[科属] 柏科侧柏属

[识别要点] 常绿乔木，幼树树冠尖塔形，老树广圆形。树皮薄，浅褐色，呈薄片状剥离。大枝斜出，小枝直展，扁平，无白粉。叶全为鳞片状。雌雄同株，单性，球花单生小枝顶端。珠果卵形，熟前绿色，肉质，种鳞顶端有反曲尖头，红褐色。花期3~4月，球果10~11月成熟（图6-20）。

变种与品种：

（1）千头柏（cv. Sieboldii）　丛生灌木，无明

图6-20　侧柏
1—球果枝　2、3—雄球花　4、5—雄蕊腹背面
6—雌球花　7—球果　8—种子

显主干，枝密生，树冠呈紧密卵圆形或球形，树高3～5m。叶鲜绿色，球果白粉多。

（2）金塔柏（金枝侧柏）（cv. Beverleyensis）　树冠塔形，叶金黄色。

（3）洒金千头柏（cv. Aurea Nana）　密丛状小灌木，圆形至卵圆，高1.5m。叶淡黄绿色，入冬略转褐绿。

（4）北京侧柏（cv. Pekinensis）　常绿乔木，高15～18m，枝较长，略开展，小枝纤细，叶甚小，两边叶彼此重叠。

（5）金叶千头柏（cv. Semperaurea）　矮形紧密灌木，树冠近于球形，高达3m，叶全年呈金黄色。

（6）窄冠侧柏（cv. Zhaiguancebai）　树冠窄，枝向上伸展或略上伸展。叶光绿色，生长旺盛。

[**产地与分布**]　原产华北、东北，目前全国各地均有栽培，北自吉林，南至广东北部、广西北部，东自沿海，西至四川、云南。朝鲜亦有分布。

[**习性**]　喜光，有一定耐阴力，喜温暖湿润气候，亦耐多湿，耐旱，较耐寒，耐瘠薄，适应性广，寿命亦长，在沈阳以南生长良好，能耐－25℃低温，耐修剪。

[**繁殖与栽培**]　播种繁殖，春季播种，播前需催芽处理，侧柏幼苗期移栽易成活。

[**观赏与应用**]　自古以来常栽植于寺庙、陵墓和庭院中，是我国应用最广泛的园林树种之一，寿命长，树形优美，枝干苍劲，气魄雄伟，古典园林中应用时可充分突出主体建筑，形成肃穆庄严的气氛。园林应用中，可与其他阔叶树种混植，也可修剪成绿篱，同时还是荒山造林的首选树种。其园艺品种的应用也越来越广泛。

6.2.21　圆柏

[**学名**] *Sabina chinensis*（L.）Ant.

[**别名**] 桧、桧柏

[**科属**] 柏科圆柏属

[**识别要点**]　常绿乔木，幼树树冠尖塔形，老树广圆形。树皮深灰色或赤褐色，条状纵裂；生鳞叶的小枝圆柱形或近四棱形。叶二型，幼树全为刺叶，老树全为鳞叶，壮龄树二者兼有。球果球形，熟时肉质不开裂而呈浆果状。花期4月，果熟期多为翌年10～11月（图6-21）。

图6-21　圆柏
1—雄球花枝　2—球果枝
3—鳞叶枝　4—刺叶枝

变种与品种：

（1）龙柏（cv. Kaizuka）　树形圆柱状，大枝斜展或向一个方向扭转，全为鳞形叶，排列紧密，幼叶淡黄绿色，后变为翠绿色。球果蓝黑，略有白粉。

（2）金枝球柏（cv. Aureoglobosa）　丛生灌木，近球形，枝密生，全为鳞叶，间有刺形叶。

（3）球柏（cv. Globosa）　丛生灌木，近球形，枝密生，全为鳞叶，间有刺形叶。

（4）金叶桧（cv. Aurea）　直立窄圆锥形灌木，高3～5m，枝上深，小枝具刺叶及鳞叶，刺叶具灰蓝色气孔带，窄而不明显，中脉及边缘黄绿色，鳞叶金黄色。

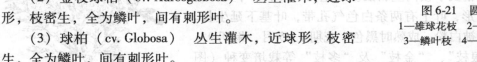

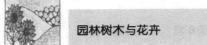

（5）金龙柏（cv. Kaizuka Aurea）　叶全为鳞叶，枝端的叶为金黄色。

（6）鹿角桧（万峰桧 cv. Pfitzeriana）　丛生灌木，干枝自地面向四周斜展、上伸，状似鹿角。

[产地与分布]　原产中国东南部及华北地区，吉林、内蒙古以南均有栽培。

[习性]　中性树种，幼时喜阴，极耐寒，耐干旱，对土壤要求不严，中性土、钙质土、微酸性土及微碱性土均能生长，在温凉、稍干燥地区生长较快。耐修剪、易整形。

[繁殖与栽培]　多用播种繁殖，也可扦插繁殖。栽培变种大都用扦插繁殖。

[观赏与应用]　龙柏为园林中应用最广的树种之一，常用作行道树、庭院树，可孤植、列植、丛植，老树可成为独立景观。其园艺品种鹿角桧及龙柏小苗可作地被植物栽植。

6.2.22　沙地柏

[学名]　*Sabina vulgaris* Ant.

[别名]　新疆圆柏、叉子圆柏

[科属]　柏科圆柏属

[识别要点]　匍匐状灌木，高不及 1m，枝斜上。叶两型，刺叶生于幼树上，常交互对生或兼有 3 枚轮生；鳞叶生于壮龄植株或老树上，交互对生，斜方形，先端微钝或急尖，背面中部有明显腺体。球果生于弯曲的小枝顶端，倒三角状卵形（图 6-22）。

[产地与分布]　产于西北及内蒙古，南欧至中亚，蒙古也有分布。北京、西安、大连、沈阳、长春、哈尔滨等地均有栽培。

[习性]　阳性，耐寒，极耐干旱，生于石山坡及沙地和林下。耐瘠薄，耐盐碱，生长迅速。

[繁殖与栽培]　扦插繁殖。

图 6-22　沙地柏

[观赏与应用]　沙地柏匍匐生长，是良好的地被树种，且适应性强，可作园林绿地中的护坡、固沙树种，也可整形或作绿篱。

6.2.23　铺地柏

[学名]　*Sabina procumbens* （Endl.）Iwata et Kusaka

[别名]　爬地柏、匍地柏、偃柏

[科属]　柏科圆柏属

[识别要点]　常绿匍匐小灌木。枝条沿地面扩展，褐色，密生小枝，枝梢及小枝向上斜展。叶全为刺形，3 叶交叉轮生，线状披针形，叶上有两条白色气孔带，叶基下延生长。球果近球形，被白粉，成熟时黑色。花期 4~5 月，果期 9~10 月。有"银枝"、"金枝"及"多枝"等栽培变种（图 6-23）。

[产地与分布]　原产日本。我国各地常见栽培。

图 6-23　铺地柏

[**习性**] 阳性树种，能在干燥的沙地上生长良好，喜石灰质的肥沃土壤，忌低湿地，耐寒。

[**繁殖与栽培**] 用扦插法易繁殖。

[**观赏与应用**] 铺地柏匍匐生长，树冠平横伸展，层次分明，枝叶茂密，具独特的自然风姿。在园林中可配植于岩石园或草坪角隅，又为缓坡的良好地被植物，各地亦经常盆栽观赏。日本庭院中在水面上的传统配植技法"流枝"，即用本种造成。

6.2.24　罗汉松

[**学名**] *Podocarpus macrophyllus*（Thunb.）D. Don

[**别名**] 罗汉杉、土杉

[**科属**] 罗汉松科罗汉松属（竹柏科竹柏属）

[**识别要点**] 常绿乔木，树皮灰色，薄片状开裂；树冠广卵形，枝叶稠密。叶螺旋状排列，条状披针形，表面暗绿色，背面灰绿色，有时着生白粉，长 7～10cm，宽 5～8mm，顶端渐尖或钝尖，基部楔形，有短柄，中脉在两面均明显突起。雄球花穗状，常 3～5 簇生叶腋；雌球花单生叶腋，有梗。种子卵圆形，成熟时紫色或紫红色，外被白粉，着生于肥厚肉质的种托上。花期 4～5 月，种子 10～11 月成熟（图 6-24）。

图 6-24　罗汉松

变种与品种：

（1）狭叶罗汉松（var. *angustifolius* Bl.）　叶长 5～9cm，宽 3～6mm，叶端渐狭、呈长尖头，叶基楔形。

（2）小罗汉松（var. *maki* Endl.）　小乔木或灌木，枝直上着生。叶密生，长 2～7cm，较窄，两端略钝圆。

（3）短叶罗汉松（var. *maki* f. *condensatus* Makino）　叶特短小。

[**产地与分布**] 原产我国，分布于长江以南各省区，西至四川、云南。

[**习性**] 喜温暖湿润、半阴的环境，耐寒性略差，怕水涝和强光直射，要求肥沃、排水良好的沙壤土，耐潮风，在海边生长较好。

[**繁殖与栽培**] 常用播种和扦插繁殖。采种后即播，约 10 天后发芽。扦插在春秋两季进行。

[**观赏与应用**] 罗汉松树姿秀丽葱郁，夏、秋季果实累累，惹人喜爱。地栽适用于小庭院门前对植和墙垣、山石旁配植，孤植、群植、列植均宜。北方多盆栽或制作成树桩盆景，供室内陈设。

6.2.25　粗榧

[**学名**] *Cephalotaxus sinensis*（Rehd. et Wils）Li.

[**别名**] 中国粗榧、粗榧杉、中华粗榧杉

[**科属**] 三尖杉科（粗榧科）三尖杉属（粗榧属）

[**识别要点**] 常绿灌木或小乔木，树冠广圆锥形。树皮灰色或灰褐色，呈薄片状脱落。叶条形，通常直，端渐尖，长 2～5cm，宽约 3mm，先端有微急尖或渐尖的短尖头，基部近圆或广楔形，几无柄，上面绿色，背面气孔带白色。花期 4 月，种子次年 10 月成熟（图

6-25）。

[产地与分布] 我国特有树种，产于长江流域及以南地区，多生于海拔 600～2200m 的花岗岩、沙岩或石灰岩山地。

[习性] 阴性树种，较耐寒，北京有引种。喜生于富含有机质的壤土，少有发生病虫害者。生长缓慢，有较强的萌芽力，耐修剪，但不耐移植。

[繁殖与栽培] 播种或扦插繁殖。种子层积处理后春播，扦插多在夏季进行。

[观赏与应用] 粗榧四季长青，枝叶浓绿，树冠开张整齐，可制成盆景，具姿态优美、观赏期长的特点。园林应用中，可与其他树种配植，或栽植于草坪边缘大乔木下，或作庭荫树和绿篱，也可作切花装饰材料。

图 6-25　粗榧
1—果枝　2—雄球花枝
3—雌球花枝　4—叶

6.2.26　三尖杉

[学名] *Cephalotaxus fortunei* Hook. f.

[科属] 三尖杉科三尖杉属（粗榧科粗榧属）

[识别要点] 常绿乔木，树皮红褐色，片状脱落，小枝对生，细长，稍下垂。叶螺旋状着生，排成二列，条状披针形，稍弯曲，长约 4～13cm。种子核果状，长卵形，熟时具红色假种皮。花期 4 月，种熟期 8～10月（图 6-26）。

[产地与分布] 分布于我国陕西南部、甘肃南部、华东、华南、西南地区。生于山坡疏林、溪谷等处。

[习性] 喜温暖、湿润气候，耐阴，不耐寒。

[繁殖与栽培] 播种及扦插繁殖。幼苗期应搭设荫棚。

[观赏与应用] 三尖杉为我国亚热带特有种，亦为濒危种及重要的药源植物，可提炼多种生物碱，有治癌作用。园林应用中，孤植、丛植均可。木材宜作扁担、农具柄。

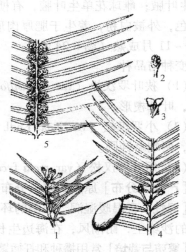

图 6-26　三尖杉
1—雌球花枝　2—雌球花
3—胚珠与苞片
4—种子与雌球花枝
5—雄球花枝

6.2.27　东北红豆杉

[学名] *Taxus cuspidata* Sieb. et Zucc.

[别名] 紫杉

[科属] 红豆杉科（紫杉科）红豆杉属

[识别要点] 常绿乔木，树冠倒卵形或阔卵形。树皮红褐色或灰红色，薄质，片状剥裂。

枝条密生，大枝近水平伸展，一年生枝深绿色，秋后呈淡红褐色。叶条形，排成两列，半直或稍弯曲，表面浓绿色，背面黄绿色，有光泽。雌雄异株，种子卵圆形，紫红色，有光泽，假种皮浓红色，肉质。花期5～6月，种子9～10月成熟（图6-27）。

[**产地与分布**] 产于我国吉林及辽宁东部长白山区，俄罗斯、朝鲜及日本也有分布。

[**习性**] 耐阴树种，抗寒性强。适生于富含腐殖质、湿润、疏松的土壤和空气湿度大的环境。浅根性，生长缓慢。基部能萌蘖，耐修剪整型。不耐水涝。

[**繁殖与栽培**] 播种或扦插繁殖。播种可即播或层积贮藏后次春播种，扦插春夏均可进行。

[**观赏与应用**] 东北红豆杉树形端丽，枝叶浓密，色泽苍翠。适宜孤植或群植于庭院和较阴的环境。萌蘖力强，耐修剪整型，也是布置绿篱、制作盆景的良好材料。

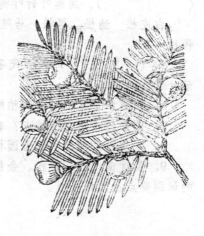

图6-27　东北红豆杉

小　结

本章内容主要包括：

① 针叶树基本知识。针叶树种多为乔木或灌木，稀为木质藤本。叶多针形、条形或鳞形，无托叶。球花单性，雌、雄同株或异株，胚珠裸露。种子有胚乳，子叶1至多数。

针叶树发生、发展的历史悠久，不少种类是第三纪后的孑遗植物，如我国的银杏、水杉、油杉、铁杉、金钱松、红松、杉木、水松、红豆杉等。

针叶树种多生长缓慢，寿命长，适应范围广，多数种类在各地林区组成针叶林或针、阔叶混交林，为林业生产上的主要用材和绿化树种，具有较高的经济价值。

针叶树种在园林中的应用形式有独赏树、庭荫树、行道树、树丛、树群与片林、绿篱及绿雕塑、地被材料等。

② 27种针叶树种的识别要点、产地与分布、习性、繁殖与栽培、观赏与应用等。其中包括南洋杉、冷杉、红皮云杉、白扦、青扦、华北落叶松、日本落叶松、金钱松、雪松、白皮松、华山松、马尾松、樟子松、油松、黑松、红松、水杉、杉木、柳杉、侧柏、圆柏、沙地柏、铺地柏、罗汉松、粗榧、三尖杉、东北红豆杉。

复习思考题

1. 针叶树在园林中的应用形式包括哪几种？
2. 红皮云杉、白扦、青扦的形态有何差异？
3. 简述油松、黑松的形态差异。
4. 下列针叶树种中，叶3针一束的有（　　　　　　），2针一束的有（　　　　　　）（　　　　　　）（　　　　　　），5针一束的有（　　　　　　）

（　　　　　　　），属落叶针叶树的有（　　　　）（　　　　）（　　　　）。

白皮松　油松　黑松　马尾松　红松　华山松　樟子松　华北落叶松　日本落叶松　金钱松

5.（　　　　　　）系古代孑遗植物，我国特产树种，有植物界的"活化石"之称，为落叶针叶树种。

6. 园林中常见应用的侧柏的品种、变种有哪些？各有何特征？

7. 圆柏的叶形有何特点？有哪些常见应用的品种、变种？

8. 沙地柏、铺地柏均为园林中常见应用的地被植物，其形态有何差异？

9. 简述南洋杉、雪松、金钱松、白皮松、华山松、水杉、罗汉松、东北红豆杉等树种的识别要点及园林应用。

第7章

荫木类园林树木

主要内容

① 荫木类园林树木的特点、分类。

② 28 种常见应用的荫木类园林树木。

学习目标

① 掌握荫木类园林树木的选择标准及分类。

② 可识别如下荫木类园林树木：香樟、重阳木、毛白杨、银白杨、垂柳、旱柳、枫杨、国槐、刺槐、白蜡、悬铃木、栾树、苦楝、香椿、杜仲、臭椿、榔榆、朴树、梧桐、泡桐、紫椴、枳椇、梓树、白榆、栓皮栎、油桐、八角枫、薄壳山核桃，并能准确描绘其形态特征。

③ 了解常见荫木类园林树木的产地与分布、习性、繁殖与栽培、观赏与应用等内容。

7.1　荫木类园林树木概述

荫木类园林树木即庭荫树种。其选择标准主要为枝繁叶茂、绿荫如盖，其中又以阔叶树种的应用为佳。如青桐，树干通直，形态高雅，是我国传统的优良庭荫树种，且数千年来，一直有"种得梧桐树，引来金凤凰"的美好传说，故又成为园林绿化树种中颇具传奇色彩的嘉木。

庭荫树的选用，如能同时具备观叶、赏花或品果效能则更为理想。如主干通直、冠似华盖的榉树，夏季叶绿荫浓，入秋叶色转红，且耐烟尘，抗有毒气体，抗风，是优美的庭荫树种。再如白玉兰，树形高大端直，花朵洁白素丽，且对有害气体有一定吸收能力，寿命可达千年以上，为古往今来名园大宅中的庭荫佳品。其他如柿树，枝繁叶茂，冠盖如云，秋叶艳红，丹实如火，且根系发达，对土壤要求不严，是观果类庭荫树的上佳选择。

枝疏叶朗、树影婆娑的常绿树种，也可作庭荫树应用，但在配植时需注意与建筑物主要采光部位的距离，并考虑树冠大小、树体高矮，以免影响建筑的正常使用。这一类庭荫树较为优良的包括枇杷、槠树、竹柏等，除茎叶常绿外，或花叶俱美，或果实累累，均具有较高的观赏价值。

攀缘类树种也可作庭荫树应用，对提高绿化品味，美化庭院空间等具有独到的作用。在开阔的庭园空间内设置廊架时，宜选用喜光、耐旱的植物种类，如紫藤、葡萄等，如苏州拙政园门庭中即植有一架紫藤，相传为明朝文征明手植，虬枝龙游，景象独特。

大体而言，庭荫树可分为两大类：

（1）落叶类　如银杏、榆树、黄桷树、白玉兰、合欢、国槐、龙爪槐、元宝枫、紫薇、石榴等。

（2）常绿类　如小叶榕、高山榕、银桦、广玉兰、香樟、女贞、桂花、天竺桂、杜英、桢楠等。

7.2　我国园林中常见应用的荫木类园林树木

7.2.1　香樟

[学名] *Cinnamomum camphora*（L.）Presl.

[别名] 樟树、小叶樟

[科属] 樟科樟属

[识别要点] 常绿大乔木，高达30m，树冠卵球形，枝叶浓密，具樟脑味。树皮幼时绿色，平滑，老时渐变为灰褐色，不规则纵裂，小枝无毛。叶互生，薄革质，卵圆形、卵状椭圆形，背面有白粉，离基三出脉，脉腋有腺体。圆锥花序腋生，花小，黄绿色。浆果球形或卵球形，成熟时紫黑色，果托杯状。花期4～5月，果熟期8～11月（图7-1）。

图7-1　香樟
1—果枝　2—花枝　3—花

[产地与分布] 我国长江流域以南有分布，尤以江西、浙江、福建、台湾等东南沿海地区最多，系我国亚热带常绿阔叶林的重要树种。

[习性] 喜光，幼时耐阴，喜温暖湿润气候，耐寒性不强。在深厚肥沃、湿润的酸性或中性黄壤土、红壤土中生长良好，不耐干旱、贫瘠和盐碱土，较耐水湿。萌芽力强，耐修剪。抗二氧化硫及烟尘污染能力强，能吸收多种有毒气体。较适应城市环境，抗海潮风。深根性，生长快，寿命长。

[繁殖与栽培] 播种、扦插、嫁接或萌蘖更新繁殖。幼苗怕冻，应移植以促侧根生长。

[观赏与应用] 香樟枝叶茂密，冠大荫浓，树姿雄伟，是城市绿化的优良树种，广泛用作庭荫树、行道树、防护林及风景林，可配植于池畔、水边、山坡、农村的"四旁"等，也可在草地中丛植、群植、孤植或作背景树。

7.2.2　重阳木

[学名] *Bischofia racemosa* Cheng. et C. D. Chu.

[别名] 端阳木

[科属] 大戟科重阳木属

[识别要点] 落叶乔木，大枝斜展，树冠伞形或球形。叶互生，三出复叶，小叶椭圆形或椭圆状卵形，缘具细钝齿，基部圆形或近心形，两面光滑，近革质。新发嫩叶淡红色，秋季老叶褐红色。总状花序腋生、下垂，花绿色，雌雄异株。浆果小，熟时红褐色。花期 6～7 月，果熟期 10～11 月（图 7-2）。

[产地与分布] 产于我国秦岭、淮河流域以南，至华南北部。长江中下游一带常见栽培。

[习性] 喜光，稍耐阴。喜温暖气候，耐寒性较弱。对土壤的要求不严，但在湿润、肥沃的土壤中生长最好。耐旱，也耐瘠薄，耐水湿。根系发达，抗风力强。但易患丛枝病。

图 7-2　重阳木

[繁殖与栽培] 多用播种法繁殖，春、秋季为适期。

[观赏与应用] 重阳木树冠圆整，枝叶茂密，早春叶色亮绿鲜嫩，入秋变为红色，树形优美，绿荫如盖，为优良的园景树、行道树、庭荫树，也可列植保护堤岸，尤其适合与秋色叶树种配植。

7.2.3　毛白杨

[学名] *Populus tomentosa* Carr.

[科属] 杨柳科杨属

[识别要点] 落叶乔木，高达 30m，树冠卵圆形或卵形。树干通直，树皮灰绿色至灰白色，皮孔菱形，老时树皮纵裂。叶卵形、宽卵形、三角状卵形，先端渐尖或短渐尖，基部心形或截形，叶缘具波状缺刻或锯齿，背面密被白绒毛，后渐脱落；叶柄扁，先端常具腺体。雌株大枝较为平展，花芽小而稀疏；雄株大枝则多斜生，花芽大而密集。花期 3～4 月，叶前开放（图 7-3）。

[产地与分布] 原产我国，主要分布于黄河流域，北至辽宁南部，南达江苏、浙江，西至甘肃东部，西南至云南均有分布。

[习性] 强阳性树种，喜凉爽湿润的气候，在暖热多雨的条件下易受病虫危害。对土壤要求不严，喜深厚肥沃的壤土、沙壤土，不耐过度干旱贫瘠，稍耐碱。耐烟尘，抗污染。深根性，速生，寿命是杨属中最长的树种。

图 7-3　毛白杨

[繁殖与栽培] 以无性繁殖为主，可用埋条、留根、嫁接、压条、分蘖繁殖。

[观赏与应用] 毛白杨树干端直，树体高大，姿态雄伟，适应性强，在园林绿地中很适宜作行道树及庭荫树。孤植或丛植于空旷地及草坪上，更能显出其特有的风姿。在广场、干道两侧规则式列植，则严整壮观。毛白杨还是工厂绿化、农村"四旁"绿化及防护林、用材林的重要树种。

7.2.4 银白杨

[学名] *Populus alba* L.

[别名] 白杨、罗圈杨

[科属] 杨柳科杨属

[识别要点] 落叶乔木，高达 35m。树冠广卵圆形或圆球形。树皮灰白色，光滑，老时纵深裂。幼枝、叶及芽密被白色绒毛。长枝的叶广卵形或倒三角状卵形，常掌状 3~5 浅裂，裂片先端钝尖，缘有粗齿或缺刻，叶基截形或近心形。短枝的叶较小，卵形或椭圆状卵形，缘有不规则波状钝齿。叶柄微扁，无腺体，老叶背面及叶柄密被白色绒毛。花单性异株，雄花序长 3~6cm，雌花序长 5~10cm。蒴果，圆锥形，花期 4~5 月，果期 5~6 月（图7-4）。

[产地与分布] 我国新疆有天然野生林，辽宁、山东、陕西、甘肃、青海、西藏等地有栽培。

[习性] 喜光树种，不耐庇荫。适应性很强，耐寒，可耐 -40℃ 的极端低温。耐高温、耐干旱，但不耐湿热。稍耐盐碱。抗风力、抗病虫害能力较强。适生沙壤土，在粘重瘠薄的土壤中生长不良。

[繁殖与栽培] 播种、分蘖、扦插繁殖，生长期应注意及时修枝、摘芽。

[观赏与应用] 银白杨树形高大，微风摇曳中，叶片在阳光照射下有奇特的闪烁效果。可作庭荫树、行道树，或孤植、丛植于草坪，还可作固沙、保土、护岸固堤及荒沙造林的树种。

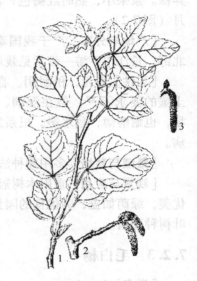

图 7-4 银白杨
1—叶枝 2—生雌花序的短枝
3—雄花序

7.2.5 垂柳

[学名] *Salix babylonica* L.

[别名] 垂枝柳、倒柳、水柳、倒杨柳

[科属] 杨柳科柳属

[识别要点] 落叶乔木，高达 18m。树冠倒广卵形。小枝细长下垂。叶狭披针形至线状披针形，长 8~16cm，先端渐长尖，缘有细锯齿，表面绿色，背面蓝灰绿色；叶柄长约 1cm，托叶披针形，早落。雌雄花序均直立，花有腺体，无花盘。花期 3~4 月，果熟期 4~5 月（图7-5）。

[产地与分布] 主产于我国长江流域，南至广东、西南至四川，华北、东北亦有栽培。亚洲、欧洲及美洲许多国家均有悠久的栽培历史。

[习性] 喜光，喜温暖，喜肥沃湿润的土壤，耐水湿，亦耐旱，吸收二氧化硫能力强。实生苗初期生长较慢，但萌芽力强，

图 7-5 垂柳
1—叶枝 2—雄花枝
3—雌花枝 4—带果穗枝

根系发达，能抗风固沙，寿命长。

[繁殖与栽培] 扦插为主，播种育苗一般在杂交育苗时应用。

[观赏与应用] 垂柳枝条细长，柔软下垂，姿态优美且较耐水湿，种植于河岸边及湖池边最为理想，如间植桃树，则可形成桃红柳绿的典型春光。也可用作行道树、庭荫树等，孤植、列植、对植均可。该树种对有毒气体抗性较强，能吸收二氧化硫，适用于工矿区绿化。

7.2.6 旱柳

[学名] *Salix matsudana* Koidz.

[科属] 杨柳科柳属

[别名] 柳树、立柳

[识别要点] 落叶乔木，高约30m。树冠广圆形，树皮粗糙，纵裂，暗灰黑色。分枝较多，无明显主干。小枝黄色或绿色，光滑，幼枝有毛；单叶互生，披针形，边缘有明显细锯齿，上面绿色，下面灰白色。雌雄异株，菜荑花序。蒴果，种子小，暗褐色，具细丝状毛。花期4月，果期4~5月（图7-6）。

品种与变种：

（1）龙爪柳［f. *tortuosa*（Vilm.）Rehd.］ 乔木，枝扭曲而生。

（2）馒头柳（f. *umbraculifera* Rehd.） 树冠半圆形，馒头状。

（3）绦柳（f. *pendula*. Schneid.） 小枝细长下垂，较垂柳叶短而叶柄长。

图7-6 旱柳
1—叶枝 2—带雄花序的枝
3—带雌花序的枝 4—雄花（带苞片）
5—雌花（带苞片） 6—带果穗的枝
7—蒴果（已开裂）

[产地与分布] 原产中国，分布甚广，东北、华北、西北及长江流域各省区均有，黄河流域为分布中心，是我国北方平原地区最常见的乡土树种之一。

[习性] 阳性树种，不耐阴，耐寒，喜湿润土壤，耐干旱，抗二氧化硫和烟尘，对土壤要求不严，耐轻度盐碱。耐重剪。正常条件下为深根性树种，侧根庞大发达，固着土壤。

[繁殖与栽培] 常用扦插繁殖，插条、插干极易成活。育种用播种繁殖。绿化宜用雄株。

[观赏与应用] 旱柳枝叶繁茂，树冠圆整，喜生于沟谷湿地及河边，适宜河、湖岸栽植，园林中可作庭荫树或行道树、防护林及绿化树种，沙荒造林、农村"四旁"绿化等应用较多，也可作用材树种。

7.2.7 枫杨

[学名] *Pterocarya stenoptera* C. DC.

[别名] 枰柳、元宝树

[科属] 胡桃科枫杨属

[识别要点] 落叶乔木，高达30m，枝条横展，树冠广卵形。树皮平滑，红褐色，后深纵裂，黑灰色。羽状复叶，互生，叶轴有翅；小叶9~23枚，长椭圆形，缘有细锯齿。花单性，雌雄同株，菜荑花序下垂。果序下垂，坚果近球形，具果翅2，似元宝。花期4~5月，

果熟期 8 ~ 9 月（图 7-7）。

[产地与分布] 产于我国山东、江苏、浙江一带。分布于华北、华中、华南和西南各省，长江流域和淮河流域最为常见。

[习性] 阳性树种，喜光，对土壤要求不严，较喜疏松肥沃的沙质壤土，耐水湿，喜生于湖畔、河滩、低湿之地，亦耐干燥，为深根性树种，主根明显，侧根较发达。

图 7-7　枫杨

[繁殖与栽培] 播种繁殖，当年播种出芽率较高。长枝力强，作行道树，庭荫树时应注意修剪干部侧枝。

[观赏与应用] 枫杨冠大荫浓，生长快，适应性强，常用作庭荫树，孤植草坪一角、园路转角、堤岸及水池边，也可作行道树。材质优良，用途广泛。

7.2.8　国槐

[学名] *Sophora japonica* Linn.

[别名] 槐树、家槐、豆槐

[科属] 豆科槐属

[识别要点] 落叶乔木，树冠广卵形，树皮灰黑色，深纵裂。顶芽缺，柄下芽。一二年生枝绿色，皮孔明显，小叶 7 ~ 17 枚，卵形、卵状椭圆形，先端尖，基部圆或宽楔形，背面苍白色，有平伏毛。圆锥花序，黄白色。荚果肉质不裂，种子间缢缩成念珠状，宿存。花期 6 ~ 8 月，果熟期 9 ~ 10 月（图 7-8）。

变种与品种：

（1）龙爪槐（var. *pendula* Loud.）又称蟠槐、垂槐。小枝屈曲下垂，树冠伞形。

（2）堇花槐（var. *violacea* Carr.）花的翼瓣、龙瓣呈玫瑰紫色，花期较迟。

（3）五叶槐（f. *oligophylla* Franch.）又称蝴蝶槐，3 ~ 5 小叶簇生状，顶生小叶常 3 裂，侧生小叶下侧常有大裂片。

图 7-8　国槐
1—花枝　2—果枝
3—各种花瓣　4—雄蕊
5—种子

[产地与分布] 原产中国北部、日本、朝鲜，北自辽宁，南至广东、台湾，东至山东，西至甘肃、四川、云南均有栽培。

[习性] 温带阳性树种，耐寒，抗性强，耐修剪，深根性，根系发达。对土壤要求不严，在石灰性、中性和酸性土中均能生长，在湿润肥沃、土层深厚、排水良好的土壤中生长良好。萌蘖力强，生长速度中等，寿命长。

[繁殖与栽培] 播种或分蘖繁殖，变种则用嫁接繁殖。大树移植需重剪，成活率高。

[观赏与应用] 国槐枝叶茂密，树冠圆整，冠大荫浓，为北京市的市树，是北方常见的行道树、庭荫树，也可配植于公园绿地、建筑周围，居住区及农村"四旁"绿化亦较多采用。对二氧化硫、氯气、氯化氢等有害气体和烟尘的抗性强，是工厂绿化的优良树种。变种龙爪槐虬曲盘旋，姿态秀雅，最宜古典园林中应用。变种金枝槐不仅枝条金黄，春季新生叶

及秋叶亦为金黄色，点缀于园林绿地中，效果颇佳。

7.2.9　刺槐

[**学名**] *Robinia pseudoacacia* L.

[**别名**] 洋槐、德国槐

[**科属**] 豆科刺槐属

[**识别要点**] 落叶乔木，高25m，树冠椭圆状倒卵形，树皮灰褐色，纵裂。小枝光滑、较脆，总叶柄基部常有托叶刺2。奇数羽状复叶，对生，小叶7～19枚，椭圆形，先端钝圆，微有凹缺。总状花序腋生，花蝶形、白色，芳香，旗瓣基部有黄斑。荚果扁平，沿腹缝线有窄翅。花期4～5月，果熟期9～10月（图7-9）。

变种与品种：

1）红花刺槐 [f. *decaisneana*（Carr.）Voss.] 花冠红色。

2）无刺槐 [f. *inermis*（Mirb.）Rehd.] 无托叶刺，树形美观。

[**产地与分布**] 原产北美，欧、亚各国均有分布，20世纪

图7-9　刺槐
1—花枝　2—果枝　3—托叶刺

初引入我国，以黄河、淮河流域最为普遍。

[**习性**] 强阳性树种，不耐阴，幼苗也不耐阴，在年平均气温8～14℃、年降雨量500～900mm地区生长良好。耐瘠薄，耐干旱，不耐涝，忌积水或地下水位过高。石灰质土壤中生长较好，酸性土、中性土及轻盐碱土上均能生长。萌芽力和根蘖性强。浅根性，侧根发达。保持水土能力很强，寿命较短。抗烟尘及有害气体能力较强。

[**繁殖与栽培**] 播种、分蘖、根插等繁殖。播种前先经热水浸种，以春播为主。

[**观赏与应用**] 刺槐树形高大，叶色鲜绿，花色洁白、芳香，是极好的庭荫树和行道树。因抗性强、生长迅速，故为工矿区绿化、农村"四旁"绿化及荒山、荒地绿化的优良树种。

7.2.10　白蜡

[**学名**] *Fraxinus chinensis* Roxb.

[**别名**] 白荆树、梣

[**科属**] 木犀科白蜡属

[**识别要点**] 落叶乔木，高达15m。茎干挺直，树冠卵圆形，树皮黄褐色，小枝光滑无毛。奇数羽状复叶对生，小叶5～9枚，多7枚，椭圆形或椭圆状卵形，边缘具细尖锯齿。圆锥花序顶生或侧生于当年生枝上，花序大，花萼钟形，不规则缺裂。翅果倒披针形。花期5月，果熟期10月（图7-10）。

[**产地与分布**] 分布于我国黄河流域、长江流域各省区，朝鲜、越南也有分布。

[**习性**] 喜光，稍耐阴，喜温暖湿润气候，耐寒，喜湿而耐

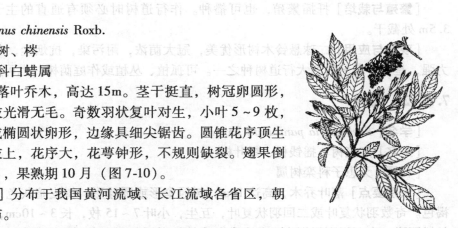

图7-10　白蜡

涝，耐干旱，对土壤要求不严。萌芽性及萌蘖性均强，耐修剪。深根性，生长快，寿命可长达 200 年。对烟尘及有害气体抗性强。

[繁殖与栽培] 扦插、播种、压条繁殖。以扦插为主。

[观赏与应用] 白蜡形体端正，树干通直，枝叶繁茂，秋叶变黄，是优良的行道树和庭荫树，湖畔、河岸、街头绿地均可应用，还可与其他树种配植成风景林。

7.2.11　二球悬铃木

[学名] *Platanus acerifolia* Willd.

[别名] 英国梧桐

[科属] 悬铃木科悬铃木属

[识别要点] 落叶乔木，高可达 35m；枝条开展，树冠广卵圆形。树皮灰绿色，不规则片状剥落，剥落后呈粉绿色，光滑。柄下芽，单叶互生，3～5 掌状裂，边缘疏生粗锯齿，基部截形或近心脏形，中部裂片长与宽近相等。幼枝、幼叶密生褐色星状毛，后近于无毛。球形果序常 2 个生于总柄。花期 5 月，果熟期 9～10 月（图 7-11）。

图 7-11　二球悬铃木
1—果枝　2—叶子
3—幼苗　4—小坚果

同属栽培种：

（1）三球悬铃木（法国梧桐）（*Platanus orientalis* L. F.）　叶 5～7 裂，托叶长不及 1cm，果球 3～7 球成串。

（2）一球悬铃木（美国梧桐）（*Platanus occidentalis* L.）　树皮乳白色，小片状剥落。叶 3～5 浅裂，托叶长 2～3cm。果球通常单生。

[产地与分布] 本种为三球悬铃木与一球悬铃木的杂交种，1646 年在英国伦敦育成，广泛种植于世界各地。我国引种已百余年，各地广泛栽培，是上海、南京等城市最主要的行道树。

[习性] 喜光，不耐阴。喜温暖、湿润气候，北京地区栽植时幼树易受冻害，须防寒。对土壤要求不严，耐干旱、贫瘠，也耐湿。根系浅，易风倒，萌芽力强，耐修剪。抗烟尘及有害气体能力强。生长迅速，成荫快。

[繁殖与栽培] 扦插繁殖，也可播种。作行道树时必须有通直的主干，在树高 3.0～3.5m 处截干。

[观赏与应用] 二球悬铃木树形优美，冠大荫浓，耐污染，抗烟尘，对城市环境适应能力强，是世界著名的四大行道树种之一。可孤植、丛植或作庭荫树，也可列植于甬道两旁。

7.2.12　栾树

[学名] *Koelreuteria paniculata* Laxm.

[别名] 灯笼树、摇钱树、黑叶树

[科属] 无患子科栾树属

[识别要点] 落叶乔木，高达 15m，树冠伞形或圆球形。树皮暗灰色，有纵裂。小枝深褐色。奇数羽状复叶或二回羽状复叶，互生，小叶 7～15 枚，长 3～10cm，小叶卵形至卵状长椭圆形，有不规则粗锯齿。花金黄色，基部有红色斑，大型圆锥花序，顶生。蒴果，三角

状长卵形，由膜状果皮结合而成灯笼状，熟时红色。花期 6～7 月，果期 9～10 月（图7-12）。

　　同属栽培种：

　　全缘叶栾树（黄山栾树、山膀胱）（*Koelreuteria integrifolia* Merr.），2 回羽状复叶，小叶全缘，偶有锯齿。蒴果椭球形，淡红色，顶端钝而短尖。

　　[产地与分布] 产华东、西南、东北、华北各地，以及陕西和甘肃南部。现各地广为栽培，以华北地区最常见。

　　[习性] 阳性树种，耐半阴、耐寒、耐干旱、瘠薄，喜石灰质土壤，也耐盐碱及短期水涝。深根性，萌蘖力强；幼树生长较慢，以后渐快。有很强的抗烟尘能力。

　　[繁殖与栽培] 播种繁殖，也可分蘖或插根。

　　[观赏与应用] 栾树冠大荫浓，嫩叶紫色，夏季黄花满

图 7-12　栾树

树，秋季果似灯笼，是理想的观叶、观果树种。可作庭荫树、行道树，孤植、丛植均可，如与合欢配植，夏季黄红相衬，形成优美景色。对二氧化硫及烟尘抗性较强，适于厂矿绿化。

7.2.13　苦楝

　　[学名] *Melia azedarach* Linn.

　　[别名] 楝树、紫花树

　　[科属] 楝科楝属

　　[识别要点] 落叶乔木，高达 30m。树冠开阔，平顶形，小枝粗壮，皮孔多而明显。树皮纵裂。2～3 回羽状复叶，互生，小叶卵圆形至椭圆形，先端渐尖，边缘有钝尖锯齿，基部略偏斜，幼时被星状毛。圆锥花序与叶等长，腋生；花紫色，芳香。核果球形，熟时黄色，经冬不落。花期 4～5 月，果熟期 10～11 月（图7-13）。

　　[产地与分布] 分布很广，自华东、华南、西南至华北南部各地均有分布。

　　[习性] 强阳性树种，不耐庇荫，喜温暖气候，对土壤要求不严，在酸性土、中性土、钙质土以及含盐量 0.46% 以下的盐碱土上都能生长。稍耐干旱，抗风力强。生长快，寿命短，大树移植成活差。

图 7-13　苦楝
1—花枝　2—花　3—果序

　　[繁殖与栽培] 播种繁殖，也可插根育苗。幼苗树干易歪，须斩梢、抹芽以培养良好的主干。

　　[观赏与应用] 苦楝羽叶清秀，紫花芳香，树形优美，是优良的庭荫树、行道树，宜配植在草坪边缘、水边、园路两侧、山坡、墙角等处，可孤植、列植或丛植。

7.2.14　香椿

　　[学名] *Toona sinensis*（A. Juss）Roem.

[别名] 椿芽、椿树

[科属] 棟科香椿属

[识别要点] 落叶乔木，高达25m，树干通直，树冠宽卵形，常因攀折而不整齐。树皮浅纵裂，有顶芽，小枝粗壮，扁圆形，叶痕大，内有5个维管束痕。偶数羽状复叶，稀奇数，小叶卵状披针形，有香气，基部歪斜，先端渐长尖。圆锥花序顶生，花白色，芳香。蒴果长椭圆形。花期5~6月，果熟期9~10月（图7-14）。

[产地与分布] 原产我国辽宁南部、黄河及长江流域，已有2000多年栽培历史，各地普遍栽培。

[习性] 强阳性树种，具一定耐寒性，耐旱性较差。喜深厚肥沃的沙质壤土，在酸性、中性、微碱性土壤中都能生长，耐水湿。萌蘖性、萌芽力强，耐修剪，深根性，对有害气体抗性强。

[繁殖与栽培] 可用播种、分蘖、插根等法繁殖，但以播种为主。

图7-14 香椿
1—花枝 2—果穗 3—花
4—花蕊 5—种子

[观赏与应用] 香椿树干通直，树冠开阔，春秋两季叶红色，颇为美丽，是良好的庭荫树、行道树和造林树种。园林中可用作配植疏林，作上层骨干树种，其下栽耐阴花木。嫩芽、嫩叶可食。

7.2.15　杜仲

[学名] *Eucommia ulmoides* Oliv.

[别名] 丝棉树

[科属] 杜仲科杜仲属

[识别要点] 落叶乔木，高达15m，树冠圆球形。小枝光滑，无顶芽，皮灰褐色，植物体内有丝状胶质。单叶互生，羽状脉。叶椭圆形或长圆状卵形，顶端急尾尖，边缘有锯齿，背面有柔毛。花先叶开放或与叶同时，无花被。花期4月，果熟期9~10月（图7-15）。

[产地与分布] 中国特产树种，分布广，主产区为湖北西部、四川东部、陕西、湖南和贵州北部等地，作为药用树种栽培历史悠久。

图7-15 杜仲
1—果枝 2—花枝
3—雄花 4—雄蕊
5—雌花 6—子房纵剖

[习性] 喜光，不耐庇荫，有相当强的耐寒力，喜温暖湿润气候。在酸性、中性及微碱性土壤上均能生长，并有一定的耐盐碱性，但在过湿、过干或过于贫瘠的土壤中生长不良。根系较浅而侧根发达，萌蘖性强，生长速度中等。

[繁殖与栽培] 播种、扦插、压条及分蘖繁殖，也可根插。

[观赏与应用] 杜仲树冠圆满，叶绿荫浓，可作为庭园观赏树木和行道树，也可营造风景林或作市郊、农村、山区绿化，孤植、丛植、群植在山坡、水畔、建筑周围，效果良好。树皮是重要的药材，木材是优良的工业用材，经济价值较高。

7.2.16　臭椿

[**学名**] *Ailanthus altissima* Swingle.

[**别名**] 椿树

[**科属**] 苦木科臭椿属（樗属）

[**识别要点**] 落叶乔木，高可达30m，树冠开阔平顶形，无顶芽，树皮灰色，粗糙不裂。小枝粗壮，赤褐色，有髓心。1回奇数羽状复叶，小叶13~25枚，长椭圆状卵形或披针状卵形，顶端渐尖，基部扁斜，近基部有1~2对大腺齿。花小，集成多分枝的大型圆锥花序。翅果长椭圆形，成熟时黄褐色。花期4~5月，果熟期8~9月（图7-16）。

[**产地与分布**] 原产我国，西至陕西汉水流域、甘肃东部、青海东南部，南至长江流域各地。

[**习性**] 强喜光，适应干冷气候，能耐－35℃低温。深根性，对土壤适应性强，耐干旱、瘠薄，是石灰岩山地常见的树种。耐含盐量0.6%的盐碱土，不耐积水。生长快，根蘖性强，抗烟尘及气体能力极强，寿命可达200年。

[**繁殖与栽培**] 播种、分蘖或插根繁殖。一般可在育苗的第2年春平茬，栽培中及时摘除侧芽。

[**观赏与应用**] 臭椿树干通直高大，树冠开阔，树大荫浓，秋季翅果红黄相间，是适应性强、管理简便的优良庭荫树、行道树、公路树，孤植或与其他树种混植均可，尤其适合与常绿树种混植。适应性强，可用于荒山造林和盐碱地绿化，更适于污染严重的地区种植。

图7-16　臭椿
1—果枝　2—雄花　3—两性花
4—果实　5—种子

7.2.17　白榆

[**学名**] *Ulmus pumila* Linn.

[**别名**] 家榆、榆树

[**科属**] 榆科榆属

[**识别要点**] 落叶乔木，高达25m，树冠圆球形。小枝灰白色，无毛。叶椭圆状卵形或椭圆状披针形，先端尖或渐尖，基部一边楔形、一边近圆，叶缘具不规则重锯齿或单齿，无毛或脉腋微有簇生柔毛，老叶质地较厚。花簇生。翅果近圆形，熟时黄白色，无毛。花3~4月先叶开放，果熟4~6月（图7-17）。

变种与品种：

龙爪榆（var. *pendula* Rehd）　小枝卷曲下垂。

[**产地与分布**] 我国是世界上白榆分布最广的国家，华北、西北、东北的大部分地区及安徽、江苏、湖北北部都有。

[**习性**] 喜光，耐寒，可耐-40℃低温，耐旱，年降雨量

图7-17　白榆
1—花枝　2—叶枝　3—果枝
4—花　5—雄蕊

不足 200mm 的地区能正常生长。喜土层深厚、排水良好，耐盐碱，不耐水湿。生长快，萌芽力强，耐修剪。根系发达，抗风、保持水土能力强。对烟尘和氟化氢等有毒气体抗性强。

[繁殖与栽培] 播种繁殖。种子随采随播、发芽好。常见虫害有金花虫、天牛、刺蛾、榆毒蛾等，应注意防治。

[观赏与应用] 白榆冠大荫浓，树形高大，适应性强，是城镇绿化常用的庭荫树、行道树，世界著名的四大行道树之一。也可群植于草坪、山坡，常密植作树篱，是北方农村"四旁"绿化的主要树种，也是防风固沙、水土保持和盐碱地造林的重要树种。

7.2.18　榔榆

[学名] *Ulmus parvifolia* Jacq.

[别名] 秋榆

[科属] 榆科榆属

[识别要点] 落叶乔木，高达 25m，树冠扁圆头形。树皮红褐色或黄褐色，平滑，老时呈不规则圆片状剥落，形成斑驳。小枝红褐色，下垂，有软毛。单叶互生，较小，近革质，有光泽，卵状椭圆形或长椭圆形，先端钝尖，基部歪斜，边缘多单锯齿，质较厚，幼叶背面有毛。聚伞花序簇生。翅果椭圆形至卵形。花期 8 ~ 9 月，果熟期 10 ~ 11 月（图 7-18）。

图 7-18　榔榆
1—果枝　2—花枝　3—翅果

[产地与分布] 产于我国陕西秦岭北坡海拔 1100m 以下低山区河畔，山西、河南、山东海拔 400m 以下。我国中部及南部地区均有栽培。

[习性] 阳性树种，喜光，耐旱，耐寒，耐瘠薄，耐湿，不择土壤，适应性很强。萌芽力强，耐修剪。生长速度中等，寿命长。耐烟尘，对二氧化硫等有害气体抗性强，寿命长。

[繁殖与栽培] 主要采用播种繁殖，也可分蘖、扦插。

[观赏与应用] 榔榆树干略弯，树皮斑驳雅致，小枝纤垂，秋日叶色变红，是良好的庭院观赏树、行道树、园路树及工厂绿化、"四旁"绿化树种。老株可作树桩盆景。

7.2.19　朴树

[学名] *Celtis sinensis* Pers.

[别名] 沙朴、青朴

[科属] 榆科朴属

[识别要点] 落叶乔木，高达 15m，树冠广圆形或扁圆形。树皮灰褐色，粗糙而不开裂，幼枝密生毛，后脱落。单叶互生，叶卵形或椭圆状卵形，先端短渐尖，基部歪斜，中部以上具钝锯齿，表面无毛、有光泽，背面沿叶脉有毛，3 出脉。花两性或单性。核果近球形或卵圆形，果梗与叶柄近等长，橙红色。花期 4 月，果熟期 10 月（图 7-19）。

图 7-19　朴树
1—果枝　2—果核　3—两性花　4—雄花

[产地与分布] 原产我国，分布于淮河流域、秦岭以南至华南地区。越南、朝鲜、老挝也有分布。

[习性] 弱阳性树种，喜温暖，稍耐阴，抗烟尘及毒气。适应性强，喜深厚肥沃、疏松的土壤，耐轻盐碱土，深根性，抗风能力强。生长慢，寿命长。

[繁殖与栽培] 播种繁殖。育苗期应注意整形修剪，以形成干形通直、冠形美观的大苗。

[观赏与应用] 朴树树冠圆满，树荫浓郁，成年后又能显示出古朴风貌，为园林中较优美的庭荫树、行道树。可孤植或丛植，宜配植于广场等处。抗污染和吸附粉尘、烟尘能力强，是工厂绿化、农村"四旁"绿化及防风护堤的优良树种，也是制作桩景的材料。

7.2.20　梧桐

[学名] *Firmiana simplex*（L.）W. F. Wight.

[别名] 青桐

[科属] 梧桐科梧桐属

[识别要点] 落叶大乔木，高达 15m，树冠卵圆形。树干挺直，幼树皮青绿色，平滑。叶心形，3～5 掌状分裂，裂片全缘，背面有细绒毛；叶柄长与叶片近相等。花小，黄绿色；萼片 5 深裂，裂片线形，反曲，密生短柔毛。蓇葖果 4～5，纸质，叶状，开裂成舟形；种子形如豌豆。花期 6～7 月，果熟期 9～10 月（图 7-20）。

[产地与分布] 产于我国和日本，华北南部至长江流域均有栽培。

[习性] 阳性树种，喜温暖气候及土层深厚肥沃、湿润且排水良好、含钙丰富的土壤。深根性，直根粗壮，萌芽力弱，不耐涝，不耐修剪。抗污染。春季萌芽很晚，秋季落叶很早，故有"梧桐一叶落，天下尽知秋"之说。

[繁殖与栽培] 以播种为主，也可扦插、分根繁殖。常见病虫害有梧桐木虱、霜天蛾、刺蛾等食叶害虫，应及早防治。

[观赏与应用] 青桐树干端直，干枝青翠，绿荫深浓，叶大形美，为优美的庭荫树和行道树，孤植或丛植于庭前、宅后，草坪或坡地均很适宜。如与棕榈、竹子、芭蕉等配植，点缀山石园景，则古典风雅，具民族风情。对多种有害气体有较强抗性，可用于厂矿绿化。

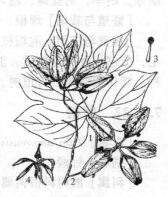

图 7-20　梧桐
1—叶　2—果穗
3—雄蕊柱　4—两性花

7.2.21　泡桐

[学名] *Paulownia fortunei*（Seem.）Hemsl.

[别名] 白花泡桐、大果泡桐

[科属] 玄参科泡桐属

[识别要点] 落叶乔木，树冠宽阔，广卵形至近圆形，树皮灰褐色，平滑。小枝灰褐色。单叶对生，心状卵圆形至心状长卵形，全缘或微呈波状。幼枝、幼果密被黄色星状绒毛，后变光滑。花萼浅裂，仅裂片先端有毛或无毛；花冠唇形，白色或淡紫色，有香气。蒴果长椭圆形，长 6～7cm，果皮木质较厚。花期 4～5 月，果熟期 9～11 月（图 7-21）。

图 7-21　泡桐
1—枝条　2—花

同属观赏种：

（1）兰考泡桐（河南桐）（*Paulownia elongata* S. Y. Hu.） 树干通直，树冠卵圆形或扁球形。树皮灰褐色。叶卵形或宽卵形，先端钝或尖，全缘或分裂，上面绿色或黄绿色，有光泽，下被星状毛。花序狭圆锥形，花大，钟状漏斗形，浅紫色。

（2）楸叶泡桐（紫花泡桐、山东桐、小叶桐）（*Paulownia catalpifolia* Gong Tong.） 花鲜紫色，内有紫斑及黄条纹，花期4~5月，先叶而放。

[产地与分布] 原产于我国黄河流域以南各地，现辽宁以南各地广泛栽培。

[习性] 喜光，喜温暖气候，深根性，适于疏松、深厚、排水良好的壤土和黏壤土，较耐寒，耐旱，耐盐碱，耐风沙，萌蘖力强。

[繁殖与栽培] 埋根、埋干、留根、播种繁殖。栽培中易受丛枝病危害。

[观赏与应用] 泡桐枝疏叶大，树冠开张，四月间盛开紫花或白花，清香扑鼻。叶片被毛，分泌一种粘性物质，能吸附大量烟尘及有毒气体，是城镇绿化及营造防护林的优良树种。常作庭荫树，行道树，也是平原地区桐粮兼作和"四旁"绿化的树种。

7.2.22　紫椴

[学名] *Tilia amurensis* Ruqr.

[别名] 籽椴

[科属] 椴树科椴树属

[识别要点] 落叶乔木或小乔木。树皮浅纵裂，片状脱落，小枝呈"之"字形曲折。单叶互生，卵形或宽卵形，先端尾尖，基部心形或截形，叶缘有锯齿，叶柄长。复聚伞花序，黄白色，花小，苞片下部二分之一处与花序梗联合，花萼、花瓣通常为5数。果近球形或椭圆形。花期6~7月，果期9~11月（图7-22）。

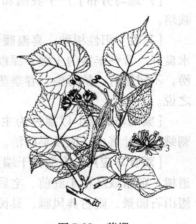

图7-22　紫椴
1—花枝　2—果枝　3—花

同属观赏种：

（1）南京椴（*Tilia miqueliana* Maxim.） 小枝及芽密被星状毛。叶卵圆形或三角状卵形，先端短渐尖，基部偏斜，心形或截形，叶缘有细锯齿，具短尖头。叶面无毛，背面密被星状毛。

（2）糠椴（大叶椴）（*Tilia mandshurica* Rupr. et Maxim） 树姿优美，叶大荫浓，嫩叶红色，7月开花，黄色，芳香，果期9月。

（3）蒙椴（小叶椴）（*Tilia mongolica* Maxim） 树形优美，树皮红褐色，枝叶茂密，嫩叶红色，秋叶亮黄色。花期6~7月，果期9月。

[产地与分布] 原产东北及山东、河北、山西等地。

[习性] 喜光，稍耐阴。喜冷凉、湿润气候，耐寒，适生于深厚、肥沃、湿润土壤，深根性，生长速度中等，萌芽力强。

[繁殖与栽培] 播种繁殖，也可分株、压条。种子有很长的后熟性，采后需沙藏1年方可播种。

[观赏与应用] 紫椴树体高大挺拔，树形优美，适宜作庭荫树、行道树，也是厂矿区绿

化的优良树种。

7.2.23　枳椇

[**学名**] *Hovenia dulcis* Thunb.

[**别名**] 拐枣、鸡爪树

[**科属**] 鼠李科枳椇属

[**识别要点**] 落叶乔木，高达 25m，树冠广卵形。树皮灰黑色，深纵裂，小枝红褐色。叶广卵形，先端短渐尖，基部近圆形，缘有粗钝锯齿，基部 3 出脉，叶背无毛或仅脉上有毛。聚伞花序，顶生或腋生。果梗肥大肉质，并成"之"字形曲折，味甜。花期 6 月，果熟期 9～10 月（图 7-23）。

[**产地与分布**] 产于我国长江流域以南及河南、甘肃、陕西，印度、尼泊尔、不丹、缅甸北部也有分布。

[**习性**] 阳性树，不耐庇荫，较耐寒，对土壤要求不严，但喜深厚、湿润、肥沃的土壤，在干燥瘠薄土地上生长不良。深根性，萌芽力强，生长较快。

[**繁殖与栽培**] 播种繁殖，也可分根、分蘖、扦插。

[**观赏与应用**] 枳椇树形端庄、美丽，分枝匀称，叶大荫浓，果梗奇特，宜作庭荫树、园景树和行道树以及造林树种。

图 7-23　枳椇
1—花枝　2—果枝　3—花
4—果横剖面　5—种子

7.2.24　梓树

[**学名**] *Catalpa ovata* D. Don.

[**别名**] 黄花楸、木角豆、水桐

[**科属**] 紫葳科梓树属

[**识别要点**] 落叶乔木，高 15～20m。树冠倒卵形或椭圆形，树皮褐色或黄灰色，浅纵裂。叶对生或轮生，广卵形或圆形，有毛，叶长宽近相等，叶背基部脉腋具紫色腺斑。圆锥花序顶生，花冠淡黄色，内有紫色斑点和黄色条纹。蒴果细长如筷，经久不落。种子扁平有毛。花期 5～6 月，果熟期 8～9 月（图 7-24）。

同属栽培种：

（1）楸树（*Catalpa bungei* C. A. Mey.）叶三角状卵形，总状花序伞房状排列，花冠浅粉色，有紫色斑点。

（2）黄金树（*Catalpa speciosa* Ward.）叶宽卵形至卵状椭圆形，叶背脉腋有绿色腺点。圆锥花序顶生，花冠白色，内有黄色条纹及紫色斑点。

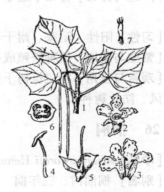

图 7-24　梓树
1—果枝　2—花　3—花冠（示花蕊）
4—发育雄蕊　5—雌蕊及花萼
6—子房横剖面　7—种子

[**产地与分布**] 原产我国，以黄河中下游为分布中心，东北亦有。

[**习性**] 喜光，颇耐寒，深根性，喜冷凉气候及湿润深厚土壤，能耐轻度盐碱土。不耐干旱、贫瘠，抗烟性强。

[**繁殖与栽培**] 播种繁殖，也可扦插或分蘖。种子一般 11 月采种干藏，翌春 4 月条播。

[观赏与应用] 梓树树体端正，树冠开展，叶大荫浓，春夏黄花满树，秋冬荚果悬挂，可作行道树、庭荫树、农村"四旁"绿化以及工厂绿化树种。与桑树连在一起，称"桑梓"，被作为故乡的象征。

7.2.25　栓皮栎

[学名] *Quercus variabilis* Bl.

[别名] 软木栎

[科属] 山毛榉科栎属（壳斗科麻栎属）

[识别要点] 落叶乔木，树冠广卵形。树皮黑褐色，厚而软，纵裂，木栓层发达，厚可达10cm。叶长圆状披针形至长椭圆形，先端渐尖，基部圆形或宽楔形，边缘具芒状锯齿，下面密生灰白色细绒毛。雌雄同株，雄花成菜黄花序，下垂，雌花单生。壳斗碗状，坚果近球形至卵形。花期5月，果熟期翌年9～10月（图7-25）。

图7-25　栓皮栎
1—果枝　2—雄花枝　3、4、5—雄花

同属栽培种：

（1）麻栎（*Quercus acutissima* Carr.）　落叶乔木，树冠广卵形，叶长椭圆状披针形，坚果球形，壳斗碗状，鳞片粗刺状，木质反卷，有灰白色柔毛。

（2）槲栎（*Quercus aliena* Blume.）　落叶乔木，树冠广卵形，叶长椭圆状倒卵形、倒卵形，先端微钝或短渐尖，基部楔形或圆，有波状钝齿，下面密生灰白色细绒毛。壳斗杯状，小苞片鳞片状。

[产地与分布] 分布于辽宁、河北、山西、陕西、甘肃及以南各省区，朝鲜、日本也有分布。

[习性] 阳性，耐寒、耐干旱瘠薄，深根性，抗风力强，不耐移植，不耐水湿。

[繁殖与栽培] 播种繁殖或萌芽更新。幼树阶段可适当密植。

[观赏与应用] 栓皮栎树干通直，树冠雄伟，浓荫如盖，秋叶橙褐色，是优良的庭荫树和防风、防火树种。

7.2.26　油桐

[学名] *Aleurites fordii* Hemsl.

[别名] 桐油树、三年桐

[科属] 大戟科油桐属

[识别要点] 落叶乔木，高达12m。树冠扁球形。树皮灰褐色，幼时光滑，老时粗糙，并有纵裂。小枝粗壮，叶卵形，互生，长7～18cm，全缘，有时3浅裂，叶基具2紫红色扁平腺体。雌雄同株，圆锥花序，花大，径约3cm，单性同株或异株，花瓣呈五角形，白色或基部略带红色。核果大，球形，径4～6cm，表面平滑，种子3～5粒（图7-26）。

[产地与分布] 主产中国长江流域以南，垂直分布在海拔1000m以下的低山丘陵地区。山东省青岛市崂山区及胶

图7-26　油桐

南市、日照市等地有栽培。

[习性] 喜光，亦耐阴。稍耐寒，喜肥沃、排水良好的土壤，不耐干旱、瘠薄和水湿。不耐移植，对二氧化硫较为敏感。根系浅，生长快，寿命短。

[繁殖与栽培] 播种繁殖。幼苗期间应加强抚育管理。

[观赏与应用] 油桐树冠宽广，叶大荫浓。花白色，大而秀丽，春季花叶同放。宜作庭荫树、行道树。若孤植、丛植于坡地、草坪，则浓荫覆地，极具特色。

7.2.27　八角枫

[学名] *Alangium chinense*（Lour.）Harms.

[别名] 华瓜木、枢木

[科属] 八角枫科八角枫属

[识别要点] 落叶乔木，高达 15m，常呈灌木状。树皮淡灰色、平滑，树枝平伸，小枝呈"之"字形，疏被毛或无毛。单叶互生，心形至卵圆形，纸质，端渐尖，基部偏斜，全缘或微浅裂，表面无毛，背面脉腋簇生毛，基出脉 3～5，入秋叶转为橙黄色。花为黄白色，聚伞花序腋生，花瓣狭带形，有芳香，花丝基部及花柱疏生粗短毛。核果卵圆形，黑色。花期 5～7 月，果期 9～10 月（图 7-27）。

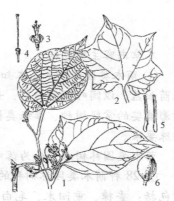

图 7-27　八角枫
1—花枝　2—叶　3—花
4—雌蕊　5—雄蕊　6—果实

[产地与分布] 我国长江流域以南各地均有分布，山东蒙山、崂山、昆嵛山及威海市有野生。日本、印度、马来西亚也有分布。

[习性] 阳性树。稍耐阴，对土壤要求不严，喜肥沃、疏松、湿润的土壤，具一定耐寒性，萌芽力强，耐修剪，根系发达，适应性强。

[繁殖与栽培] 播种或扦插繁殖。

[观赏与应用] 八角枫叶大花多，是良好的庭院观赏树种。根系发达，适应性强，又可作交通干道两侧的防护林树种。

7.2.28　薄壳山核桃

[学名] *Carya illinoensis* K. Koch

[别名] 长山核桃、美国山核桃

[科属] 胡桃科山核桃属

[识别要点] 落叶乔木，在原产地高达 55m，树冠长圆形或广卵形。树皮灰色，粗糙，纵裂。鳞芽、幼枝有灰色毛。羽状复叶，小叶 11～17 枚，长圆状披针形，近镰形，边缘具锯齿。核果 3～10 集生，长椭圆形，具有 4 或 6 条纵棱脊，果壳薄，种仁大。花期 4～5 月，果熟期 10～11 月（图 7-28）。

图 7-28　薄壳山核桃
1—花枝　2—雌花
3—果实与果核　4—枝（冬态）

[产地与分布] 原产北美及墨西哥。二十世纪初引入我国，北自北京，南至海南岛都有栽培。

[习性] 阳性树种，喜光，在庇荫条件下，长势不旺，尤其是开花结实期需要充足光照。喜温暖湿润气候，较耐寒，耐水湿，不耐干燥瘠薄，深根性，有菌根共生，在深厚、疏松、排水良好、腐殖质丰富的沙壤土中生长良好。抗病虫害能力强，根萌蘖性强，速生，经济寿命长。

[繁殖与栽培] 播种、嫁接、扦插及分蘖繁殖。

[观赏与应用] 树体高大，根深叶茂，园林中可作上层骨干树种。宜孤植于草坪或作庭荫树。适于河流沿岸、湖泊周围及平原地区"四旁"绿化，也可在风景区林植。

小　结

本章内容主要包括：

① 荫木类园林树木基本知识。荫木类园林树木即庭荫树种，其形态特征为：枝繁叶茂、绿荫如盖，以阔叶树种为佳，如能同时具备观叶、赏花或品果效能则更为理想。枝疏叶朗、树影婆娑的常绿树种、攀缘类树种也可作庭荫树使用，但在配植形式、环境处理等方面略有特殊要求。

荫木类园林树木可分为落叶类、常绿类两大类。

② 28 种荫木类园林树种的识别要点、产地分布、习性、繁殖与栽培、观赏与应用。其中包括：香樟、重阳木、毛白杨、银白杨、垂柳、旱柳、枫杨、国槐、刺槐、白蜡、悬铃木、栾树、苦楝、香椿、杜仲、臭椿、白榆、榔榆、朴树、梧桐、泡桐、紫椴、枳椇、梓树、栓皮栎、油桐、八角枫、薄壳山核桃。

复习思考题

1. 荫木类园林树种应具备什么特征？哪些树种比较适合做庭荫树？

2. 香樟为（　　　　）大乔木，树冠卵球形，具（　　　　）味。系我国（　　　　）带常绿阔叶林的重要树种。

3. 简述毛白杨、枫杨、白蜡、悬铃木、苦楝、朴树、梧桐、梓树、八角枫等树种的识别要点及观赏应用。

4. 垂柳枝条细长，姿态潇洒，喜（　　　　　　），喜温暖及（　　　　）。（　　　　）强，根系发达，寿命长。

5. 旱柳常见应用的品种与变种有哪些？

6. 本章介绍的荫木类树种中，较耐水湿的种类有哪些？

7. 国槐与刺槐的不同之处有哪些？各有哪些常见应用的品种与变种？

8. 栾树与全缘叶栾树有何形态差异？

9. 简述香椿与臭椿的形态差异。

10. 杜仲为（　　　　）科（　　　　）属落叶乔木，树冠圆球形，植物体内有丝状胶质，故又名（　　　　）。

11. 简述榔榆、白榆的形态差异。

第 **8** 章

藤本类园林树木

图林泉木分类学

主要内容

① 藤本类园林树木的含义及观赏特性。

② 12 种常见藤本类园林树木的识别要点、产地、习性、观赏与应用。

学习目标

① 掌握藤本类园林树木的观赏特性及常见园林应用形式。

② 通过本章学习，可识别如下藤本类园林树木：葡萄、爬山虎、猕猴桃、紫藤、葛藤、凌霄、常春藤、金银花、木香、扶芳藤、南蛇藤、云实，并能描述其形态特征。

③ 了解常见应用的 12 种藤本类园林树木的产地与分布、习性，观赏与应用等。

8.1 藤本植物概述

藤本植物又称攀缘植物、蔓木类观赏植物，指茎蔓细长，自身不能直立，须攀附其他支撑物、缘墙而上或匍匐卧地蔓延的园林植物。这类植物是垂直绿化或立体绿化必不可少的植物材料，对山坡、路坎、墙面、屋顶、篱垣、棚架、林下、室内绿化等多种形式的立体绿化都具有不可替代的作用。在建筑密集的老城区改造中，具有开拓绿化空间、增加城市绿量、丰富绿化形式、提高整体绿化水平、改善生态环境的重要作用，具有广阔的应用前景。

8.1.1 藤本植物分类

藤本植物有多种分类方式，如根据茎的质地不同，可分为木质藤本与草质藤本，根据是否落叶可以分为常绿藤本和落叶藤本等。从园林造景的角度，根据生物学习性的不同，可以将藤本植物分为四类，即缠绕类、吸附类、卷须类、匍匐类。有些植物具有两种以上的攀缘方式，可称为复式攀缘，如葎草，其茎为缠绕茎，同时生有倒钩刺；又如西番莲，既具有卷须，又能自身缠绕它物。

1. 缠绕类

这类植物不具有特化的缠绕器官，其藤蔓须缠绕一定的支撑物，螺旋状向上生长。这类植物的攀缘能力较强，种类最多，也最常见，是棚架、柱状体、高篱及山坡、崖壁绿化美化的良好材料。常见种类包括：紫藤、木通、中华猕猴桃、金银花、铁线莲、五味子、鸡血藤等。

缠绕类攀缘植物的缠绕方式有左旋和右旋两种，但也有部分藤本植物左右均旋，如猕猴桃、何首乌等。

2. 卷须类

卷须类攀缘植物依靠特殊的变态器官——卷须而攀缘。卷须可以分为多种，一类卷须是由茎或枝的先端变态特化而成，分枝或不分枝，称为茎卷须，如葡萄、西番莲等；第二类卷须是由叶柄、叶尖、托叶或小叶等叶片不同部位特化而成，称叶卷须，如铁线莲、炮仗花等；第三类是花序卷须，是由花序的一部分特化成卷须的，如珊瑚藤等。另外，还有部分小枝变态成螺旋状曲钩的，如茜草科的钩藤。

3. 吸附类

吸附类攀缘植物依靠吸附作用而攀缘，这类植物多具有吸附根或吸盘。具有吸盘的植物可吸附于光滑的物体表面生长，如爬山虎、五叶地锦、崖爬藤等，是墙壁、屋面、石崖的理想绿化植物。具有吸附根的植物多由茎的节处生出气生的不定根，如常春藤、扶芳藤、络石等。

4. 匍匐类

这类植物不具有特殊的攀缘器官，茎细长、柔软，为蔓生的悬垂植物，通常只能匍匐平卧或向下吊垂，有的种类具有倒钩刺，在攀缘中起一定作用。这类植物是地被植物、坡地绿化及盆栽悬吊的理想材料，如蔷薇、木香、叶子花、藤本月季等。

8.1.2 藤本植物在园林绿化中的应用

1. 墙面、屋顶及阳台绿化

现代城市的建筑外观固然很美，但作为硬质景观，若配以藤本植物进行垂直绿化，则既增添了绿意和生机，又可有效遮挡夏季阳光的辐射，降低建筑物内部温度，增加空气湿度。用藤本植物绿化旧墙面，还可起到美化的作用，与周围环境形成和谐统一的景观，提高城市绿化覆盖率。

2. 棚架、篱垣、栅栏绿化

园林绿化中的廊架包括游廊、花架、拱门、灯柱、栅栏等，是最常见、结构最丰富的构筑物之一。利用藤本植物进行绿化，可形成繁花似锦、绿荫匝地的景观，既美化了环境，又具有较高的生态效益。木香、紫藤、藤本月季、三角花、葡萄、凌霄等都是棚架绿化的优良材料。

3. 立交桥绿化

作为城市景观中亮丽的风景线，高架路、立交桥已成为城市绿地的重要组成部分。市区的立交桥占地少，一般没有多余的绿化空间，用地锦、常春藤等藤本植物绿化桥面，不仅可以增添绿色、美化环境，还可使生态效益更为可观。

4. 覆盖地面

利用根系庞大、牢固的藤本植物覆盖地面，可起到保持水土的作用。同时，与乔木、灌木、草本植物合理配植，也增加了人工植物群落的层次。另外，以藤本植物点缀景石，也可使其更加生机盎然。

5. 利用藤本植物构成独立景观

藤本植物可用于建造绿柱、绿廊、绿门、绿亭等。绿柱是指在灯柱、廊柱、大型树干等粗大的柱形物体周围，种植缠绕类或吸附类藤本植物，使之盘绕或包裹柱形物体，形成绿柱。绿廊、绿门是选用藤本植物种植于门、廊两侧，形成优美的植物景观。绿亭本身可以看作花架的特殊形式，在亭阁形状的构架周围种以藤本植物并略加牵引，即可形成绿亭。

8.2　我国园林中常见应用的藤本类园林树木

8.2.1　葡萄

[学名] *Vitis vinifera* Linn.

[科属] 葡萄科葡萄属

[识别要点] 落叶藤本，茎蔓长达30m，茎粗壮，树皮长片状剥落，具分叉卷须，与叶对生。单叶互生，叶3～5掌状裂，裂片尖，具不规则粗锯齿。圆锥花序，长10～20cm，与叶对生，花小，黄绿色，有香味。浆果球形或椭圆形，成串下垂，绿色、红色、紫色等多种颜色，表面被白粉。作为果用栽培的品种繁多。花期5～6月，果期8～9月(图8-1)。

[产地与分布] 原产于欧洲和亚洲西部，我国已有2000多年栽培历史，分布极广，尤以长江流域及其以北各地栽培较多。

[习性] 喜阳光充足，气候干燥，较耐寒，要求通风和排水良好，对土壤要求不严，除重粘土、盐碱土外，沙土、沙砾土、壤土、轻壤土均能生长，发根能力强。

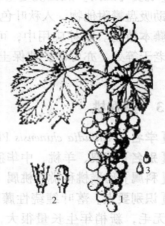

图 8-1　葡萄
1—果枝　2—花瓣脱落状及
雌蕊、雄蕊　3—种子

[繁殖与栽培] 以扦插繁殖为主，也可压条或嫁接。枝、叶均可扦插生根，老蔓可生气生根。

[观赏与应用] 葡萄翠叶满架，硕果晶莹，是果叶兼赏的优良树种，多用于垂直绿化，可做棚架、门廊绿化，也可盆栽。葡萄为世界主要水果之一，是园林结合生产的理想树种。

8.2.2　爬山虎

[学名] *Parthenocissus tricuspidata* (Sieb. et Zucc.) Planch.

[别名] 地锦、爬墙虎

[科属] 葡萄科爬山虎属

[识别要点] 落叶藤本，卷须短，多分枝，卷须先端扩大成吸盘。叶通常3裂，互生，广卵形，基部心形，边缘有粗锯齿，幼苗或下部枝干上的叶较小，常分成3小叶或为3深裂。花小，两性，黄绿色，聚伞花序。浆果球形，6～9mm，熟时蓝黑色，被白粉。花期6

月，果期 10 月（图 8-2）。

同属栽培种：

五叶地锦（*Parthenocissus quinquefolia* Planch.），又名美国地锦、美国爬山虎，掌状复叶，小叶 5，具长柄，质较厚，叶缘具大而圆的锯齿，幼枝带紫红色。该种原产美国东部，我国各地均有栽培。与爬山虎相比，攀缘吸附能力稍弱，抗风能力略差。

[产地与分布] 分布极广，华南、华北至东北各地均有栽培，日本也有分布。

[习性] 性喜阴湿，对土壤及气候的适应能力很强，耐寒冷、干旱，生长迅速。

[繁殖与栽培] 扦插，亦可压条或播种繁殖。

图 8-2　爬山虎
1—花枝　2—果枝　3—花
4—雄蕊花药腹背面　5—雌蕊

[观赏与应用] 爬山虎蔓茎纵横，翠叶如盖，生长势强，可借助吸盘攀附他物，入秋叶色变为红色或橙色，是极为优美的藤本植物。园林应用中，可配植于建筑物的墙壁、庭园入口、假山石峰、桥头石壁、枯木老干等处，亦可作护坡保土植被，且对氯气的抗性强，可作厂矿和居民区垂直绿化材料。

8.2.3　猕猴桃

[学名] *Actinidia chinensis* Planch.

[别名] 藤梨、羊桃、中华猕猴桃

[科属] 猕猴桃科猕猴桃属

[识别要点] 落叶缠绕性藤本，枝褐色，幼枝有毛，老枝无毛，新梢年生长量很大，可达 3m 以上，枝髓片状，近白色。叶纸质，近圆形、宽倒卵形至椭圆状卵形，顶端钝圆或微凹，有时渐尖，缘有芒状锯齿，上面暗绿色，背面密生灰白色星状毛，阔卵圆形或椭圆形。花雌雄异株，3~6 朵成聚伞花序，初为白色，后转橙黄色，芳香。浆果近球形，有棕色绒毛。花期 6 月，果熟期 8~10 月（图 8-3）。

[产地与分布] 原产于亚洲温带和亚热带，我国是其分布中心，广布于长江流域以南各地，朝鲜、日本、俄罗斯亦有分布。

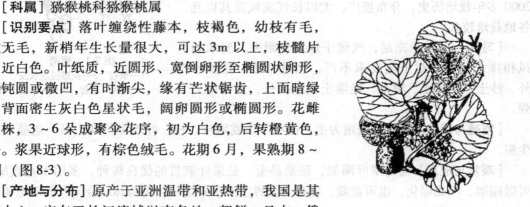

图 8-3　猕猴桃

[习性] 喜光，稍耐阴，较耐寒，多生于土壤湿润肥沃的溪谷、林缘，适应性强，酸性、中性土均能生长，根系肉质，主根发达，形成簇生状的侧根群，萌芽力强，有较好的自然更新习性。

[繁殖与栽培] 播种繁殖，也可扦插。

[观赏与应用] 猕猴桃藤蔓虬曲，花果并茂，适于花架、绿廊、绿门配植，也可攀附于树上或山石陡壁上，是优良的棚架材料。

8.2.4　紫藤

[学名] *Wisteria sinensis* Sweet.

[别名] 藤萝、朱藤

[科属] 豆科紫藤属

[识别要点] 落叶缠绕性大藤本，长可达30m，茎枝左旋，小枝被柔毛。小叶7~13枚，对生，全缘，卵状长圆形至卵状披针形，先端渐尖，幼时密被平伏白色柔毛。总状花序下垂，长15~25cm，花蓝紫色，芳香。果长10~15cm，密被银灰色有光泽之短绒毛。花期4月，果期9~10月（图8-4）。

变种与品种：

银藤（var. *Alba* Lindl.），花白色，香气浓郁，耐寒性较差。

[产地与分布] 原产中国，适宜于我国大部分地区栽培，北达东北南部，南至两广、云贵。

[习性] 喜光，略耐阴，较耐寒，对气候和土壤适应性强；有一定的耐干旱、水湿、瘠薄的能力。抗污染，对二氧化硫、氯气抗性强。

[繁殖与栽培] 以播种为主，也可扦插、分根、压条或嫁接。

[观赏与应用] 紫藤虬曲盘结，枝叶茂盛，紫花串串，别有风姿，是优良的垂直绿化树种，适宜花架、绿廊、枯树、凉亭、大门入口处等垂直绿化，也可修剪成灌木状，孤植、丛植于草坪、入口两侧。还可盆栽观赏或制桩景室内装饰。花枝可插花。

图8-4　紫藤
1—花枝　2—荚果
3—旗瓣　4—翼瓣　5—种子

8.2.5　葛藤

[学名] *Pueraria lobata*（Willd.）Ohwi.

[别名] 野葛、葛根、粉葛藤

[科属] 豆科葛属

[识别要点] 落叶藤本，全株密被黄色长硬毛，块根肥厚，三出复叶，顶生小叶菱状卵形，总状花序腋生，长达20cm，花冠紫红色，荚果带状扁平，花期7~9月，果熟期9~10月（图8-5）。

[产地与分布] 分布极广，除新疆、西藏外，遍布全国，常见于山坡、疏林中。

[习性] 适应性极强，生长迅速，喜光，耐干旱瘠薄，蔓延力强。

[繁殖与栽培] 播种或压条繁殖。

[观赏与应用] 葛藤枝叶茂盛，花朵紫红，是良好的水

图8-5　葛藤
1—花枝　2—果枝
3—各种花瓣　4—花萼及雄蕊群

土保持地被植物。其全株被毛，滞尘能力强，是工矿区优良的垂直绿化材料，亦为生产结合观赏的优良藤本植物。块根可治葛粉，花、根可入药。

8.2.6 凌霄

[学名] *Campsis grandiflora*（Thunb.）Loisel.

[别名] 紫葳、大花凌霄

[科属] 紫葳科凌霄属（紫葳属）

[识别要点] 落叶大藤本，借气生根攀缘，藤蔓长达10m，树皮灰褐色，呈细条状纵裂，小枝紫褐色。奇数羽状复叶，对生，小叶7~9枚，稀11枚，叶缘疏生锯齿。花较大，花冠内面鲜红色，外面橙红色，钟形，直径7~8cm，花萼筒与花萼裂片等长，裂片披针形。蒴果细长，如豆荚。花期7~8月，果期10月（图8-6）。

同属栽培种：

美国凌霄［*Campsis radicans.*（Linn.）Seem.］，小叶9~13枚，叶缘疏生4~5齿，叶背脉间有细毛，花冠较小，筒长，桔红色。

图8-6 凌霄

[产地与分布] 原产长江流域中下游地区，现南起海南，北至北京，各地均有栽培。

[习性] 喜阳，也较耐阴，喜温暖湿润气候，耐寒力较差，耐干旱，忌积水，萌芽力、萌蘖力均强。

[繁殖与栽培] 以扦插为主，也可分根、压条或播种。

[观赏与应用] 凌霄花大色艳，花期长且正值夏秋少花季节，是优良的观花棚架植物。园林应用中可用于攀缘老树、棚架、墙垣、假山石壁等，也可作桩景材料。

8.2.7 常春藤

[学名] *Hedera nepalensis* K. Koch var. *sinensis*（Tobl.）Rehd.

[别名] 中华常春藤

[科属] 五加科常春藤属

[识别要点] 常绿攀缘藤本，茎借气生根攀缘，长可达20~30m，小枝有锈色鳞片。叶革质，具2型：营养枝上的叶三角状卵形，全缘或3裂，基部平截；生殖枝上的叶椭圆形或卵状披针形，全缘，叶柄细长，有锈色鳞片。花序单生或2~7簇生，花黄色或绿白色，芳香，果球形，橙红或橙黄色。花期8~9月，果熟期翌年3月（图8-7）。

[产地与分布] 原产于我国秦岭以南，东自山东崂山至沿海各省，西至甘肃东南部、陕西南部，常生于较阴湿处。

[习性] 喜阴，是典型的阴性藤本植物，也可生长在

图8-7 常春藤
1—花枝 2—果实

全光照环境中。在温暖湿润的气候条件下生长良好，有一定的耐寒力。生长快，萌芽力强，对烟尘有一定抗性。

[**繁殖与栽培**]扦插繁殖为主，也可播种或压条。

[**观赏与应用**]常春藤四季常青，枝叶浓密，是优良的垂直绿化材料。园林应用中，可将其与爬山虎混栽，则前者可弥补后者落叶的缺点，后者可为前者提供良好的庇荫条件。可植于屋顶、阳台等处，任其自然垂落，也可攀缘枯树、石柱，或作地被植物覆盖地面，还可盆栽观赏。

8.2.8　金银花

[**学名**]*Lonicera japonica* Thunb.

[**别名**]忍冬、金银藤、双花

[**科属**]忍冬科忍冬属

[**识别要点**]常绿或半常绿缠绕藤本，茎枝长达9m，茎细，左旋，茎皮条状剥落，枝中空，幼枝暗红褐色，密生柔毛。单叶对生，叶卵形至卵状椭圆形，先端短钝尖，基部圆或近心形，全缘，幼叶两面有毛。花成对生于叶腋，花冠二唇形，初开时白色，后变为黄色，芳香，果蓝黑色，花期5~7月，果期8~10月（图8-8）。

图8-8　金银花

变种与品种：

（1）红金银花（var. *Chinensis* Baker.）　茎及嫩叶带紫红色，花冠淡紫红色。

（2）黄脉金银花［var. *Aureo-reticulata* Nichols］　叶片较小，网脉黄色。

[**产地与分布**]原产东亚，我国自辽宁以南各地均有栽培。

[**习性**]适应性强，喜光，也耐阴，耐寒性强，耐干旱、耐水湿，酸性、碱性土壤均能适应，根系发达，萌蘖性强，茎基着地即能生根。

[**繁殖与栽培**]播种、压条、扦插、分株繁殖均可。

[**观赏与应用**]金银花藤蔓缠绕，色香兼备，花叶俱美，可用于篱垣、凉台、绿廊、花架等，攀附山石效果亦佳。因耐阴性强，可作林下地被。老桩可作盆景。花蕾、茎、枝入药。

8.2.9　木香

[**学名**]*Rosa banksiae* Ait.

[**科属**]蔷薇科蔷薇属

[**识别要点**]常绿或半常绿攀缘藤本，高达6~7m，枝条绿色，细长，光滑少刺。小叶3~5枚，叶缘有细锐齿，表面暗绿而有光泽。托叶线形，与叶柄离生，早落。花白色，径约2.5cm，芳香，单瓣或重瓣，萼片全缘，花梗细长，光滑，3~5朵排成伞形花序。果近球形，红色，花期4~5月（图8-9）。

图8-9　木香

变种与品种：

（1）重瓣白木香（var. *albo-plena* Rehd.）　花白色，重瓣，香味浓烈，常为3小叶。

（2）重瓣黄木香（var. *lutea* Lihdl.）　花淡黄色，重瓣，香味甚淡，常为 5 小叶。

[**产地与分布**] 原产我国西南部，现黄河流域以南均可栽植。北京、河北地区需选择向阳的小环境。

[**习性**] 喜温暖和阳光充足的环境，幼树畏寒，喜排水良好的沙质壤土，不耐积水和盐碱，萌芽力强，耐修剪。

[**繁殖与栽培**] 压条或嫁接繁殖，扦插较难成活。木香生长迅速，管理简单，花后可略行修剪。

[**观赏与应用**] 木香蔓茎细长，花香浓郁，在我国古典园林中广为应用，适于庭前、入口、窗外或道旁，作花架、花格、绿门、花亭、拱门、墙垣的绿化，也可植于池畔、假山石旁。因无吸盘、卷须、气根等吸附器官，故须人工扶缚固定。

8.2.10　扶芳藤

[**学名**] *Euonymus fortunei*（Turcz）Hand. – Mazz.

[**科属**] 卫矛科卫矛属

[**识别要点**] 常绿藤本，长可达 10m，小枝微起棱，有小瘤状突起的皮孔，可随处生根。叶薄革质，椭圆形或椭圆状披针形，长 2～7cm，边缘有钝锯齿。花小，绿白色，多朵小花组成聚伞花序。蒴果球形，黄色或红色，种子有桔红色假种皮。花期 5～6 月，果期 10～11 月（图 8-10）。

图 8-10　扶芳藤

同属观赏种：

胶东卫矛（*Euonymus kiautschovicus* Loes.）：半常绿攀缘灌木，幼时直立状，叶片倒卵形，聚伞花序较疏松，分枝和小花梗较长，蒴果粉红色，扁球形。

变种与品种：

（1）爬行卫矛 [var. *radicans*（Mig）. Rehd.]　叶小，质地较厚，匍匐生长，容易发生不定根，园林中多作地被植物。

（2）小叶扶芳藤（f. *minimus*）　叶小枝细。

（3）红边扶芳藤（var. *roseo-marginata*）　叶缘呈粉红色。

（4）银边扶芳藤（var. *argents-marginata*）　又称白边扶芳藤，叶缘呈绿白色。

（5）花叶爬藤（f. *glacilis*）　叶片上有白色、黄色或粉红色边缘，易生气生根。

[**产地与分布**] 原产于我国中部地区，黄河流域以南各地均有栽培。

[**习性**] 扶芳藤抗逆性强，性耐阴，也耐强光，喜温暖湿润的环境，耐涝，也耐干旱瘠薄，对土壤要求不严，生长旺盛，攀援能力强，栽植易成活。

[**繁殖与栽培**] 扦插或播种繁殖。栽培管理粗放。

[**观赏与应用**] 扶芳藤枝叶繁茂，叶片油绿光亮，生长迅速，园林中可用于墙面、陡坡、山石、灯柱、围栏或老树绿化。小叶扶芳藤还是优良的林下地被植物。茎叶入药。

8.2.11　南蛇藤

[**学名**] *Celastrus orbiculatus* Thunb.

[**别名**] 蔓性落霜红

[**科属**] 卫矛科南蛇藤属

[**识别要点**] 落叶藤本，长达 12m。小枝圆柱形，无毛，有多数皮孔，髓坚实，白色。冬芽小，卵圆形，长 1~3mm。单叶互生，叶形变化较大，近圆形至倒卵形或长圆状倒卵形，顶端尖或突尖，基部楔形至近圆形，边缘有细钝锯齿。聚伞花序腋生或在枝端与叶对生；花黄绿色，雌雄异株。蒴果近球形，橙黄色。种子包有红色肉质假种皮。花期 5~6 月，果熟期 9~10 月（图 8-11）。

[**产地与分布**] 原产我国，分布于东北、华北、西北、华东、西南及湖北、湖南等地区。生于山沟灌木丛中、山坡疏林、山脚路旁及溪谷林缘。

[**习性**] 适应性强，喜光，耐阴，抗寒，抗旱，但以温暖、湿润气候及肥沃、排水良好的土壤生长较好。

[**繁殖与栽培**] 播种或扦插、压条均可，播种出苗率可达 95% 以上。栽培管理粗放。

图 8-11 南蛇藤
1—花枝 2—果枝
3—花 4—雄蕊

[**观赏与应用**] 南蛇藤叶片秋季经霜后变黄或变红，果实黄色，开裂后露出鲜红色的假种皮，艳丽宜人。园林应用中，宜作棚架、墙壁、岩壁等垂直绿化材料，也可攀附老树，或栽植于湖畔、林缘、坡地及假山、石隙等处。果枝可瓶插。

8.2.12　云实

[**学名**] *Caesalpinia sepiaria* Roxb.

[**别名**] 药王子，倒钩刺

[**科属**] 豆科云实属

[**识别要点**] 落叶攀缘灌木，密生倒钩状刺。二回羽状复叶，羽片 3~10 对，小叶 12~24 枚，长椭圆形，表面绿色，背面有白粉。总状花序顶生，花冠黄色，有光泽。荚果长椭圆形，木质，沿腹缝线有狭翅。花期 5 月，果期 8~10 月（图 8-12）。

[**产地与分布**] 原产于我国长江以南地区，亚洲热带地区广泛分布，山东青岛、泰安济南地区等可露地越冬。

[**习性**] 云实适应性强，不择土壤，耐瘠薄，在疏松肥沃土壤中生长旺盛，萌蘖力强。

[**繁殖与栽培**] 播种繁殖。

图 8-12 云实
1—枝条 2—花 3—种子

[**观赏与应用**] 云实是优良的观花藤本植物，因其攀缘性强，宜用于花架、花廊的垂直绿化。园林中可用作攀附篱垣或作灌木丛栽。果壳、茎皮含鞣质，可制栲胶，种子可榨油，根、茎、果实供药用。

小　结

本章内容主要包括：

① 藤本植物概述　藤本植物又称攀缘植物、蔓木类观赏植物，指茎蔓细长，自身不能直立，须攀附其他支撑物、缘墙而上或匍匐卧地蔓延的观赏植物。

从园林造景的角度，根据生物学习性的不同，可以将藤本植物分为四类，即缠绕类、吸附类、卷须类、蔓生类。

藤本植物在园林绿化中的应用包括以下几点：

a. 墙面、屋顶及阳台绿化。

b. 棚架、篱垣、栅栏绿化。

c. 立交桥绿化。

d. 覆盖地面。

e. 利用藤本植物构成独立景观。

② 本章较为详细地介绍了12种藤本类园林树木的识别要点、产地与分布、生活习性、繁殖与栽培、观赏与应用。其中包括葡萄、爬山虎、猕猴桃、紫藤、葛藤、凌霄、常春藤、金银花、木香、扶芳藤、南蛇藤、云实。

复习思考题

1. 何为藤本植物？根据其生物学习性的不同，可将其分为哪几类？试举例说明。

2. 藤本植物在园林绿化中的应用包括哪几方面？

3. 简述爬山虎、五叶地锦的形态差异。

4. 简述葡萄、紫藤、凌霄、金银花、木香、扶芳藤、南蛇藤、云实等藤本树种的识别要点及观赏应用。

棕榈类园林植物

9.1 棕榈类园林植物概述

9.1.1 棕榈类植物的分布、习性及引种栽培

在我国，通常所说的棕榈类植物大部分为棕榈科植物。其名称在不同地区叫法很不一致，如国内的"王棕"，国际上有时称为"大王椰子"；"散尾葵"则称为"黄椰子"等。据记载，全世界约有棕榈科植物 207 属 2800 余种。

棕榈类植物大多分布于热带及亚热带地区，以海岛及滨海热带雨林为主，也有些属、种分布在内陆、沙漠边缘以至温带。

就习性而言，棕榈植物中既有典型的滨海热带植物的类型，又有一些种具有耐寒、耐贫瘠、耐旱的特征。热带棕榈植物在原产地大多为二层乔木或林下灌木，因此多具耐阴性，尤其幼苗期需要较荫蔽的环境。而另外一些乔木型棕榈类树种强阳性，成龄树需要阳光充足的环境。也正因为棕榈植物的分布范围广，因而对土壤环境的适应性也很强。

棕榈类植物发现并被引种栽培的历史已达百年。在我国，最初是在广东、福建一带陆续引进。近 20 年来，该类植物的引种栽培不断加快。据不完全统计，我国现已引种栽培棕榈科植物 94 属 322 种。

9.1.2 棕榈类植物的观赏及应用

棕榈类植物多为常绿植物，有乔木、灌木和藤本。茎干单立或蘖生，多不分枝，树干上常具宿存叶基或环状叶痕，圆柱形。叶大型，羽状或掌状分裂，通常集生树干顶部；小叶或裂片针形、椭圆形、线形，叶片革质，全缘或具锯齿、细毛等。花小而多，雌雄同株或异株，圆锥状肉穗花序，具1至数枚大型佛焰苞；萼片、花瓣各3，雄蕊通常6轮或2轮；浆果、核果或坚果。

棕榈类植物树干笔直，富有弹性，御风能力强；叶片宽大，四季常青，终生不落，不污染环境；没有粗根，根系不露地面；抗盐耐碱，无病虫害；树形稳定，管理方便。因此，在园林绿化上的应用前景十分广阔。

1. 作行道树

大型单干型棕榈类植物树干笔直，无分枝，不会妨碍驾驶员视线，特别是种植在道路回旋处和路口的棕榈，既能美化绿化道路，又能使驾驶员对来往车辆一目了然。公路上高速行驶的车辆所引起的疾风往往对其他植物的生长不利，但由于棕榈类植物一柱擎天，下面的疾风对其树冠生长影响不大。棕榈类植物也不像其他树木经常有碎叶掉落，淤塞下水道。因此，用棕榈植物作行道树不但能够突出植物的清奇秀丽，而且能够显出道路的宽阔通直。

2. 用作海滨绿化树种

能够直接种植于海边的乔木类树种很少。海边栽植的植物必须能够承受海风的长期吹拂、季节性的飓风吹袭、由天空直射或水面反射的强烈阳光，并适应海边贫瘠、沙质的泥土。很多棕榈植物原产海岛，颇能适应海滨的自然条件。

3. 游泳池绿化树种

热带棕榈植物一般喜水，不吸引病害、昆虫及毒蛇作巢，不掉碎叶，没有分枝，是一类十分安全卫生的池边用树。棕榈植物还能美化水面，如在池边种植高低均等的软叶刺葵，柔软鲜绿的叶片随风飘动，水面波光粼粼，交相辉映，亮丽迷人。

4. 室内装饰树种

棕榈类植物是极好的耐阴盆栽植物，为室内美化提供了更多选择。

5. 提供即时效果的高大乔木

现代社会经常需要园艺工作者在数天内为某些大型展会进行绿化。棕榈植物只有须根而没有主根，移植时是可以整棵挖出并保持原状，用完后还可以整株移回，对生长影响不大。所以，棕榈植物经常作为应急性的绿化材料采用。

6. 干旱地区的绿化植物

棕榈科植物的一些种类耐旱、耐寒性很强，可以种植在沙漠或沙漠边缘，华盛顿葵和加拿利海枣就是其中常见的两种。我国西北的沙漠地区，目前绿化用树的品种很少，使用棕榈植物是一条新的途径。

7. 其他公共场所的绿化美化树种

棕榈植物最主要的特点就是不分枝，具有简洁明快、自然整形的特征；其次，棕榈植物的叶大，独具观赏价值并极富感染力。利用棕榈植物造景，能达到自然美、生态美及艺术美的高度统一。另外，棕榈植物和其他花木混种，还可获得园艺设计上的完美效果。

另外，棕榈科许多植物还是很好的经济树种，有的种类为纤维源和油料作物，有的茎内含淀粉，有的种子内含多种有效成分，等等。

9.2 我国园林中常见应用的棕榈类树木

9.2.1 棕榈

[学名] *Trachycarpus fortunei* (Hook.) H. Wendl.

[别名] 山棕、棕树

[科属] 棕榈科棕榈属

[识别要点] 常绿乔木。树干圆柱状，直立不分枝，干径可达 20cm，干具环状叶柄痕及残存叶柄，外裹棕色丝毛。树冠伞形或圆球形，冠幅 4～8m。单叶近圆形，掌状深裂，径约 50～70cm，簇生顶部，扇形，掌状深裂达中下部，裂片狭长、多数，先端浅 2 裂，叶柄长，两侧具细锯齿，叶鞘棕褐色，纤维状，宿存。雌雄异株，佛焰花序腋生，花小，淡黄色，花期 4～5 月。核果肾状球形，蓝褐色，被白粉（图 9-1）。

图 9-1　棕榈

[产地与分布] 产于我国秦岭以南、长江中下游地区及华南沿海地区，以湖南、湖北、陕西、四川、贵州、云南等地最多。日本、印度、缅甸也有分布。

[习性] 本种为棕榈科抗逆性最强的植物，栽培管理较易。耐庇荫，幼树耐阴能力尤强。喜温暖湿润气候，较耐寒。根系浅，无主根，易被风吹倒，须根发达，忌深栽。对土壤要求不高，但喜肥沃湿润、排水良好的土壤。对烟尘和有毒气体的抗性较强。

[繁殖与栽培] 播种繁殖。果实采收后，用草木灰水搓洗，去掉蜡质，再用 60℃ 温水浸泡一昼夜，即可播种。

[观赏与应用] 棕榈树干挺拔，叶形如扇，姿态优雅。宜对植、列植于庭院、路边、建筑物旁及花坛之中，或高低错落地群植于池边与庭园，树势挺拔，翠影婆娑，颇具南国情调。抗污染性强，适宜作工厂绿化、"四旁"绿化树种。

9.2.2 蒲葵

[学名] *Livistona chinensis* (Qaxq.) R. Br.

[别名] 木葵、扇叶葵、葵树

[科属] 棕榈科蒲葵属

[识别要点] 常绿乔木，株高达 20m。树冠紧实，近圆球形，冠幅可达 8m。单株直立。叶柄长约 2m，有钩刺，干上裹棕皮。阔肾状扇形叶簇生茎顶，掌状深裂至中部，裂片条状披针形，顶端长渐尖，下垂。叶柄两侧具骨质钩刺，叶鞘褐色，纤维甚多。肉穗花序排成圆锥花序式，腋生，长达 1m；总苞棕色，管状，坚硬；花小，两性，黄绿色。核果椭圆形，状如橄榄，黑色（图 9-2）。

图 9-2　蒲葵
1—植株　2—果序　3—叶

[**产地与分布**] 原产于澳大利亚及华南地区，在广东、广西、福建、台湾栽培普遍，内陆地区以湖南南部、广西北部、云南中部为其分布北界。

[**习性**] 性喜高温、高湿的热带气候，喜光，略耐阴。侧根发达、密集，抗风力强，能在沿海地区生长。喜湿润、肥沃、富含有机质的黏壤土。能耐一定的水湿和碱潮。对氯气、二氧化硫抗性强。

[**繁殖与栽培**] 播种繁殖。果实采收后不宜曝晒，应立即播种。

[**观赏与应用**] 蒲葵四季常青，树冠伞形，亭亭如盖，为优美的观叶植物。北方地区多盆栽布置会议室、餐厅、候机室等处。大树在温暖地区可用作行道树、植于水滨，或作庭院绿化布置。

9.2.3 棕竹

[**学名**] *Rhapis humilis* Bl.

[**别名**] 观音竹、筋头竹

[**科属**] 棕榈科棕竹属

[**识别要点**] 丛生灌木，高1～3m，茎圆柱形，有节，上部具有褐色粗纤维质叶鞘。叶顶生，掌状深裂，裂片4～10片，条状披针形或宽披针形，顶端尖，有不规则齿牙，叶缘有细锯齿，叶柄扁平。肉穗花序较长，多分枝，雄花小，淡黄色，雌花大，卵状球形。果近球形，种子球形。花期4～5月，果期11～12月（图9-3）。

图9-3 棕竹
1—全株 2—花序 3—叶鞘

[**产地与分布**] 原产我国广东、云南等地，日本也有分布。同属植物约20种以上，主要分布于东南亚地区。

[**习性**] 性喜温暖湿润、通风良好的半阴环境。在富含腐殖质、排水良好的微酸性沙砾土中生长良好。广州等地可露地栽培，为热带植物中耐寒性较强者。

[**繁殖与栽培**] 分株或播种繁殖。早春将原株丛分成数丛后栽植，适当遮荫，有利于恢复。

[**观赏与应用**] 棕竹株丛挺拔，叶色秀丽，为重要的室内观叶植物。南方地区适宜栽植于中庭、花坛、窗外、廊隅、路边，丛植、列植均可。北方多盆栽或制作成盆景，也可用于插花。

9.2.4 鱼尾葵

[**学名**] *Caryota ochlandra* Hance.

[**别名**] 孔雀椰子、假桃榔

[**科属**] 棕榈科鱼尾葵属

[**识别要点**] 多年生常绿大乔木，高可达20m。茎干直立，不分支，脱叶处有环状叶痕，如竹节状。叶大而粗壮，二回羽状全裂，先端下垂。羽片扁平，厚革质，叶缘有不规则的锯齿，形似鱼尾。肉穗花序长达3m，多分枝，悬垂。花3朵聚生，黄色。果球形，熟时淡红色。花期7月（图9-4）。

图9-4 鱼尾葵

[**产地与分布**] 原产亚洲热带、亚热带及大洋洲。我国海

南五指山有野生分布，台湾、福建、广东、广西、云南均有栽培。

[习性] 喜温暖、湿润及光照充足的环境，耐半阴，较耐寒。根系浅，不耐干旱，忌强光直射和曝晒。要求排水良好、疏松肥沃的土壤。

[繁殖与栽培] 播种和分株繁殖，果实落地后，种子自播繁衍能力很强。

[观赏与应用] 鱼尾葵植株高大，茎干挺直，叶形奇特，花果俱美，为华南地区常见的观叶植物，也是我国最早栽培观赏的棕榈植物之一。南方于园林中栽培时，可孤植、丛植或作行道树。北方多盆栽，是重要的室内装饰植物。

9.2.5　椰子

[学名] *Cocos nucifera* L.

[别名] 可可椰子、椰树

[科属] 棕榈科椰子属

[识别要点] 常绿乔木，单生，高达30m。树干具环状叶痕。叶长3～6m，羽状全裂，条状披针形，羽片外向折叠，排成两列，先端渐尖，不裂。肉质圆锥花序，佛焰苞细长，雄花小，生于分枝的上部；雌花大，生于分枝的下部。基部有小苞片数枚。核果大，顶端微具3棱，外果皮革质，中果皮厚纤维质，内果皮骨质坚硬，近基部有3个萌发孔。种子大，胚乳（即椰肉）白色肉质，与内果皮粘着，内有一大空腔储藏着液汁。全年开花，花后一年果熟（图9-5）。

[产地与分布] 产全球热带地区，我国台湾、海南、云南南部栽培达2000多年历史，现广西、福建等省（区）也有栽培。

[习性] 适生于高温多雨气候，为典型的喜光树种，在高温、湿润、阳光充足的海边生长发育良好，喜排水良好的海岸、河岸冲积土。根系发达，抗风力强。

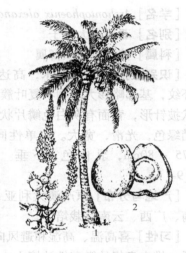

图9-5　椰子
1—全相　2—果横剖面

[繁殖与栽培] 播种繁殖，需选良种，苗期合理施肥。7年始果，15～80年为盛果期。

[观赏与应用] 椰子树形优美，苍翠挺拔，冠大叶多，绿荫如伞。在热带、南亚热带地区可作行道树，或配植于庭园、窗前、屋边及草坪等处，孤植、丛植、片植均宜，为优美的绿化树种。

9.2.6　王棕

[学名] *Roystonea regia*（H. B. K.）O. F. Cook.

[别名] 大王椰子、古巴葵

[科属] 棕榈科王棕属

[识别要点] 乔木，单干直立，树高可达10～20m，幼时基部膨大，成株粗壮雄伟，近中部不规则膨大，呈佛肚状。叶长4～5m，羽状全裂，裂片条状，狭长柔软，深绿色，簇生干顶，软革质，常弯曲下垂。花序初时斜举，开花结果后下垂。核果近球形，熟时红褐色至

紫黑色；种子卵形。花期4～5月，果期7～8月（图9-6）。

[产地与分布] 原产古巴，我国华南及云南等地栽培。

[习性] 喜高温多湿的热带气候，也能耐短暂的0℃低温。喜充足阳光和疏松肥沃的酸性土，较耐干旱和水湿。根系粗壮发达。

[繁殖与栽培] 播种繁殖，耐粗放管理。

[观赏与应用] 王棕树体高大壮观，号称"棕类之王"，是富有热带风光的典型树种，古巴的国树。因干形特殊，较少盆栽，多露地种植作行道树，或植于高层建筑旁、大门前面、花坛中央以及水滨、草坪等处，孤植或丛植均宜。

图9-6 王棕
1—全相 2—叶 3—花序

9.2.7 假槟榔

[学名] *Archontophoenix alexandrae* H. Wendl. et Drude.

[别名] 亚历山大椰子

[科属] 棕榈科假槟榔属

[识别要点] 常绿乔木，高达25m。树干挺直，具阶梯形环纹，基部略膨大。羽状复叶簇生干端，小叶2列，整齐，条状披针形，背面有灰白色鳞片状覆被物，侧脉及中脉明显；叶鞘绿色，光滑，宽大。花单性同株，花序生于叶丛之下，长75～80cm，乳白色，下垂。坚果卵球形，熟时红色（图9-7）。

[产地与分布] 原产澳大利亚，我国福建、台湾、广东、海南、广西、云南有栽培。

[习性] 喜高温、高湿和避风向阳的气候，不耐寒。要求肥沃、排水良好的微酸性沙壤土。

[繁殖与栽培] 播种繁殖。生长季节应适当灌水，保持较高的空气湿度，每15～20天追肥一次。

[观赏与应用] 假槟榔植株挺拔隽秀，叶片青翠飘摇，是展示热带风光的重要树种。华南城市常栽植于庭园或作行道树，孤植、丛植或成行种植均宜。也可大盆栽植，供展厅、会议室、主会场等处陈列。叶片可插花。

图9-7 假槟榔

9.2.8 油棕

[学名] *Elaeis guineensis* Jacq.

[别名] 油椰子

[科属] 棕榈科油棕属

[识别要点] 多年生乔木，茎粗壮，直立不分枝，高10m以上。茎皮环状，带有老叶残余物。新叶排列在茎顶端，成冠状，长4～6m，直立或伸展，羽状全裂。每叶具有100～160对裂片，叶柄长1.2m，基部加宽，平凸，或多或少具灰棕色鳞片，边缘有刺，不易脱

落。修叶后叶基呈鳞片状久留于茎上。花单性，肉穗花序，雌雄同株异序，着生于叶腋，雄花序排成多数指状的肉穗花序。坚果卵形或倒卵形，熟时橘红色，种子近球形或卵形，全年开花结果，花后 7～12 个月成熟（图9-8）。

[产地与分布] 原产非洲热带地区，现广植于热带各地。我国云南、广西西南部和广东、海南有栽培。

[习性] 喜高温、多雨、光照充足的环境，不耐旱，不耐寒，不抗风。干旱期长且有短期低温和风害的地区，不利于生长发育。

[繁殖与栽培] 播种繁殖。

[观赏与应用] 油棕植株高大雄伟，叶片硕大美丽，可片植或列植作行道树。油棕为世界主要产油树种，有"世界油王"之称。

图9-8　油棕
1—全相　2—雄花序　3—果

小　结

本章内容主要包括：

① 棕榈类园林植物概述。

棕榈类植物多指棕榈科植物，全世界约 207 属 2800 余种。

棕榈植物多分布于热带及亚热带地区，以海岛及滨海热带雨林为主，也有些属、种分布在内陆、沙漠边缘以至温带。棕榈植物中既有典型的滨海热带植物的类型，又有一些种具有耐寒、耐贫瘠、耐旱的特征。

棕榈科植物多为常绿植物，有乔木、灌木和藤本。在园林绿化上的应用前景非常广阔，可作行道树、海滨绿化树、游泳池绿化树种、室内装饰树种、提供即时效果的高大乔木、干旱地区绿化乔木以及其他公共场所的绿化美化树种。

② 本章详细介绍了 8 种园林常见应用的棕榈类树种，包括棕榈、蒲葵、棕竹、鱼尾葵、椰子、王棕、假槟榔、油棕。

复习思考题

1. 简述棕榈类植物的分类、分布、习性及常见园林应用形式。
2. 棕榈与蒲葵的形态有何差异？
3. 简述棕竹、鱼尾葵、椰子、王棕、假槟榔、油棕的识别要点。

篱木类园林树木

~~~~~~

主要内容

① 篱木类园林树木基础知识。

② 详细介绍了5种常见篱木类园林树木。

学习目标

① 掌握常见篱木类园林树木的功能、类别、常见应用形式。

② 可熟练识别小叶女贞、金叶女贞、小蜡、水蜡、小叶黄杨、雀舌黄杨、锦熟黄杨、紫叶小檗等篱木类园林树木，并可描绘其识别要点。

③ 了解常见篱木类园林树木的产地分布、习性、观赏与应用等。

~~~~~~

10.1 篱木类园林树木概述

铁栏木栅是住户周围的常见设施，具有隔离与防范作用。绿篱则是利用绿色植物（包括彩色植物）组成有生命的、可以不断生长壮大的、富有田园气息的篱笆。除防护作用外，绿篱还有装饰园景、分隔空间、屏障视线、遮挡疵点或作雕像、小品的基础栽植等多种功能。

绿篱也包括花篱、果篱、彩叶篱等，其高度以1m左右较为常见。矮篱可以控制在0.3m以下，犹如园地的镶边。高篱可超过4m，经修剪后如平整的绿墙。

绿篱通常都采用双行带状密植，并严格按照设计意图精心修剪，即可形成整齐、美观的整形式绿篱。值得注意的是，绿篱不仅可以修剪成规则的长方体形，也可修成波浪形或其他美观的造型。

对于花篱、果篱、刺篱、树篱等，为了充分发挥其主要功能，一般不作重修剪，只处理个别枝条，勿使伸展过远，并注意保持必要的密度，可任其生长，形成自然式绿篱。

用作绿篱的树种，即篱木类，一般以枝细、叶小、常绿者为佳，并应具备下部枝条茂密，不易枯萎，基部萌芽力或再生力强，耐修剪、生命力强等优点。

常见篱木类园林树种包括：

（1）绿篱 女贞、小叶女贞、小蜡、大叶黄杨、雀舌黄杨、黄杨、千头柏、法国冬青等。

（2）彩叶篱 金心黄杨、紫叶小檗、洒金千头柏、金叶女贞、红花檵木等。

（3）花篱 栀子花、油茶、月季、杜鹃、六月雪、榆叶梅、麻叶绣球、笑靥花、溲疏、木槿、雪柳、绣线菊等。

（4）果篱 紫珠、南天竹、枸杞、枸骨、火棘、天目琼花、无花果等。

（5）刺篱 枸橘、花椒、云实、刺梨、石榴、小檗、马甲子、刺柏、椤木石楠等。

10.2 我国园林中常见应用的篱木类园林树木

10.2.1 小叶女贞

[**学名**] *Ligustrum quihoui* Carr.

[**别名**] 小白蜡树

[**科属**] 木犀科女贞属

[**识别要点**] 落叶或半常绿灌木，高达 2～3m，枝条铺散，小枝具细短柔毛，叶薄革质，椭圆形至卵状椭圆形，光滑无毛，端钝，基部楔形或狭楔形，全缘，略向外反卷，叶柄有短柔毛，圆锥花序长 7～21cm，花白色，芳香，无梗，花冠裂片与筒部等长，花药超出花冠裂片。核果宽椭圆形，紫黑色（图10-1）。

图10-1 小叶女贞
1—花枝 2—花序
3—花 4—果穗

变种与品种：

金叶女贞（cv. Vicaryi） 叶色金黄，尤以五六月份色泽最为鲜艳。冬季气温降低时，叶色变为棕褐色。

同属相近种：

小蜡（*L. sinense* Lour.）、水蜡（*L. obtusifolium* Sieb. et Zucc.），北方地区园林绿化中常将三者统称为小叶女贞，形态差异见表10-1。

表10-1 小叶女贞、小蜡、水蜡的形态差异

形 态 差 异	小 叶 女 贞	小 蜡	水 蜡
植株是否有毛	小枝和花轴密生短柔毛，叶背面中脉有毛	小枝和花轴密生短柔毛，叶背面中脉无毛	小枝和花轴有柔毛或短粗毛
花萼筒裂片长度	花萼筒较裂片稍短或近等长	花萼筒较裂片稍短或近等长	花萼筒较裂片长 2～3 倍
花有无梗	花无梗	花有梗	花具短梗

[**产地与分布**] 原产我国中部及东部，山东、河北、山西、陕西、湖北、湖南、云南、四川、贵州、江苏、浙江等省均有野生分布，现全国各地均有栽培。

[**习性**] 性强健，喜光，稍耐阴，在湿润肥沃的微酸性土壤中生长迅速，中性、微碱性土壤也能适应，不耐干旱、瘠薄。根系发达，萌枝力强，耐修剪。对二氧化硫、氯气、氟化氢、氯化氢等气体抗性均强。幼苗耐寒性较差。

[**繁殖与栽培**] 播种、扦插或压条繁殖。生长旺盛，管理较粗放。整形栽植时需经常

修剪。

[观赏与应用] 小叶女贞耐修剪整形，最适宜作绿篱和隐蔽遮挡的绿屏，可在模纹花坛中作图案或色块式栽植，也可修剪成球形、方形等几何图形，对植或列植于庭院、入口、路边及其他园林绿地中。其栽培品种金叶女贞近年来应用亦十分广泛。

10.2.2 黄杨

[学名] *Buxus sinica* (Rehd. et Wils.) Cheng

[别名] 瓜子黄杨

[科属] 黄杨科黄杨属

[识别要点] 常绿灌木或小乔木，高可达 7m，小枝具四棱，有柔毛，分枝密集，节间短，叶椭圆形或倒卵形，基部宽楔形，两面均光亮，花黄绿色，无花瓣，蒴果卵圆形，最宽处在中部以上。花期 4月，果熟期 10~11 月（图 10-2）。

变种与品种：

小叶黄杨（var. *parvifolia* M. Cheng），分枝密集，小枝节间短，叶椭圆形，基部宽楔形，可制作盆景。

[产地与分布] 原产我国中部各省，长江流域及以南地区有栽培。

图 10-2 黄杨

[习性] 性喜温暖气候，稍耐寒。喜肥沃、湿润、排水良好的土壤，耐旱，稍耐湿，忌积水。耐修剪，抗烟尘及有害气体。浅根性树种，生长慢，寿命长。

[繁殖与栽培] 播种、扦插繁殖。幼苗怕晒，需设棚遮荫，寒冷地区栽植时需埋土越冬。

[观赏与应用] 黄杨枝叶茂密，叶光亮，常绿，具有较高的观赏价值，且分枝细密，耐修剪，园林中适合作绿篱、基础种植或修剪整形成球形等，孤植、丛植于草坪、建筑周围、路边，亦可点缀山石、盆栽室内装饰或制作盆景。

10.2.3 雀舌黄杨

[学名] *Buxus bodinieiri* Levl.

[别名] 细叶黄杨

[科属] 黄杨科黄杨属

[识别要点] 常绿小灌木或小乔木，小枝密集，四棱形，叶狭长，倒披针形或倒卵状长椭圆形，先端钝圆或微凹，革质，两面中脉均明显隆起，近无柄，蒴果卵圆形。花小，黄绿色，呈密集短穗状花序。花期 2~3 月，果熟期 7 月（图10-3）。

[产地与分布] 产于我国南部，湖北、湖南、四川、贵州、福建、广东、广西等省（区）均有分布。

[习性] 喜生于溪流石隙或溪边，耐寒性不强，植株低

图 10-3 雀舌黄杨

矮，耐修剪，生长较慢。

[繁殖与栽培] 播种、扦插繁殖，以扦插为主，硬枝扦插、软枝扦插均可。

[观赏与应用] 雀舌黄杨枝叶繁茂，四季常青，常用于绿篱、花坛和盆栽，修剪成各种形状，是点缀小庭院和入口处的好材料。

10.2.4　锦熟黄杨

[学名] *Buxus sempervirens* L.

[科属] 黄杨科黄杨属

[识别要点] 常绿灌木或小乔木，高可达 6m。小枝密集，四棱形，具柔毛。叶椭圆形至卵状长椭圆形，最宽处在中部或中部以下，先端钝或微凹，全缘，表面深绿色，有光泽。花簇生叶腋，淡绿色，花药黄色。蒴果三角鼎形。花期 4 月，果熟期 7 月（图10-4）。

图 10-4　锦熟黄杨

[产地与分布] 原产南欧、北非及西亚，我国华北园林有栽培。

[习性] 较黄杨耐寒力强，北京地区可露地种植。较耐阴，喜温暖湿润气候及深厚、肥沃、排水良好土壤，耐干旱，不耐水湿。

[繁殖与栽培] 播种、扦插繁殖。

[观赏与应用] 同小叶黄杨。

10.2.5　紫叶小檗

[学名] *Berberis thunbergii* DC. var. *atropurpurea* Chenault.

[别名] 红叶小檗

[科属] 小檗科小檗属

[识别要点] 日本小檗的变种。落叶灌木，高 2～3m，细枝紫红色，老枝灰紫褐色有槽，刺细小单一，很少分叉，叶倒卵状或匙形，长 0.5～1.8cm，全缘，两面叶脉不明显，叶色常年紫红色至鲜红色，在夏季强光下，颜色更红艳。伞形花序簇生状，花黄色，花冠边缘有红晕。浆果椭圆形，熟时亮红色。花期 5 月，果熟期 9 月（图10-5）。

同属其他种或变种：

金叶小檗（*Berberis thunbergii* DC. cv. Aurea），日本小檗的园艺品种，落叶多枝灌木，茎多刺，叶小，匙形，春季新叶亮黄色至淡黄色，后颜色渐渐变深呈金黄色，秋季落叶前变成橙黄色。

图 10-5　紫叶小檗

[产地与分布] 原产于我国东北南部、华北及秦岭，多生于海拔 1000m 左右的林缘或疏林空地，我国各大城市均有栽培，为园林常见树种。

[习性] 适应性强，喜光，喜凉爽湿润环境，性耐寒，耐旱，忌积水，对土壤要求不严，喜深厚肥沃、排水良好的沙质壤土，萌芽力强，耐修剪。

[繁殖与栽培] 分株、播种或扦插繁殖。需栽植在阳光充足位置，否则叶色不鲜艳。

[观赏与应用] 紫叶小檗叶色鲜艳，枝条细密，春季黄花簇簇，秋来红果满枝，是良好的观果、观叶、观花树种和色篱材料，尤其适宜于大面积图案式、色块式栽植。也可盆栽观赏。

小　结

本章内容主要包括：

① 篱木类园林树木概述。

绿篱是利用绿色植物（包括彩色植物），组成有生命的、可以不断生长壮大的、富有田园气息的篱笆。

绿篱的功能主要包括防护作用、装饰园景、分隔空间、屏障视线、遮挡疵点或作雕像、小品的基础栽植等。

绿篱可分为矮篱（0.3m 以下）、中篱（1m 左右）和高篱（可超过 4m），也包括花篱、果篱、彩叶篱。

篱木类园林树种一般以枝细、叶小、常绿者为佳，并应具备下部枝条茂密，不易枯萎，基部萌芽力或再生力强，耐修剪，生命力强等优点。

② 本章详细介绍了小叶女贞、金叶女贞、小蜡、水蜡、小叶黄杨、雀舌黄杨、锦熟黄杨、紫叶小檗等篱木类园林树种。

复习思考题

1. 绿篱是利用（　　　　　），包括（　　　　　），组成有生命的、可以不断生长壮大的、富有田园气息的篱笆。

2. 绿篱的功能是什么？

3. 园林中可用作篱木栽植的常见树种有哪些？

4. 简述小叶女贞、小蜡、水蜡的形态差异。

5. 简述小叶黄杨、雀舌黄杨、锦熟黄杨的形态差异。

6. 紫叶小檗的观赏特点是什么？园林中一般如何应用？

第 11 章

观 赏 竹 类

主要内容

① 观赏竹类基础知识。

② 5 种园林常见应用的观赏竹。

③ 观赏竹的园林应用等。

学习目标

① 了解竹类的秆及地下茎的类型、分枝类型、叶和箨、花和果实、笋等基础知识。

② 可熟练识别刚竹、淡竹、孝顺竹、佛肚竹、阔叶箬竹等园林常见应用的观赏竹类，并可描绘其识别要点等特征。

③ 掌握观赏竹类园林应用的常见形式。

11.1 观赏竹类概述

观赏竹类是园林植物中的特殊分支，从植物分类学的角度讲，这类植物属于禾本科竹亚科，常呈乔木或灌木状，偶为藤本，种类多，分布广，生长快，观赏期长，自古以来深受喜爱。

按观赏部位的不同，可将观赏竹划分为观秆型、观叶型、观笋型等三种类型。

11.1.1 秆

竹类的地上茎称秆。秆由节和节间组成，通常节内有横隔板，节间中空，节上有 2 环，上环称为秆环，下环称为箨环，2 环之间称节内，上生芽，芽萌发成小枝，分枝多少常为分属的依据（图 11-1）。

竹秆多为绿色，圆筒形，有的一侧有扁槽。也有些竹种具有特殊的秆色及秆形，成为观秆型竹种。观秆型竹类又可分为

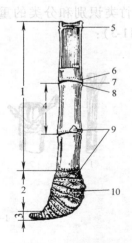

图 11-1 秆的构造
1—秆茎 2—秆基 3—秆柄
4—节间 5—节隔 6—秆环
7—节内 8—箨环
9—芽 10—根眼

149

观秆色型和观秆形型两种。

（1）观秆色型　竹杆色彩丰富的竹种，如紫竹、黄秆京竹、黄纹竹、金镶玉竹、金明竹、花杆早竹、小琴丝竹、湘妃竹等。

（2）观秆形型　竹秆形态奇异的竹种，如方竹、罗汉竹、龟甲竹、佛肚竹等。

11.1.2　地下茎类型

竹类植物的地下茎称竹鞭。竹鞭上有节，节处生芽，竹鞭的节间近于实心，一般将地下茎分为3种类型，即单轴散生型、合轴丛生型和复轴混生型(图11-2)。

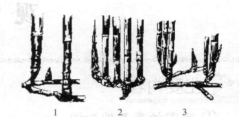

图11-2　竹类地下茎的类型
1—单轴散生型　2—合轴丛生型
3—复轴混生型

1.　单轴散生型

地下茎均呈水平生长，延伸至一定距离后可于节上出笋而发育成竹秆。因此，单轴散生型地下茎的竹类多为散生竹类，可较快扩张成竹林。如刚竹属、唐竹属。

2.　合轴丛生型

地下茎极短，不能在地下长距离蔓延生长，易生成密集丛生的竹丛，即为丛生竹。如刺竹属、慈竹属、单竹属等。

3.　复轴混生型

兼有前两型的特点，既有横走的竹鞭，又有短缩的地下茎，在地面兼有丛生和散生型竹。如茶秆竹属、苦竹属、箭竹属、箬竹属。

11.1.3　分枝类型

竹类植物的分枝与一般木本植物不同，不同竹种常具有固定的分枝类型，因此分枝类型成为竹类识别和分类的重要依据之一。根据每节分枝的数目，一般将其分为四种类型(图11-3)：

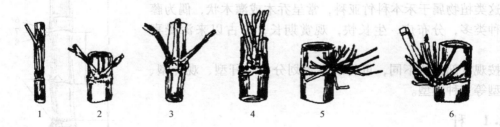

图11-3　竹类的分枝类型
1—单枝型　2—二枝型　3、4—三枝型　5、6—多枝型

1.　单枝型（一枝型）

每节1分枝，分枝直立，直径与秆相近，如赤竹属、箬竹属等。

2.　二枝型

每节具 2 分枝，通常 1 枝较粗，1 枝较细。如刚竹属等。

3. 三枝型

每节具粗细相近的 3 枝，有时竹秆上部各节可成为 5 ~ 7 分枝。如酸竹属、箭竹属等。

4. 多枝型

每节具多数分枝，分枝可近于等粗，或有 1 ~ 2 枝较粗，其他较细。如刺竹属等。

11.1.4 叶和箨

1. 箨

竹笋及新秆外所包的壳称为笋箨或秆箨，随着新秆的长大逐渐脱落。完整的秆箨由箨鞘、箨叶、箨舌、箨耳、肩毛组成。宽阔抱秆的称箨鞘，上端较小、似叶的部分称箨叶，箨叶与箨鞘之间有舌状窄片，称箨舌，两侧有箨耳，箨耳上常有肩毛（图 11-4）。

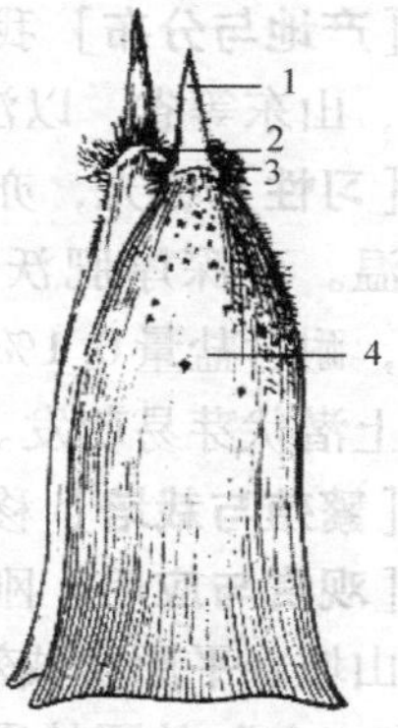

2. 叶

单叶互生，排成二列，常为披针形，平行脉，全缘，有短柄。叶鞘包裹小枝节间，与叶片连接处的内侧有膜质片或纤毛，称为叶舌；两侧常有耳状突起，称叶耳。

图 11-4　笋箨的构造

1—箨叶　2—箨舌
3—箨耳　4—箨鞘

11.1.5 花和果实

花两性，顶生或腋生，由多数小穗排列而成。竹类开花后，整个植株即枯死。

果实的类型包括颖果、坚果、胞果或浆果等。

11.1.6 笋

竹类的地上茎刚刚露出地面时称为笋。有的竹种具色泽美观的笋，如红竹、白哺鸡竹、花竹等。

11.2 我国园林中常见应用的主要观赏竹类

11.2.1 刚竹

[学名] *Phyllostachys viridis*（Young）McClure.

[别名] 胖竹、光竹、台竹

[科属] 禾本科刚竹属

[识别要点] 乔木状竹种，单轴散生型，每节 2 分枝，节间有分枝的一侧扁平或有纵槽。竹秆高达 15m，地际直径 4 ~ 17cm，节间圆筒形，上部与中部近等长。秆环不明显，箨环微隆起。新秆鲜绿色，无白粉或微有白粉，老秆绿色，仅在节下残留白粉。笋黄绿色至淡褐色，秆箨黄色或淡褐色，无毛，微有白粉，有较密的褐色或紫褐色斑点及斑块，具绿色条纹，无箨耳及肩毛，箨舌绿色，近平截或微弧形，有细纤毛。叶披针形或带状披针形，长 6

~16cm，宽1～2.2cm。颖果（图11-5）。

常见栽培观赏的变型有：

（1）槽里黄刚竹（f. *houzeauana* C. D. Chu et C. S. chao）又名绿皮黄筋竹，竹秆绿色，着生分枝一侧的纵槽金黄色。

（2）黄皮刚竹（f. *youngii* C. D. Chu et C. S. Chao）又名黄皮绿筋竹，竹秆黄色，夹以纵条纹，叶片也常有淡黄色纵条纹。

[**产地与分布**]　我国原产，分布于长江流域各地及河南、山东等省，以江浙尤为多见。

[**习性**]　喜光，亦耐阴。耐寒性较强，能耐－18℃的低温。喜深厚肥沃、排水良好的土壤，较耐干旱、瘠薄，耐含盐量0.1%的轻盐碱土和pH8.5的碱性。幼秆节上潜伏芽易萌发。

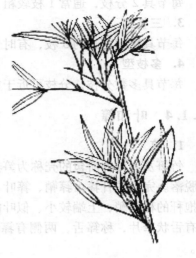

图11-5　刚竹

[**繁殖与栽培**]　移植母株，或播种繁殖培育实生苗。

[**观赏与应用**]　刚竹秆高挺秀，枝叶扶疏，是长江中下游地区重要的观赏、用材竹种。可于山坡、平原及城郊、乡村河滩、屋后宅旁等处片植，亦可与松、梅等配植在一起，形成"岁寒三友"的园林景观。

11.2.2　淡竹

[**学名**]　*Phyllostachys glauca* McClure.

[**别名**]　粉绿竹

[**科属**]　禾本科刚竹属

[**识别要点**]　单轴散生竹，中型，秆高5～15m，地际直径2～8cm，中部节间长达30～45cm，分枝一侧有沟槽，秆环与箨环均隆起，但不高凸。幼秆绿色至蓝绿色，密被白粉，无毛，老秆灰黄绿色。秆箨淡红褐色或黄褐色，被紫褐色小斑点或斑块，无箨耳和肩毛，箨舌紫色，先端平截，有短纤毛，箨叶带状披针形，绿色，有紫色脉纹。叶片披针形，叶舌紫色，笋期4月中旬到5月中旬（图11-6）。

[**产地与分布**]　在黄河流域至长江流域间广泛栽培，为华北地区庭院绿化的主要竹种，尤以江苏、浙江、安徽、山东等省较多。

[**习性**]　较耐寒，在较干燥和微盐碱土上也能生长，但以土层深厚、疏松的肥沃土质生长最佳。

图11-6　淡竹

[**繁殖与栽培**]　移植母株或播种繁殖培育实生苗。

[**观赏与应用**]　淡竹竹影婆娑，婀娜多姿，是我国华北地区庭院绿化的主要竹种。笋味鲜美，可食用。

11.2.3　孝顺竹

[**学名**] *Bambusa multiplex* (Lour.) Raeusch. [*Bambusa glaucescens* (Wild.) Sieb. et Munro]

[**别名**] 慈孝竹、凤凰竹

[**科属**] 禾本科箣竹属

[**识别要点**] 合轴型丛生竹，秆高 3～7m，径 1～3cm，幼秆稍有白粉，秆绿色，老时变黄色；秆箨宽硬，先端近圆形，箨叶直立，三角形或长三角形，顶端渐尖而边缘内卷，鞘硬而脆，背面草黄色，无毛，腹面平滑而有光泽，箨耳不明显或不发育，箨舌很不显著，全缘或细齿裂。叶片线状披针形，叶表深绿色，叶背粉白色，叶鞘无毛，叶耳不明显，叶舌截平。笋期 6～9 月（图 11-7）。

常见变种、变型：

凤尾竹 [var. *riviererum* (R. Maire) Chia et H. L. Fung.]：较矮小，秆高 1～2m，枝叶稠密，纤细下垂。叶似羽状，盆栽观赏或作绿篱。

[**产地与分布**] 原产我国，分布于广东、广西、云南、贵州、四川、湖南、浙江等地。

[**生态习性**] 喜温暖湿润气候，但在南方暖地竹种中，属耐寒力较强的竹种。喜排水良好、湿润的土壤，是丛生竹类中分布最广、适应性最强的竹种之一。

[**繁殖与栽培**] 以移植母株为主，亦可埋兜、埋秆、埋节繁殖。

[**观赏与应用**] 孝顺竹枝叶清秀，姿态秀丽，是优良的观赏竹种，可孤植或群植于池塘边缘，也可列植于道路两侧，形成竹径通幽的素雅景观。

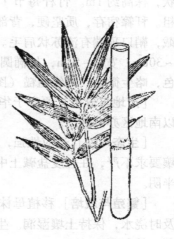

图 11-7　孝顺竹

11.2.4　佛肚竹

[**学名**] *Bambusa ventricosa* McClure.

[**别名**] 佛竹、密节竹

[**科属**] 禾本科箣竹属

[**识别要点**] 丛生竹，植株多灌木状，丛生，无刺。秆无毛，幼秆深绿色，稍被白粉，老时转桔黄色。秆二型，正常秆圆筒形，畸形秆秆节很密，节阔，较正常秆短，基部显著膨大呈瓶状。箨叶卵状披针形，箨鞘无毛，初时深绿色，老时橘红色，箨耳发达，箨舌极短。叶片卵状披针形，长 12～21cm，两面同色，背面被柔毛（图 11-8）。

[**产地与分布**] 广东省特产，各地公园中多盆栽观赏或露地栽培。

[**生态习性**] 喜温暖湿润和阳光充足的环境，不耐寒，怕

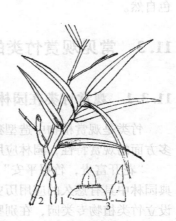

图 11-8　佛肚竹
1—畸形秆　2—普通秆　3—箨

干旱和烈日曝晒，要求土层深厚、肥沃疏松的沙壤土，冬季温度不低于5℃。

[**繁殖与栽培**] 可分栽母株或扦插繁殖。但因盆栽植株土层较浅，养分有限，所以一般不宜直接分株繁殖。

[**观赏与应用**] 佛肚竹植株秀雅，节间膨大，状如佛肚，形状奇特，枝叶四季常青，是盆栽和制作盆景的极好材料，在南方也是布置庭院的理想材料。

11.2.5 阔叶箬竹

[**学名**] *Indocalamus latifolius* (Keng) McClure.

[**别名**] 箬竹、辽竹

[**科属**] 禾本科箬竹属

[**识别要点**] 混生型竹种，地下茎复轴型，灌木状，株高约1m。竹秆每节1~3分枝。分枝与主秆等粗。秆箨宿存，质坚硬，背部有紫棕色小刺毛，箨舌平截，鞘口顶端有流苏状肩毛。小枝具叶1~3片，长10~30cm，宽2~5cm，长椭圆形，表面无毛，背面灰白色，略生微毛，叶缘粗糙（图11-9）。

[**产地与分布**] 原产于华东、华中等地，在北京及以南地区亦有栽培。

[**生态习性**] 适应性强，较耐寒，喜湿耐旱，对土壤要求不严，在轻度盐碱土中也能正常生长。喜光，耐半阴。

[**繁殖与栽培**] 移植母株繁殖，容易成活，栽后应及时浇水，保持土壤湿润。生长过密时，应及时疏除老秆、枯秆。

图 11-9 阔叶箬竹
1—花枝 2—小穗
3—小花 4—雄蕊

[**观赏与应用**] 阔叶箬竹竹秆丛生密集，叶阔而翠绿，姿态雅丽，为庭园、公园中重要的地被竹种，适生于林缘、山崖、山坡和园路石阶，景色自然。

11.3 常见观赏竹类的应用

11.3.1 观赏竹类在园林中的应用

竹类是观赏植物中造型独特的类群，四季青翠、挺拔雄劲、虚心有节、不畏霜雪，具有多方面的观赏特性，园林应用中可形成别具一格的景观。

"花开富贵，竹报平安"，可见在中国传统理念中，竹即为吉祥之物，因此，在中国古典园林中具有悠久的应用历史。现代园林中，不仅公园、风景区大量应用竹类，很多地方还设立竹类植物专类园，在别墅、高档楼盘中也日益兴起竹类植物应用热潮。

1. 竹类的绿化特性

竹类植物优点多多，如：形态优美，生性强健，水土保持能力强，具有较好的防风、抗震能力，生态效益明显。另外，竹类是常绿树种，一般不开花，无花粉散播，且繁殖容易，养护管理费用低，符合建设节约型园林的要求。

2. 竹类植物的造景功能

（1）统一空间 以大面积竹林片植或带状列植，可使公共开放空间中的景致和谐统一，如公园绿地、人行步道等位置均可栽植竹类。

（2）吸引视线 有些竹类的茎干或色彩独特，如佛肚竹、金丝竹等，可将其作为视觉焦点，栽植于景观的中心点。

（3）分隔空间 可依据立地条件，合理选择配植高矮、大小不一的竹种，借以划分空间。

（4）柔化线条 选择较低矮的竹类在屋基、墙角种植，以其独特的形态与质地柔化建筑的生硬线条，使空间和谐而有生气。

（5）改造地形 低矮竹类可作为地被植物使用，创造出起伏变化的地形。

3. 竹类的绿化形式

（1）基础种植 竹类可终年生长，无明显的落叶季节，可大面积栽植成林，创造出绿竹成荫、万竿参天的生动景色。

（2）单植 具有高雅形态的竹种，可单独种植，如适当搭配造型景石及其他园林植物，则可形成优美的植物景观。

（3）丛植 空间较大的环境中，可栽植高大的丛生竹类。

（4）绿篱 选用竹类作为绿篱，既美观又实用，可营造愉悦身心的小环境，同时起到良好的隔离作用。

（5）地被植物 以竹类为地被植物的应用形式，具有延续视觉的功能。

11.3.2 竹类的其他利用价值

竹子可用来编制各种农具，如笊篱、簸箕、扫帚等，还可扎成竹筏，作为传统的水上交通工具；竹笋味道鲜美、营养丰富，是深受喜爱的传统菜品；竹材光滑坚硬，是制造乐器、工艺美术品、文化体育用品的重要材料；竹制工艺品业已成为重要的出口商品。

11.3.3 竹文化

中国是世界上研究、培育和利用竹子最早的国家，竹类植物在中国历史文化发展和精神文化形成中具有很大作用，与中国诗歌书画和园林建设的关系源远流长。我们把竹类植物对人类物质文明和精神文明带来的作用和影响，称作竹文化。

小 结

本章内容主要包括：

① 观赏竹类概述。

观赏竹类属于禾本科竹亚科，是园林植物中的特殊分支，常呈乔木或灌木状，偶为藤本，种类多、分布广、生长快、观赏期长。

按观赏部位的不同，可将观赏竹划分为观秆型、观叶型、观笋型等三种类型。

竹类的地上茎称秆。秆由节和节间组成，通常节内有横隔板，节间中空，节上有2环，上环称为秆环，下环称为箨环，2环之间称节内，上生芽，芽萌发成小枝。

竹类植物的地下茎称竹鞭。竹鞭上有节，节处生芽，竹鞭的节间近于实心，一般将地下茎分为3种类型，即合轴丛生型、单轴散生型和复轴混生型。

分枝类型是竹类识别和分类的重要依据之一。根据每节分枝的数目，一般将其分为四种类型，即单枝型、二枝型、三枝型、多枝型。

箨，竹笋及新秆外所包的壳称为笋箨或秆箨，随着新秆的长大逐渐脱落。完整的秆箨由箨鞘、箨叶、箨舌、箨耳、肩毛组成。

叶，单叶互生，排成二列，常为披针形，平行脉，全缘，有短柄。

竹类植物花两性，顶生或腋生，由多数小穗排列而成。竹类开花后，整个植株即枯死。

竹类果实的类型包括颖果、坚果、胞果或浆果等。

竹类的地上茎刚刚露出地面时称为笋。有的竹种具色泽美观的笋。

② 本章详细介绍了刚竹、淡竹、孝顺竹、佛肚竹、阔叶箬竹等5种观赏竹种。

③ 观赏竹类的园林应用。

竹类植物的造景功能包括统一空间、吸引视线、分隔空间、柔化线条、改造地形等方面。

竹类在园林绿化中可用作基础种植、单植、丛植、绿篱、地被植物等。

复习思考题

1. 从植物分类学的角度讲，观赏竹类属于（　　　　）科（　　　　）亚科，常呈乔木或灌木状，偶为藤本，自古以来深受喜爱。

2. 按观赏部位的不同，可将观赏竹划分为（　　　　）、（　　　　）、（　　　　）等三种类型。

3. 竹类的地上茎称（　　　　）。（　　　　）由节和节间组成，通常节内有横隔板，节间中空，节上有2环，上环称为（　　　　），下环称为（　　　　）。

4. 竹秆多为（　　　　）色，（　　　　）形，一侧有扁槽。

5. 竹类植物的地下茎称（　　　　）。（　　　　）上有节，节处生芽，（　　　　）的节间近于实心，一般将地下茎分为3种类型，即（　　　　）、（　　　　）和（　　　　）。

6. 分枝类型是竹类识别和分类的重要依据之一。根据每节分枝的数目，一般将其分为四种类型：（　　　　）、（　　　　）、（　　　　）、（　　　　）。

7. 简述刚竹、淡竹、孝顺竹、佛肚竹、阔叶箬竹的识别要点。

8. 观赏竹类在园林中的应用形式有哪几种？

第三部分　园林花卉

第 **12** 章

花卉的分类

~~~~~~

主要内容

　　常用的园林花卉分类方法，重点介绍了以生态习性为依据的分类法。

学习目标

　　① 了解园林花卉常见的分类方式：依生态习性分类、依观赏部位分类、依开花季节分类、依栽培方式分类。

　　② 掌握依生态习性可将园林花卉划分的主要类型及其特征。

~~~~~~

如前所述，我国土地辽阔，横跨热带、温带、寒带，地势起伏变化，气候类型多样，因而植物种质资源丰富，种类繁多。生产应用中，为了方便掌握花卉生态习性，便于交流、栽培和应用，常以花卉的科属、生物学性状、观赏部位、栽培方式等为依据，将其归纳、分类。

12.1　按生态习性、栽培方式分类

按花卉的生态习性和栽培方式的不同，可将其划分为露地花卉和温室花卉两大类。这种分类方法应用最为广泛。

12.1.1　露地花卉

露地花卉是指在自然条件下，完成全部生长过程，不需保护地设施（如温床、温室等）栽培的花卉类群。

露地花卉又可划分为：

1．一年生花卉

一年生花卉是指在一个生长季内完成生命周期的花卉。即从播种到开花、结实、枯死均在一个生长季内完成。一般春天播种，夏秋开花结实，然后枯死，故又称春播花卉。如凤仙花、鸡冠花、波斯菊、百日草、半支莲、麦秆菊、万寿菊等。

2．二年生花卉

二年生花卉是指在两个生长季内完成生命周期的花卉。当年只生长营养器官，第二年开花、结实、死亡。一般秋季播种，次年春夏开花，故又称为秋播花卉。如须苞石竹、紫罗兰、桂竹香、羽衣甘蓝等。

3．多年生花卉

多年生花卉是指个体寿命超过两年，能多次开花结实。又因其地下部分的形态常发生变化，可分二类：

（1）宿根花卉　植株入冬后，根系在土壤中宿存越冬，第二年春天萌发而开花的植物。其地下部分形态正常，不发生变态。如萱草、芍药、玉簪等。

（2）球根花卉　花卉地下的根或茎变态膨大，贮藏养分、水分，以度过休眠期的花卉。球根花卉按形态的不同分为5类：

1）鳞茎类　地下茎膨大呈扁平球状，由许多肥厚鳞片相互抱合而成的花卉。如水仙、风信子、郁金香、百合等。

2）球茎类　地下茎膨大呈块状，茎内部实质，表面有环状节痕，顶端有肥大的顶芽，侧芽不发达的花卉。如唐菖蒲、香雪兰等。

3）块茎类　地下茎膨大呈块状，外形不规则，表面无环状节痕，块茎顶端有几个发芽点的花卉。如大岩桐、马蹄莲、彩叶芋等。

4）根茎类　地下茎膨大呈粗长的根状，内部为肉质，外形具有分枝，有明显的节间，在每节上可发生侧芽的花卉。如美人蕉、鸢尾等。

5）块根类　地下茎膨大呈纺缍体形，芽着生在根颈处，由此处萌芽而长成植株的花卉，如大丽花、花毛茛等。

4．水生花卉

水生花卉是指常年生长在水中或沼泽地中的多年生草本花卉。按其形态分为：

（1）挺水植物　根生于泥水中，茎叶挺出水面。如荷花、千屈菜等。

（2）浮水植物　根生于泥水中，叶面浮于水面或略高于水面。如睡莲、王莲等。

（3）沉水植物　根生于泥水中，茎叶全部沉入水中，仅在水浅时偶有露出水面。如莼菜、狸藻等。

（4）漂浮植物　根伸展于水中，叶浮于水面，随水漂浮流动，在水浅处可生根于泥土中。如浮萍、凤眼莲等。

5．岩生花卉

岩生花卉是指耐旱性强，适合在岩石园栽培的花卉，如虎耳草、蓍草、景天类植物等。

12.1.2　温室花卉

原产热带、亚热带或暖温带的花卉，均不耐寒，在北方寒冷地区栽培时必须在温室内培养，或冬季需要在温室内保护越冬。温室花卉通常可分为：

（1）一、二年生花卉　如瓜叶菊、蒲包花、香豌豆等。

（2）宿根花卉　如万年青、非洲菊、君子兰等。

（3）球根花卉　如仙客来、朱顶红、大岩桐、马蹄莲、花叶芋等。

（4）兰科花卉　指兰科植物中观赏价值高的各种花卉。依其生态习性不同，又可分为地生兰类，如春兰、蕙兰、建兰、墨兰、寒兰等；附生兰类，如卡特兰、蝴蝶兰、石斛兰、兜兰等。

（5）仙人掌及多肉多浆花卉　指茎叶具有特殊贮水能力，呈肥厚多汁状的植物，耐旱性强。如仙人掌、蟹爪兰、昙花、芦荟、生石花、龙舌兰等。

（6）蕨类花卉　指蕨类植物中观赏价值较高的种类，如铁线蕨、肾蕨、鸟巢蕨、鹿角蕨等。

（7）棕榈科花卉　指棕榈科观赏价值高的种类，如蒲葵、棕榈、棕竹、散尾葵、鱼尾葵等。

（8）凤梨科花卉　指凤梨科中观赏价值高的种类，如彩叶凤梨、虎纹凤梨、金边凤梨、筒凤梨等。

（9）食虫花卉　指外形独特，具捕虫能力的植物，如猪笼草、捕蝇草、瓶子草等。

（10）水生花卉　指生长于水体中、沼泽地、湿地上的花卉，可用于室内和室外环境的绿化美化。如王莲、睡莲等。

值得注意的是，露地花卉和温室花卉的划分不是绝对的，而是有地区性的。如北方地区的温室花卉棕榈、夹竹桃、桂花等，在南方则为露地花卉。

12.2　按花卉的植物学性状分类

12.2.1　草本花卉

草本花卉指茎干草质，柔软多汁的花卉，如凤仙花、三色堇、菊花、美人蕉等。草本花卉可分为以下几类：

(1) 一、二年生草花。

(2) 宿根花卉（多年生草本花卉）。

(3) 球根花卉（包括鳞茎类、球茎类、块茎类、根茎类和块根类等）。

12.2.2 木本花卉

木本花卉通常指茎干木质坚硬的花卉，如牡丹、山茶花、碧桃、桂花、蔷薇、三角花等，木本花卉又可以分为以下几类：

1. 乔木类

指植株高大，有明显的主干，而且分枝位置较高的木本植物。

(1) 常绿乔木 如白兰、柑橘、桂花、棕榈等。

(2) 落叶乔木 如白玉兰、梅花、樱花、海棠等。

2. 灌木类

指没有明显主干，靠近地面处有分枝的木本植物。

(1) 常绿花灌木 如米兰、山茶花、含笑、栀子、茉莉花等。

(2) 落叶花灌木 如月季、牡丹、玫瑰等。

3. 藤本类

通常指茎不能直立的木本植物，需利用自身的缠绕或借助卷须等特殊器官攀缘于其他物体上。

(1) 常绿藤本 如迎春、常春藤、龙吐珠、龟背竹等。

(2) 落叶藤本 如金银花、凌霄等。

4. 亚灌木类

亚灌木类是指介于草本与木本之间的一种类型。茎的下部为木质，多年生，而上部的茎为草质，如倒挂金钟、天竺葵、文竹、虾衣花等。

12.2.3 多肉多浆植物

这类植物多原产于热带半荒漠地区，茎部变态成可贮藏水分和养分的扇状、片状、球状或多棱柱状，叶则变态为针刺状或厚叶状，并附有蜡质，以减少水分蒸发。按植物学的分类方法，大致可分为以下两个类型：

1. 仙人掌类

均属于仙人掌科植物，共150个属，2000多种。用于花卉栽培的主要有仙人柱属、仙人掌属、量天尺属、昙花属、蟹爪兰属等。

2. 多肉植物类

花卉栽培中常见的多肉植物类分属于几十个科，如番杏科、大戟科、龙舌兰科、凤梨科、菊科、景天科、百合科等。

12.2.4 草坪植物

以多年生丛生性强的草本植物为主，大多能自身繁衍，供园林中覆盖地面使用。按其生态习性，可将它们分成以下两大类：

1. 暖地草坪植物类

本类包括原产于亚热带和暖温带的一些草种，适宜于长江以南地区生长，多为常绿和半常绿植物，如结缕草、狗牙根、地毯草、假俭草、野牛草、海滨雀稗等。

2. 冷地草坪植物类

本类包括原产于温带和亚寒带的一些草种，适宜于长江以北地区生长，如羊胡子草、高羊茅、黑麦草、早熟禾、猫尾草等。

12.3 按观赏特性分类

12.3.1 观花类

主要观赏部位为花朵，欣赏其色、香、姿、韵的花卉类型。这是花卉的主要类别。如虞美人、菊花、荷花、霞草、飞燕草、晚香玉等。

12.3.2 观叶类

主要观赏部位为叶片，或叶形奇特，或叶色多姿，具有很高的观赏价值，且观赏不受季节限制的花卉类型。如龟背竹、花叶芋、彩叶草、五色草、蔓绿绒、旱伞草、蕨类等。

12.3.3 观果类

主要观赏部位为果实。这类植株的果实形态奇特、色彩艳丽，挂果时间长，果实干净。如五色椒、金银茄、冬珊瑚、金桔、佛手、乳茄、气球果等。

12.3.4 观茎类

主要观赏部位为茎干，一般为茎干具有特色者，如仙人掌类、竹节蓼、文竹、光棍树等。

12.3.5 观芽类

主要观赏其肥大的叶芽或花芽，如银芽柳等。

12.3.6 芳香类

花期长、花香浓郁的花卉。如米兰、茉莉、桂花、白兰、含笑等。

12.3.7 其他

有些花卉的其他部位具有观赏价值。如马蹄莲，观赏其色彩美丽、形态奇特的苞片等。

12.4 按开花季节分类

12.4.1 春花类

指 2~4 月期间盛开的花卉。如金盏菊、虞美人、郁金香、花毛茛、风信子、水仙等。

12.4.2　夏花类

指 5～7 月期间盛开的花卉。如凤仙花、金鱼草、荷花、芍药、石竹等。

12.4.3　秋花类

指在 8～10 月期间盛开的花卉。如一串红、菊花、万寿菊、石蒜、翠菊、大丽花等。

12.4.4　冬花类

指在 11 月至翌年 1 月期间盛开的花卉。因冬季严寒，长江中下游地区露地栽培的花卉中，花朵盛放的种类稀少，常用观叶花卉取代，如：羽衣甘蓝、红叶甜菜等。

12.5　按园林应用形式分类

12.5.1　花坛花卉

在花坛中应用的植物材料，主要为一年生草本花卉、二年生草本花卉、宿根花卉、球根花卉以及少量木本花卉等。

12.5.2　盆栽花卉

多指植株较小，株丛紧密，可栽于花盆内，观赏价值较高的花卉。

12.5.3　室内花卉

指适应室内环境条件，可较长时间在室内栽植的观赏植物。多原产于热带、亚热带地区，有观叶、观花、观果等类型，系多种室内绿化装饰的主体材料。

12.5.4　切花花卉

具有较高的观赏价值，可切取茎、叶、花、果等，作为插花装饰的花卉。

12.5.5　荫棚花卉

需在荫棚中栽培和繁殖的花卉称作荫棚花卉。既包括阴性花卉，又包括在原产地为阳性花卉，但不能忍受栽培所在地的强烈阳光或干热环境，因而需在荫棚保护下才能健康生长的花卉。

小　　结

本章主要介绍了园林花卉分类的基础知识。

① 依生态习性和栽培方式的不同，可以将花卉分为露地花卉和温室花卉两大类。其中，露地花卉又可划分为一年生花卉、二年生花卉、多年生花卉（宿根花卉、球根花卉）、水生花卉、岩生花卉；温室花卉可分为一年生花卉、二年生花卉、宿根花卉、球根花卉、兰科植

物、仙人掌及多肉多浆植物、蕨类植物、棕榈植物、凤梨科植物、食虫植物、水生花卉等。

②依花卉的植物学性状分类，可以把花卉分为草本花卉、木本花卉、多肉多浆植物、草坪植物。

③依观赏部位的不同，可将花卉划分为观花类、观叶类、观果类、观茎类、观芽类、芳香类、其他等。

④依开花季节的不同，可将花卉划分为春花类、夏花类、秋花类、冬花类。

⑤依园林应用形式的不同，可将花卉划分为花坛花卉、盆栽花卉、室内花卉、切花花卉、荫棚花卉。

复习思考题

1. 依花卉的生态习性和栽培方式的不同，可以将花卉分为哪几类？
2. 试述一年生花卉、二年生花卉、宿根花卉、球根花卉的含义，并举例说明。
3. 依观赏部位的不同，可将花卉划分为（　　　　）、（　　　　）、（　　　　）、（　　　　）、（　　　　）、（　　　　）、其他等。
4. 依开花季节的不同，可将花卉划分为（　　　　）、（　　　　）、（　　　　）、（　　　　）。

露地花卉栽培

13.1 露地花卉栽培技术概述

露地花卉是指在当地自然条件下, 不加温床、温室等特殊保护措施, 在露地栽植即能正常完成其生活周期的植物。又可分为一年生花卉、二年生花卉、多年生花卉、水生花卉和岩生花卉。

13.1.1 露地花卉栽培的特点

露地花卉栽培具有投入少、设备简单、生产程序简便等优点, 是花卉生产栽培中常用的方式。

13.1.2 露地花卉栽培的方式

露地花卉栽培方式大致分为两类:

一是地栽，直接将花卉栽植于露地，或布置花坛、点缀园景。木本花卉、多年生花卉以及抗性强、栽培容易的种类更适于露地栽培。

二是露地盆栽，主要是供节日花坛用花及室内陈设之用。许多草本花卉，如一串红、雏菊、三色堇、石竹、半枝莲等多采用露地盆栽的方式。

13.1.3 露地花卉栽培管理

露地花卉对栽培管理条件要求比较严格，在花圃中需占用土质、灌溉和管理条件最优越的地段。

1. 栽培地选择与整地

选择富含腐殖质的沙质壤土地段作苗床，整地作畦。土壤深翻，一、二年生花卉约20～30cm，多年生花卉30～50cm。打碎土块，除去土中的残根、石砾等异物，杀灭潜伏的害虫，适当施以腐熟而细碎的堆肥或厩肥，耙平畦面，留出通道及水渠，根据所处地区的不同及花卉对土壤的不同要求，选择高畦或低畦。高畦多用于南方多雨地区，畦面高于两侧畦沟，便于排水；低畦多用于北方少雨地区，畦面低于两侧畦垄，便于灌溉。

2. 播种及育苗

大粒种和不耐移栽的花卉可直播，小粒种子和适宜移栽的种类应先育苗。

（1）直播 播种方式有三种，即点播、条播、撒播。播种前应确定适宜的株行距，一般应浇底水，水未完全渗下时播种，水渗尽后覆土，覆土深度为种子直径的1～2倍。有条件时应覆盖苇帘或稻草以保持湿度，也可盖地膜。出苗后撤除覆盖物。

（2）育苗 苗床宽约1m，长度可根据播种育苗量及现场情况而定。整地作畦后灌水，水接近渗干时播种。其他同直播。

3. 间苗

间苗俗称疏苗，即去弱留壮、去密留稀，拔去一部分幼苗，使幼苗之间留有一定距离，从而生长更为健壮。间苗一般于子叶发生后进行，不宜过迟。间苗多分2～3次进行，每次间苗量不宜大，最后一次间苗称定苗。

间苗的同时应拔除杂草和杂苗，间苗后需向苗床浇水，使床面幼苗根与土壤密接。间苗后幼苗的密度应为每平方米存苗400～1000株。

珍贵花卉或种子较少时，可将间拔下的小苗另行栽植。

4. 移植

间苗后的幼苗生长迅速，还须分栽1～2次，即移植，通常于幼苗具5～6枚真叶时进行。移植时，可采用裸根移植或带土移植，以在水分蒸发量较低的时刻操作为宜。

幼苗移植后，应立即向苗床浇1次透水，3～4天缓苗期后茎叶舒展。此时追施液肥，勤松土、除草，为形成壮苗提供良好的条件。

5. 定植

将具有10～12枚真叶（或苗高约15cm）的幼苗，按绿化设计的要求定位栽植到花坛、花境中，这种操作系最后一次的移植过程，称定植。定植一般应根部带土，栽后浇足"定根水"。定植的株行距，可视成龄花株的冠幅而定，一般要求植株相互衔接、不互相挤压，一、二年生花卉的株行距以30cm×40cm最为常见。

6. 施肥

（1）肥料的种类及施用量　花卉栽培常用的肥料种类及施用量依土质、土壤肥分、气候、雨量以及花卉种类的不同而异。花卉的施肥不宜施用只含某一种肥分的单纯肥料，应氮、磷、钾三种成分配合使用，只有在确知特别缺少某一肥分时，方可施用单纯肥料。

（2）施肥的方法　花卉的施肥可分基肥、追肥和根外追肥三种方式。

1）基肥：又称底肥，一般以厩肥、堆肥、油饼或粪干等有机肥料为常见肥料。这对改进土壤的物理性质有重要的作用。厩肥、堆肥多在整地前翻入土中，粪干及豆饼等则在播种或移植前沟施或穴施。目前花卉栽培中已普遍采用无机肥料作为部分基肥，与有机肥料混合施用。

化学肥料作基肥施用时，可在整地时混入土中，但不宜过深，亦可在播种或移植前，沟施或穴施，上面盖一层细土，再行播种或栽植。

2）追肥：花卉栽培中，为补充基肥的不足，满足不同生长发育时期对营养成分的需求，常进行追肥。一、二年生花卉幼苗时期的追肥，主要目的是促进茎叶生长，氮肥成分可稍多一些，其后的生长期间，磷钾肥料应逐渐增加。生长周期长的花卉，追肥次数应较多。

3）根外追肥：根外追肥多指叶面施肥，一般将化肥或微量元素溶解后，喷施于叶面等地上部位。其优点是吸收快、用量少、流失少、效率高。常用的有尿素、磷酸二氢钾、硼酸等。使用浓度一般为 0.1% ~ 0.3%。可以单独使用或同杀虫剂、杀菌剂一起混合使用。

7. 灌溉

灌溉用水以清洁的河水、湖水、塘水为宜。井水和自来水可以贮存 1 ~ 2 天后再用。

小面积灌溉可用喷壶、橡皮管引自来水进行，大面积则可采用抽水机抽水、沟灌法、滴灌法、喷灌法等。

灌溉时间、灌水量及灌水次数，常因季节、土质及花卉种类不同而异。一般夏季灌水常在早晚进行，冬季宜在中午前后；夏季温度高，蒸发快，灌溉次数多于春秋季；一、二年生花卉容易干旱，灌溉次数也较多。同一种花卉的不同发育阶段对水分的需求量也各不相同，一般枝叶生长旺盛期需较多水分，开花期只要保持土壤湿润，结实期可少浇水。

8. 中耕除草

幼苗移植后不久，大部分土面暴露于空气中，土壤干燥且易生杂草。因此，中耕应尽早且及时进行。幼苗渐大，根系已扩大至株间，中耕可停止，否则根系易切断，生长受阻。

9. 修剪与整形

通过修剪整形可使植株枝叶均衡，花繁果硕，具良好的观赏效果。花卉的修剪包括摘心、抹芽、曲枝、剥蕾等多种措施。

（1）摘心　摘除枝梢顶芽，称摘心。可使植株矮化，成丛生状，株形圆整，开花繁多，还可调整花期。草本花卉一般摘心 1 ~ 3 次。适于摘心的花卉有：百日草、一串红、翠菊、波斯菊、千日红、万寿菊、藿香蓟、金鱼草、桂竹香、福禄考及大花亚麻等。但主茎上着花多且花朵大的植株不宜摘心，如鸡冠花、蜀葵等。

（2）抹芽　指剥去过多的腋芽或挖掉脚芽，限制枝数的增多或过多花朵的发生，使花枝充实、花朵硕大。

（3）曲枝　为使枝条生长均衡，将生长势过旺的枝条向侧方弯曲，将长势弱的枝条顺直。木本花卉还可用细绳将枝条拉直或向左、向右拉平。

（4）剥蕾　剥去侧蕾或副蕾，使营养集中于主蕾，保证开花质量。芍药、牡丹、标本菊等的培育中经常需要剥蕾。

（5）修剪枝条　剪除枯枝、病弱枝、交叉枝、过密枝、徒长枝等，分重剪与轻剪。重剪是剪去枝条的2/3，或将枝条由基部剪除；轻剪则是将枝条的1/3剪除。月季、牡丹冬季休眠时多重剪，生长期修剪多为轻剪。

10. 采收与贮藏

（1）种子的采收与贮藏　播种繁殖的花卉易退化，为了保持母本的优良性状，防止生物学混杂，生长过程中应进行隔离，采收、留种的每个环节均应注意防止机械混杂。

1）种子的采收：花卉种子的采收，一般应在成熟后进行。采收时要考虑果实开裂方式、种子着生部位及种子的成熟程度。花卉的种子多数是陆续成熟的，可分批采收。对于翅果、荚果、角果、蒴果等易于开裂的花卉种类，为防止种子飞扬，可提前套袋，使种子成熟后落入袋内。采收的时间应在晴天的早晨进行，因为这时空气湿度较大，种子易采收。有的花卉种子成熟后不易散落，可一次采收，当整个植株全部成熟后，连株拔起，晾干后脱粒。采收的种子要经过干燥，使其含水量下降到一定标准后贮藏。

2）种子贮藏：种子采收后首先要进行整理、晾干。脱粒后放在通风处阴干，避免种子曝晒，否则会丧失发芽力。要去杂去壳，清除各种附着物。种子处理后即可贮藏。种子贮藏的原则是抑制呼吸作用，减少养分消耗，保持活力，延长寿命。密闭、低温都是抑制呼吸的办法，所以将干燥的种子放在密闭的容器中，置于 1~5℃ 的低温条件下贮藏。有的花卉种子采收后要进行沙藏，如芍药、月季等。有些种子则必须贮藏于水中，如睡莲、王莲等。

（2）球根的采收与贮藏　球根花卉在开花后地下新球成熟，进入休眠期，此时需采收并进行贮藏，度过休眠期后再行栽植。

1）采收时间：植株生长已停止，茎叶枯黄未脱落，土壤略湿润时为最佳采收时期。采收时可掘起球根，除去过多的附土，并适当剪去地上部分。春植球根中的唐菖蒲、晚香玉可翻晒数天，大丽花、美人蕉等可阴干至外皮干燥，勿过干，勿使球根表面皱缩。大多数秋植球根采收后，晾至外皮干燥即可。

球根采收后，一般应根据大小优劣分级、分类栽植。大球用于观赏或商业栽培，小球用于繁殖。

2）球根的贮藏：贮藏前应去除病残球根。数量少而较名贵的球根如发生病害，可将病部割去，并涂防腐剂等。易受感染的球根应药剂处理后再行贮藏。

春植球根贮藏时，应保持室温 4~5℃，不可低于 0℃ 或高于 10℃。秋植球根夏季贮藏时，应使环境干燥、凉爽，室温保持在 20~25℃ 左右，切忌闷热潮湿。

球根贮藏过程中必须防止鼠害及球根病虫害的传播。

11. 防寒

二年生花卉中一些耐寒力较弱的种类，如矮牵牛，冬季过于寒冷时需稍加防寒越冬。一般常采用以下措施：

（1）覆盖法　即在霜冻到来之前，在畦面上用干草、落叶、马粪、草席等将苗盖好，晚霜过后再清理畦面。耐寒力较强的花卉小苗，常用塑料薄膜覆盖，效果较好。

（2）灌水法　即利用冬灌防寒。由于水的热容量大，灌水后可提高土壤的导热性，将深层土壤的热量传到表面。同时，灌水还可以提高附近空气的温度，起到保温和增温的效果。

（3）烟熏法　即利用熏烟防寒。为了防止晚霜对苗木的危害，在霜冻到来前夕，南方在寒流到来之前，可在苗畦周围或上风向点燃干草堆，使浓烟遍布苗木上空，即可防寒。

13.1.4　露地花卉的应用

1. 花坛

花坛指具一定几何形轮廓的植床内，种植各种不同色彩的花卉，以构成华丽色彩或精美图案的花卉应用形式。它主要以色彩或图案来表现植物的群体美，极具装饰性，在园林造景中，常设置于建筑物的前方、交通干道中心、主要道路或出入口两侧、广场中心或四周、风景区视线的焦点及草坪等位置，构成主景或配景。

花坛的主要类型有：

（1）根据表现主题不同划分

1）花丛花坛：又称盛花花坛，以花卉群体色彩美为表现主题，多选择开花繁茂、色彩鲜艳、花期一致的一、二年生花卉或球根花卉，含苞欲放时栽植。

2）模纹花坛：又称图案式花坛，主要由低矮的观叶植物或花叶俱美的花卉组成，表现精美图案或装饰纹样，包括毛毡花坛、浮雕花坛和彩结花坛。

3）混合花坛：是花丛花坛与模纹花坛的混合形式，兼有华丽的色彩和精美图案。

（2）根据规划方式不同划分

1）独立花坛：常作为园林局部构图的主体而独立存在，具有一定的几何形轮廓。其外形多为对称的几何图形，一般面积不宜太大，中间不设园路。独立花坛多布置在建筑广场的中心、公园出入口空旷处、道路交叉口等地。

2）组群花坛：是由多个个体花坛组成的构图整体，个体花坛之间为草坪或铺装场地，允许游人入内游憩。组群花坛的整体构图亦为对称布局，但构成组群花坛的个体花坛不一定对称，其构图中心可以是独立花坛，还可以是其他园林景观小品，如水池、喷泉、雕塑等。组群花坛常布置在较大面积的建筑广场中心、大型公共建筑前面或规则式园林的构图中心。

3）带状花坛：是指长度为宽度3倍以上的长形花坛。在连续的园林景观构图中，常作为主体来布置，也可作为观赏花坛的镶边、道路两侧建筑物墙基的装饰等。

4）连续花坛：由许多独立花坛或带状花坛呈直线排列成一行，组成一个有节奏的不可分割的构图整体。常布置于道路或纵长广场的长轴线上，多用水池、喷泉、雕塑等来强调连续景观的起始与终结。在宽阔雄伟的石阶坡道的中央也可设置连续花坛。

5）立体花坛：这类花坛除在平面上表现色彩、图案美之外，还在立面造型、空间组合上有所变化，即采用立体组合形式，拓宽了花坛观赏角度和范围，丰富了园林景观。

2. 花境

花境是模拟自然界中林地、边缘地带多种野生花卉交错生长的自然美，又展示植物自然组合的群落美的种植形式，多用于林缘、墙基、草坪边缘、路边坡地、挡土墙垣等处。

花境的边缘依环境的不同可以是直线，也可以是流畅的自由曲线。

花境内植物选择以当地露地越冬、不需特殊管理的宿根花卉为主，也可配植一些小灌木、球根花卉和一、二年生花卉。配植的花卉要考虑到同一季节中彼此的色彩、姿态、形状及数量上的搭配得当，植株高低错落有致，花色层次分明。理想的花境应四季有景可观，寒冷地区也应三季有景。

花境实际上是一种人工植物群落，需精心养护管理才能保持较好的自然景观。

3．花台

花台又称高设花坛，是高出地面栽植花木的种植方式，通常面积较小。其配植形式一般分为：

（1）规则式　规则式花台的外形有圆形、椭圆形、正方形、矩形、正多边形、带形等，选材基本与花坛相似。

（2）自然式　又称盆景式花台，常以松竹梅、杜鹃、牡丹等为主，配饰以山石、小草、重姿态风韵，不在于色彩的华丽。这类花台多出现于自然式山水园中。

4．活动花坛与花钵

活动花坛与花钵是一种较为新颖的花卉应用形式，一般在花圃内，依设计意图将花卉种植在各种预制的盛器内，花开时摆放到特定的位置。它具有施工便捷、形成迅速、便于移动和重新组合的优点，且造型美观，装饰性强，近年来应用十分广泛。

5．篱、垣、棚架

篱、垣、棚架是蔓生植物材料应用的主要形式，设计形式多样，既可作园林一景，又有分隔空间的作用，同时还是颇受欢迎的垂直绿化形式。

13.2　一、二年生花卉

13.2.1　鸡冠花

[**学名**] *Celosia argentea* L. var. *cristata* Kuntze

[**别名**] 红鸡冠

[**科属**] 苋科青葙属

[**识别要点**] 一年生草本，株高 40～100cm。茎粗壮直立，光滑具棱，少分枝。叶卵形至卵状披针形。花序顶生，肉质，扁平皱褶，呈鸡冠状，有红、紫红、玫红、桔红、桔黄、黄或白色等，具丝绒般光泽；花序中下部密生小花，花被及苞片膜质，花期 7～10 月。种子细小，亮黑色（图 13-1）。

除花形扁平皱褶似鸡冠的普通鸡冠外，常见栽培的还有子母鸡冠（多分枝而斜出，全株成广圆锥形）、凤尾鸡冠（多分枝而开展，各枝端着生火焰状大花序）、圆绒鸡冠（肉质花序卵圆形，表面流苏状或绒羽状）。

[**产地与分布**] 原产印度及亚洲热带地区，现世界各地均有栽培。

图 13-1　鸡冠花

[**习性**] 喜炎热和空气干燥，不耐寒；喜阳光充足；宜疏松而肥沃的土壤，不耐瘠薄。生长期水肥充足则花序肥大而色艳，忌涝。

[**繁殖与栽培**] 春播繁殖。幼苗期不宜过度追肥，应及时分栽，并适时抹去侧芽。浇水也不宜过多。因极易天然杂交，故应注意留种母株的隔离。

[**观赏与应用**] 鸡冠花花形奇特，色彩丰富，适宜秋季花境、花坛布置，也可盆栽、切

花或制干花。

13.2.2　凤仙花

[学名] *Impatiens balsamina* L.

[别名] 指甲花、透骨草、小桃红、急性子

[科属] 凤仙花科凤仙花属

[识别要点] 一年生草本，株高 30 ~ 80cm。茎肉质，光滑，常与花色相关，节膨大。
叶互生，阔披针形，具细齿，叶柄两侧有腺体。花单生或
数朵簇生于上部叶腋，萼片花瓣状，其中一片后伸成距；
花瓣 5 枚，左右对称，侧生 4 枚两两结合；花大，花梗短，
多侧垂，花有红、白、粉、紫、雪青等色，还具有斑点、
条纹。蒴果尖卵形，具绒毛，成熟后自然弹裂。种子多数。
花期 6 ~ 8 月，果熟期 7 ~ 9 月（图 13-2）。

[产地与分布] 产于中国南方、印度及马来西亚等地，
我国各地广泛栽培。

[习性] 性强健，喜温暖、炎热、阳光充足，畏寒冷。
对土壤要求不严，喜湿润、排水好的土壤，贫瘠土地也可
生长。

[繁殖与栽培] 春季播种繁殖。栽培中应注意防涝，
保证良好的通风，极耐移植。蒴果成熟后易开裂，可于早
晨湿度较大时采种。

图 13-2　凤仙花

[观赏与应用] 凤仙花花色品种极为丰富，是花坛、花境的优良用花，也可盆栽观赏。

13.2.3　万寿菊

[学名] *Tagetes erecta* L.

[别名] 臭芙蓉

[科属] 菊科万寿菊属

[识别要点] 一年生草本，株高 60 ~ 90cm，全株具异
味。茎直立，叶对生，羽状全裂，裂片披针形，具锯齿。头
状花序单生于枝顶，径达 10cm，乳白、黄、橙黄至桔红色，
总花梗肿大，瘦果线形或线状长圆形，黑色。花期 6 ~ 10 月
（图 13-3）。

同属栽培种：

孔雀草（小万寿菊、红黄草）（*Tagetes patula* L.），株
高 30 ~ 40cm，花梗自叶腋抽出，花形与万寿菊相似，但花
小而繁。花型有单瓣型、重瓣型、鸡冠型等。

[产地与分布] 原产墨西哥及美洲地区，各地园林均可
栽培。

[习性] 喜阳光充足、温暖，耐半阴，稍耐寒。耐干旱，

图 13-3　万寿菊

对土壤要求不严，抗性强。

[**繁殖与栽培**] 播种繁殖为主，也可嫩枝扦插。栽培容易，管理粗放。

[**观赏与应用**] 万寿菊适应性强，且株形紧密丰满，叶翠花艳，为花坛、花境、花丛的优良用花，"五一"、"十一"均可应用，也可盆栽或切花。

13.2.4 一串红

[**学名**] *Salvia splendens* Ker-Gawl.

[**别名**] 爆竹红、墙下红

[**科属**] 唇形科鼠尾草属

[**识别要点**] 多年生草本，常作一、二年生栽培。株高 50～80cm。茎光滑，四棱形。叶卵形，具锯齿。总状花序顶生，被红色柔毛；小花 2～6 朵轮生；花萼钟状，与花瓣同色，宿存；花冠唇形，花期 5～7 月或 7～10 月；花色有红、白、紫、粉等色（图 13-4）。

[**产地与分布**] 原产南美巴西，现各地广泛栽培。

[**习性**] 喜温暖湿润气候，不耐寒，怕霜冻。喜阳光充足环境，对土壤要求不严，但在疏松肥沃的土壤中生长良好。

[**繁殖与栽培**] 可采用播种、扦插和分株等方法繁殖。栽培前应施足基肥，幼苗长出 3～4 对叶片时定植于花圃或上盆。养护管理中应注意及时中耕除草，防治病虫害。为增强观赏性并调节花期，生长过程中应不断摘心，以促进分枝。

[**观赏与应用**] 一串红色泽鲜艳纯正，可用于布置花坛、花境，或作边缘种植，也可盆栽或用作切花。

图 13-4 一串红

13.2.5 半支莲

[**学名**] *Portulaca grandiflora* Hook.

[**别名**] 死不了、大花马齿苋、龙须牡丹、太阳花

[**科属**] 马齿苋科马齿苋属

[**识别要点**] 一年生肉质草本。植株低矮，茎多分枝，匍匐或斜生，高 10～15cm。单叶互生或散生，短圆柱形。花单生或数朵簇生于顶端，基部轮生叶状苞片，8～9 枚，萼片 2，宽卵形，花瓣 5 或重瓣。花有红、紫、粉红、粉、桔黄、黄、白等色，极丰富。蒴果，成熟时盖状开裂。种子多数细小，灰黑色（图 13-5）。花期 6～9 月。

[**产地与分布**] 原产南美巴西、阿根廷、乌拉圭等地，现各地广为栽培。

[**习性**] 喜温暖及光照充足，不耐寒冷。对土壤的适应性极强，在疏松的沙质土中生长良好，耐瘠薄和干旱。花午间开放，早、晚闭合。

图 13-5 半支莲

[繁殖与栽培] 春、夏、秋皆可播种繁殖，也可扦插。可裸根移栽，管理简便。浇水宜少不宜多，雨季应注意防涝。栽培场地宜阳光充足。花坛栽植时应注意间苗及中耕除草。

[观赏与应用] 半支莲植株低矮，繁花似锦，花色丰富而艳丽，是栽植毛毡式花坛的良好材料，也可作大面积花坛、花境的镶边。用于布置岩石园或路旁丛植，效果良好。

13.2.6　紫茉莉

[学名] *Mirabilis jalapa* L.

[别名] 草茉莉、地雷花、胭脂花

[科属] 紫茉莉科紫茉莉属

[识别要点] 多年生草本，多作一年生栽培。株高 60～100cm。茎直立，多分枝，开展，茎节膨大。叶对生，卵状三角形，先端尖。花数朵簇生总苞上，生于枝顶；萼片花瓣状，花冠小喇叭形，有红、橙、黄、白等色或有斑纹及二色相间等，傍晚开放，清晨凋谢，具清香，花期夏秋季节。坚果黑色，球形，表面皱缩，形似地雷（图 13-6）。

[产地与分布] 原产南美热带地区，现广泛栽培。

[习性] 喜温暖、湿润，不耐寒，冬季地上部枯死，在江南地区地下块根和茎宿存。喜半阴，怕暑热，要求深厚、肥沃而疏松的土壤。

[繁殖与栽培] 春季播种繁殖，南方可留宿根分栽。生长快、健壮、耐移栽，管理粗放。直根性，宜直播或尽早移栽。

[观赏与应用] 紫茉莉生长强健，花期持久，在炎热少花的夏季也能开花繁茂，是夏季庭园和花坛种植的良好材料。对二氧化硫抗性强，常用于工矿污染区栽种。

图 13-6　紫茉莉

13.2.7　矮牵牛

[学名] *Petunia hybrida* Vilm.

[别名] 碧冬茄、灵芝牡丹

[科属] 茄科碧冬茄属（矮牵牛属）

[识别要点] 多年生草本，常作一年生栽培。株高 20～60cm，全株被短毛。叶卵形，全缘，上部叶对生，中下部互生。花单生叶腋或枝端，花萼 5 裂；花冠漏斗形，先端具波状浅裂。栽培品种极多，有单瓣、重瓣品种，花瓣边缘呈波皱状。花有白、堇、深紫、红、红白相间等色，以及各种斑纹。花期 4～10 月，温室栽培可以全年开花。蒴果卵形，种子细小（图 13-7）。

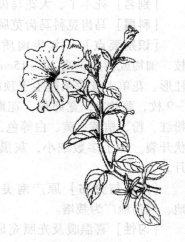

[产地与分布] 本种系由南美的野生种经杂交培育而成。现各地广泛栽培。

[习性] 喜温暖，不耐寒，耐暑热，在干热的夏季也能

图 13-7　矮牵牛

正常开花。喜阳光充足，稍耐阴。喜排水良好的沙质土壤，忌积水、怕雨涝。在阴雨较多和气温较低条件下开花不良。

[繁殖与栽培] 播种或扦插繁殖。宜早春室内春播，也可秋播，于温室或阳畦越冬。因种子较细小，播种应精细操作，通常应盆播。矮牵牛栽培管理较粗放，但应注意夏季防雨。

[观赏与应用] 矮牵牛花期长，花大色艳，是优良的花坛、花境用花。重瓣品种可盆栽，悬垂品种可作窗台、门廊的垂直绿化材料。

13.2.8　三色堇

[学名] *Viola tricolor* L.

[别名] 蝴蝶花、鬼脸花、猫脸花

[科属] 堇菜科堇菜属

[识别要点] 多年生草本，常作二年生栽培。株高15~25cm。株丛低矮，多分枝。叶互生，基生叶具长柄，卵圆形；茎生叶矩圆状卵形或宽披针形，具圆钝齿；托叶大而宿存。花梗细长，单花生于花梗顶端；花瓣5枚，1枚有距，两枚有附属体；每花有紫、白、黄三种颜色。蒴果卵圆形，三瓣裂，种子倒卵形。花期4~5月，果熟期5~7月（图13-8）。

[产地与分布] 原产欧洲西南部，我国北方普遍栽培。

[习性] 喜凉爽气候，较耐寒，略耐半阴；喜富含腐殖质、湿润的沙质壤土，忌炎热和雨涝。

[繁殖与栽培] 秋季播种繁殖。8~9月间育苗，可供春季花坛栽植。移植需带土团。生长期给予充足的水肥，则花大而多，花期长。华北地区需在风障前或冷床内过冬。

[观赏与应用] 三色堇花色瑰丽，株形低矮，系春季花坛的主要装饰材料，可用于草坪、大型花坛、花境镶边，也可采用不同花色的品种组成图案式花坛，也可盆栽。

图13-8　三色堇

13.2.9　金盏菊

[学名] *Calendula officinalis* L.

[别名] 金盏花、黄金盏

[科属] 菊科金盏菊属

[识别要点] 一、二年生草本，株高30~60cm，全株具毛。茎直立，有分枝、叶互生，长圆形至长圆状倒卵形，全缘或有不明显锯齿，叶基部稍抱茎。头状花序单生，总苞1~2轮，苞片线状披针形，舌状花单轮至多轮，桔黄色或橙黄色，花期4~6月。瘦果弯曲，果期5~7月（图13-9）。

[产地与分布] 原产南欧，现世界各地广泛栽培。

[习性] 喜冬季温暖，夏季凉爽，较耐寒。喜光照充足的环境及疏松肥沃的土壤，耐旱、耐瘠薄。

图13-9　金盏菊

[**繁殖与栽培**] 播种繁殖。多于 9 月中旬播种，华北地区小苗需冷床保护越冬。生长期间应控制水肥，使植株低矮、整齐。栽培较容易。切花栽培时，应将主枝摘心，使侧枝开花。

[**观赏与应用**] 金盏菊春季开花早，花色鲜艳，系"五一"国际劳动节布置花坛的主栽品种之一，也可用于花丛，花境或作切花。

13.2.10 羽衣甘蓝

[**学名**] *Brassica oleracea* L. var. *acephalea* f. *tricolor*

[**别名**] 花包菜、叶牡丹

[**科属**] 十字花科甘蓝属

[**识别要点**] 二年生草本花卉，株高 30～40cm（不计花序）。叶宽大匙形，集生茎基部，光滑无毛，被白粉，外部叶片呈粉蓝绿色，边缘呈细波状皱褶，叶柄粗而有翼；内叶叶色极为丰富，有紫红、粉红、白、黄、黄绿等色。总状花序生于茎顶，花淡黄色。长角果。花期 4 月，果熟期 5～6 月（图 13-10）。

[**产地与分布**] 原产西欧，我国各地广泛栽培。

[**习性**] 喜光照充足及凉爽的环境，耐寒。宜疏松肥沃、排水良好的土壤，极喜肥。

图 13-10 羽衣甘蓝

[**繁殖与栽培**] 播种繁殖，多于 8 月进行。发芽迅速，出苗整齐。幼苗需间苗和 1～2 次移植，约 11 月中旬定植。生长期间应施淡液肥，促使生长旺盛。

[**观赏与应用**] 羽衣甘蓝叶色鲜艳美丽，是著名的冬季露地草本观叶植物，可用于布置冬季花坛、花境，也可盆栽。

13.2.11 虞美人

[**学名**] *Papaver rhoeas* L.

[**别名**] 丽春花、赛牡丹、小种罂粟花

[**科属**] 罂粟科罂粟属

[**识别要点**] 一、二年生草本，通常作二年生栽培。株高 40～80cm，全株被绒毛。茎直立。叶长椭圆形，不整齐羽裂，互生。花单生，有长梗，含苞时下垂，开花后花朵向上；萼片 2 枚，具刺毛；花瓣 4 枚，圆形，有纯白、紫红、粉红、红、玫红等色，有时具斑点。花期 5～6 月。蒴果杯形，种子褐色，极微小（图 13-11）。

[**产地与分布**] 原产于欧亚大陆的温暖地区，世界各地均有栽培。

[**习性**] 喜凉爽、阳光充足、高燥通风的环境。宜排水良好土壤，忌湿热过肥之地。

[**繁殖与栽培**] 播种繁殖。直根性，须根较少，不耐移植，

图 13-11 虞美人

故多秋季直播或用营养钵育苗。注意勿使圃地湿热或通风不畅。

[观赏与应用] 虞美人华丽美艳，是春季美化花坛、花境及庭院的精细草花，特别适合成片栽植，或与早春开花的球根花卉混植，也可盆栽。

13.2.12 牵牛花

[学名] *Ipomoea nil* Choisy.

[别名] 喇叭花、朝颜、裂叶牵牛、黑丑、白丑

[科属] 旋花科牵牛属

[识别要点] 一年生缠绕藤本，全株具粗毛。叶阔卵状心形，常3裂，中裂片大，有时呈戟形。花1~2朵簇生叶腋，花冠喇叭状，端5浅裂，边缘呈波浪状皱褶，花多白、粉红、紫红、蓝等色，花期7~9月。蒴果球形（图13-12）。

[产地与分布] 原产亚洲热带、亚热带，现各地均有栽培。

[习性] 喜温暖，不耐寒。喜光，耐半阴。能耐干旱及瘠薄土壤。多于清晨开花，午后闭合。

图13-12 牵牛花

[繁殖与栽培] 春季播种繁殖。直根性，不耐移植，宜早定植。生长快，种植后需设支架牵引。幼苗时可摘心，促分枝。生长期水肥充足则花大色艳。

[观赏与应用] 牵牛花茎细长而攀缘，可供垂直绿化，适用于竹篱、小棚架及阳台等。因花朵迎朝阳而放，宜植于游人早晨活动之处，也可作小庭院及居室窗前遮荫。

13.2.13 茑萝

[学名] *Quamoclit pennata* Bojer.

[别名] 羽叶茑萝、茑萝松、游龙草、绕龙花

[科属] 旋花科茑萝属

[识别要点] 为一年生缠绕草本。茎光滑，长可达4m。叶互生，羽状细裂，裂片条形。聚伞花序腋生，花冠高脚碟状，深红色，似五角星。花期7~10月。蒴果卵圆形（图13-13）。

常见栽培种：

圆叶茑萝（*Quamoclit coccinea* Moench.），叶互生，卵形，先端尖，基部心形，叶柄与叶片等长。花数朵成聚伞花序腋生，萼端具长芒尖；花冠高脚碟状，猩红色，喉部带黄色；花较大，花期夏秋季。

[产地与分布] 原产墨西哥及印尼，我国广泛栽培。

[习性] 性喜阳光充足而温暖的环境，不耐寒，对土壤要求不严，抗逆性强，但在排水良好、肥沃的沙质土壤中生长最好。

图13-13 茑萝

[繁殖与栽培] 种子繁殖，因本种为直根性花卉，宜露地直播或苗小时及早移栽。多栽植于篱垣处或设立棚架，栽前深翻整地，施足基肥。甩蔓初期应适当牵引。管理粗放。

[观赏与应用] 茑萝叶细花密，花期长且花色艳丽，是良好的夏秋季垂直绿化材料，适于承重较小的支架。也可作地被花卉，不设支架，任其爬覆地面。

13.2.14　地肤

[学名] *Kochia scoparia* Schrad.

[别名] 扫帚草、扫帚菜

[科属] 藜科地肤属

[识别要点] 一年生草本，全株被短柔毛。根直生，发达，株高 50～100cm。株丛紧密，呈长球形，主茎木质化，分枝多而纤细。叶稠密，较小，狭条形，草绿色，秋季全株成紫红色。花小，红色或略带褐红色（图 13-14）。

[产地与分布] 原产亚洲中南部及欧洲，我国北方多野生，现各地广泛栽培。

[习性] 喜光，喜温暖，不耐寒，耐干旱。对土壤要求不严，耐碱性土。

[繁殖与栽培] 春季播种繁殖，可自播。在肥沃、疏松的土壤中生长良好。管理粗放，不耐移栽，多于4月中下旬直播于露地。生长期内注意防治蚜虫。

[观赏与应用] 地肤的主要观赏部位是繁茂的枝叶，可丛植、孤植、作花坛的中心材料、图案式花坛的植物材料等，也可修剪成绿篱。

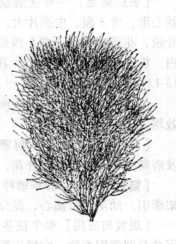

图 13-14　地肤

13.2.15　福禄考

[学名] *Phlox drummondii* Hook.

[别名] 草夹竹桃、洋梅花、桔梗石竹

[科属] 花葱科福禄考属

[识别要点] 一年生草本，株高 15～45cm。茎多分枝，有腺毛，后期易铺散。下部叶对生，上部叶互生，无柄，矩圆形至披针形。聚伞花序顶生，花冠高脚碟状，下部呈细筒状，上部 5 裂，裂片圆形，花色玫红，也有粉、白、雪青、紫红、斑纹及复色的园艺品种。花期 5～7 月，6月最盛（图 13-15）。

[产地与分布] 原产北美南部，现世界各地广为栽培。

[习性] 喜凉爽、阳光充足，不耐寒，忌炎热。喜排水好的土壤，不喜肥力过强，不耐干旱，忌水涝及盐碱地。

[繁殖与栽培] 春季播种繁殖，栽培中保证阳光充足，连阴天花色易减退。也可作二年生栽培，华北地区需冷床

图 13-15　福禄考

越冬。

[观赏与应用] 福禄考植株矮小，花色丰富，为基础花坛的主栽花卉，或作中心花坛、带形花坛、花境的配植材料，也可盆栽观赏或点缀岩石园，高型品种可作切花。

13.2.16　彩叶草

[学名] *Coleus blumei* Benth.

[别名] 老来少、锦紫苏、洋紫苏

[科属] 唇形科锦紫苏属

[识别要点] 多年生草本，常作一二年生栽培。株高30~80cm。茎四棱形，基部木质化。叶对生，卵形，具齿，两面有软毛，叶面绿色，具黄、红、紫等斑纹。总状花序顶生，小花上唇白色，下唇淡蓝色或带白色，花期8~9月（图13-16）。

[产地与分布] 原产印度尼西亚的爪哇岛，现世界各地广为栽培。

[习性] 喜温暖湿润，耐寒力弱，冬季最低温度需保持在10℃以上，适温20~25℃；喜阳光充足、通风良好；宜疏松肥沃、排水良好的沙质土壤，忌积水。

[繁殖与栽培] 播种繁殖为主，也可扦插。生长期间应控制水量以防止徒长，并保证充足光照，使叶色鲜艳。幼苗期摘心可培育丛生株形。

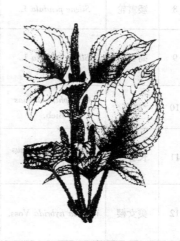

图13-16　彩叶草

[观赏与应用] 彩叶草色彩鲜艳，品种繁多，是重要的露地草本观叶植物，宜盆栽或配植花坛。

其他露地草本花卉及其栽培要点见表13-1。

表13-1　其他露地草本花卉及其栽培要点

序号	中名	学名	科属	习性	繁殖	栽培应用
1	翠菊	*Callistephus chinensis* (L.) Nees	菊科翠菊属	较耐寒，忌酷热，稍耐阴，忌连作	播种	喜肥沃、疏松土壤，布置花坛、花带、花境等
2	金鱼草	*Antirrhinum majus* L.	玄参科金鱼草属	耐寒，怕暑热，喜排水好的土壤	播种扦插	露地栽培需摘心，布置花坛、花境、盆栽观赏、布置岩石园
3	百日草	*Zinnia elegans* Jacq.	菊科百日草属	耐干旱，喜光，喜肥，怕暑热	播种扦插	栽培中应摘心以促发侧枝，布置花坛、花境或作切花、盆栽观赏
4	雏菊	*Bellis perennis* L.	菊科雏菊属	耐寒，能耐瘠薄土壤	播种分株、扦插	多布置花坛、花境或盆栽
5	矢车菊	*Centaurea cyanus* L.	菊科矢车菊属	喜光，耐寒，喜土壤肥沃、疏松、排水良好	播种	大苗不耐移植，丛植布置花坛、花境或切花

（续）

序号	中名	学名	科 属	习 性	繁 殖	栽培应用
6	毛地黄	*Digitalis purpurea* L.	玄参科毛地黄属	喜排水好土壤，较耐寒，可在半阴环境生长	播种、分株	布置花坛或作花境的背景材料
7	波斯菊	*Cosmos bipinnatus* Cav.	菊科秋英属	不耐寒，喜光，耐瘠薄，怕水涝	播种	多用来栽植花丛或花群，可自播繁衍
8	矮雪轮	*Silene pendula* L.	石竹科蝇子草属	喜光，耐寒，喜排水好、疏松的土壤	播种	布置花坛、花境或盆栽
9	高雪轮	*Silene armeria* L.	石竹科蝇子草属	喜凉爽，喜光，耐寒，不耐炎热，要求土壤排水良好	播种	幼苗要早移栽，布置花坛、花境或作切花
10	霞草	*Gypsophila elegans* Bieb.	石竹科丝石竹属	耐寒，喜干燥的石灰质土壤，忌移栽	播种	主要用于切花
11	长春花	*Catharanthus roseus* (L.) G. Don.	夹竹桃科长春花属	喜温暖，不耐寒，喜排水好、疏松的土壤	播种、扦插	作花坛、花境材料
12	美女樱	*Verbena hybrida* Voss.	马鞭草科马鞭草属	喜温暖，较耐寒，喜光，不耐干旱	播种、分株、压条	生长初期应摘心，促使分枝、布置花坛花境
13	桂竹香	*Cheiranthus cheiri* L.	十字花科桂竹香属	耐寒性较强，喜排水好的土壤，不耐移栽	播种	幼苗宜早移植。布置花坛、花境
14	月见草	*Oenothera biennis* L.	柳叶菜科月见草属	喜阳光，也耐半阴，要求土壤排水良好	播种、分株	秋播，丛植，布置花坛、花境
15	千日红	*Gomphrena globosa* L.	苋科千日红属	喜炎热、干燥气候，耐修剪，要求疏松肥沃土壤	播种	生长期湿度不宜过大，布置花坛或作干花、盆栽
16	飞燕草	*Consolida ajacis* (L.) Schur	毛茛科飞燕草属	喜凉爽、耐寒，喜光，忌涝，不耐移植	播种	宜布置花境、花带，也可植于林缘
17	银边翠	*Euphorbia marginata* Pursh	大戟科大戟属	耐热、不耐寒，不耐移植	播种	适合与色艳的草花配植于花坛，也可切花
18	麦秆菊	*Helichrysum bracteatum* Andr.	菊科麦秆菊属	不耐寒，忌酷热，喜排水好的肥沃土壤	播种	栽培管理粗放，丛植布置花坛或作切花
19	五色苋	*Alternanthera ficoidea* (Regel.) Nichols	苋科虾钳草属	喜温暖、阳光充足，不耐寒，喜排水好的土壤，耐修剪	播种、扦插	最适宜作毛毡花坛、镶边花坛或立体植物造型
20	风铃草	*Campanula medium* L.	桔梗科风铃草属	耐寒而不耐暑热，喜光，要求肥沃、湿润的沙壤土	播种、扦插	常作花坛、花境背景及林缘丛植

13.3　宿根花卉

13.3.1　芍药

[学名] *Paeonia lactiflora* Pall.

[别名] 将离、没骨花、余容、犁食

[科属] 毛茛科芍药属

[识别要点] 多年生草本，株高 50～110cm。地下具肉质粗根。茎由根部簇生，圆柱形。2 回 3 出羽状复叶，裂片广披针形至长椭圆形，边缘具骨质的白色小齿。花顶生或上部腋生，具长梗，单生，具叶状苞片，萼片 4 枚，宿存；原种花瓣椭圆形，白色，5 枚，雄蕊多数，花药呈黄色，心皮 5 个。蓇葖果，种子球形，黑褐色。花期 4～5 月，果熟期 8～9 月（图 13-17）。

园艺品种繁多，花型多变，有单瓣、半重瓣和重瓣以及二、三朵花重叠一起形成的台阁型花。重瓣花的花瓣多由雄蕊瓣化而来，也有花瓣自然增生和雌蕊瓣化而成。花色极为丰富，有白、淡红、紫红、大红、黄等色。

图 13-17　芍药

[产地与分布] 原产中国北部、日本及西伯利亚。现世界各地多有栽培。

[习性] 喜阳光充足，极耐寒，健壮，适应性强，我国北方大部分地区可露地越冬。忌夏季湿热；宜湿润及排水良好的壤土或沙壤土，忌盐碱地和低洼地。

[繁殖与栽培] 分株繁殖为主，也可播种或根插繁殖。分株应在秋季进行，切忌春季分株。栽培管理中保持土壤湿润，经常施肥。花前疏去侧蕾，可使主蕾花大色艳。对于开花时易倒伏的品种应设立支柱。

[观赏与应用] 芍药是我国传统名花，已有 2000 多年的栽培历史，有"花相"之称，又称"殿春"。其花大而艳丽，品种丰富，花开时十分壮观，在园林中常成片栽植，布置花坛、花境，或于庭院中丛植、孤植，也可配植于专类园。芍药是春季重要切花，可插瓶或作花篮。

13.3.2　荷包牡丹

[学名] *Dicentra spectabilis* Lem.

[别名] 兔儿牡丹、铃儿草

[科属] 罂粟科荷包牡丹属

[识别要点] 多年生草本，株高 30～60cm，具肉质根状茎。叶对生，3 出羽状复叶，多裂，被白粉。总状花序顶生，拱形，小花向一侧下垂，每序着花 10 朵左右。花瓣 4 枚，分内外两层，长约 2.5cm，外侧 2 枚，基部囊状，上部狭窄且反卷，形似荷包，玫瑰红色；里面 2 枚较瘦长，突出于外，粉红色，距钝而短；花期 4～6 月（图 13-18）。

[产地与分布] 原产中国北部和日本。现栽培广泛。

[**习性**] 喜凉爽，耐寒，不耐高温，忌阳光直射，耐半阴；喜湿润，不耐干旱；宜富含腐殖质、疏松肥沃的沙质土壤。

[**繁殖与栽培**] 分株为主，也可扦插根茎或播种。多在秋季分株。扦插可将根茎截成小段，每段带有芽眼，扦插在土中。播种多行秋播，也可将种子沙藏后春播。春、秋各施1次混合肥料，夏季应注意庇荫。

[**观赏与应用**] 荷包牡丹叶丛美丽，花朵玲珑，形似荷包，色彩绚丽，是盆栽和切花的良好材料，园林应用时可布置于疏荫下的花境、树坛内，十分美观。

图 13-18　荷包牡丹

13.3.3　射干

[**学名**] *Belamcanda chinensis* L.

[**别名**] 扁竹根、扁蒲扇、扁竹

[**科属**] 鸢尾科射干属

[**识别要点**] 多年生草本。株高 50～110cm。具地下根茎和匍匐枝。叶基生，2 列互生排成一个平面，宽剑形，扁平，稍被白粉。二歧状伞房花序顶生，花被片 6 枚，基部合生成极短的筒，橙红至桔黄色，外轮被片有红色斑点而开展，内轮被片稍小；花谢后花被片旋转状；花期 7～8 月（图 13-19）。

[**产地与分布**] 原产中国及日本、朝鲜，广布于全国各省区。

[**习性**] 性强健，适应性强，耐寒力强。喜阳光充足的干燥环境，不择土壤，在湿润、排水好，中等肥力的沙质壤土上生长良好。

图 13-19　射干

[**繁殖与栽培**] 播种或分株繁殖，春、秋播皆可。扦插可于春天分切带芽的根茎或匍匐枝，伤口稍干后栽植即可。生长旺盛期及开花前后追肥并加以灌溉，有利开花结实。

[**观赏与应用**] 射干是良好的花坛、花境用花，也是较好的切花材料。

13.3.4　鸢尾

[**学名**] *Iris tectorum* Maxim.

[**别名**] 蓝蝴蝶、祝英台花、铁扁担、扁竹

[**科属**] 鸢尾科鸢尾属

[**识别要点**] 多年生草本，株高 30～40cm。地下具根状茎，粗壮。叶剑形，基部重叠互抱成二列，淡绿色，革质。花葶 35～50cm，高于叶面，单一或有二分枝，着花 3～4 朵。花蓝紫色，垂瓣倒卵形，具蓝紫色条纹，瓣基具褐色纹，瓣中央有鸡冠状突起；旗瓣较小，拱形直立，基部收缢，色稍浅；花期 5 月。蒴果长圆形，具四棱，种子棕褐色。（图 13-20）。

[产地与分布] 产于我国西南地区及陕西、江西、浙江各地，日本、缅甸皆有分布。

[习性] 喜半阴，耐干燥，耐寒力强，根状茎在我国大部分地区可安全越冬。喜含腐殖质丰富、排水良好的沙壤土。根系较浅，生长迅速。

[繁殖与栽培] 以分栽根茎为主。分根后及时栽植。地栽宜施足基肥，注意保持土壤湿润。

[观赏与应用] 鸢尾花形奇特，盛开时如蝴蝶飞舞，别具一格，适宜作花坛、花境栽培，也可植于庭院之中、假山石旁或盆栽观赏。亦为优良切花。

图13-20　鸢尾

13.3.5　萱草

[学名] *Hemerocallis fulva* L.

[别名] 忘忧草、金针菜

[科属] 百合科萱草属

[识别要点] 多年生草本，具短粗根状茎和纺锤形块根。叶基生，排成二列状，长带形，稍内折。花葶自叶丛中抽出，高于叶面，可达100cm。圆锥花序顶生，着花8～12朵；花冠漏斗形，花被6片，长椭圆形，先端尖，分成内外两轮，每轮3片。桔红色。花期6～7月，早开晚凋，芳香（图13-21）。

[产地与分布] 产于中国中南部，各地园林多栽培。欧美近年栽培颇盛。

[习性] 性强健，耐寒，在华北大部分地区露地越冬。耐干旱，不择土壤。喜光，耐半阴。在深厚、肥沃、湿润且排水好的沙质土壤中生长良好。

图13-21　萱草

[繁殖与栽培] 分株繁殖为主，春、秋季皆可，也可扦插或播种。适应性强，管理简便。栽前宜施足基肥，并经常灌水，以保持湿润。

[观赏与应用] 萱草有"中国的母亲花"之称，花色鲜艳，且春季萌发早，绿叶成丛，极为美观。可用于花境、路旁、岩石园栽植，也可作疏林下的地被植物。

13.3.6　蜀葵

[学名] *Althaea rosea* Cav.

[别名] 一丈红、棋盘花、熟季花、端午锦

[科属] 锦葵科蜀葵属

[识别要点] 多年生草本，常作二年生栽培。株高可达2～3m，全株被柔毛。茎无分枝或少分枝，叶互生，具长柄，近圆心形，5～7掌状浅裂或波状角裂，具齿，叶面粗糙多皱。花大，腋生，聚成顶生总状花序；副萼合生，具8裂；花色丰富，有白、粉、桃红、大红、深红、雪青、深紫、墨红、淡黄、桔红等色。花期7～9月（图13-22）。

181

[产地与分布] 原产中国及亚洲各地，现广为栽培。

[习性] 喜凉爽、向阳环境，耐寒，也耐半阴；宜肥沃、排水好的土壤。对二氧化硫等有害气体具一定的抗性，能自播繁殖。

[繁殖与栽培] 春、秋季播种繁殖，也可扦插或分株繁殖。幼苗加强肥水管理，开花期适当浇水，花后回剪到距地面 15cm，使重新抽芽，次年开花更好。管理上注意防旱。

[观赏与应用] 蜀葵花期较长，株形高大，宜作花境和树坛的背景材料，也可于建筑物旁、墙角、空隙地以及林缘栽植。

图 13-22　蜀葵

13.3.7　玉簪

[学名] *Hosta plantaginea* Asohers.

[别名] 玉春棒

[科属] 百合科玉簪属

[识别要点] 多年生草本。株高 40cm。叶基生成丛，具长柄，叶柄有沟槽；叶片卵形至心脏形，基部心形，弧形脉。顶生总状花序，着花 9～15 朵，高出叶丛，花被筒长，下部细小，形似簪；小花漏斗形，白色，具浓香。花期 6～7 月，傍晚开放，次日晚凋谢（图 13-23）。

[产地与分布] 原产中国，各地均有栽培。

[习性] 性强健，耐寒，喜阴湿，忌强光直射。对土壤要求不严。喜疏松、肥沃、排水好的沙质土壤。

[繁殖与栽培] 分株或播种繁殖。栽培中注意忌强光照射，以免叶面灼伤。生长期充分浇水，发芽期及花前可施少量磷肥及氮肥。管理简单。

图 13-23　玉簪

[观赏与应用] 玉簪花朵洁白清香，叶色油绿可爱，可作林下地被及阴处的基础种植，也可盆栽观赏、配植岩石园，或作切叶。

13.3.8　荷兰菊

[学名] *Aster novi-belgii* L.

[别名] 柳叶菊

[科属] 菊科紫菀属

[识别要点] 多年生草本。株高 50～150cm，全株被粗毛，上部呈伞房状分枝。叶长圆形至线状披针形，近全缘，基部稍抱茎。头状花序伞房状着生，花较小，舌状花 1～3 轮，淡蓝紫色或白色，总苞片线形，端急尖，微向外伸展，花期 8～10 月（图 13-24）。

[产地与分布] 原产北美，我国北方栽培广泛。

[习性] 耐寒性强，喜凉爽。需阳光充足和通风良好的环境。宜湿润、肥沃、深厚的土

壤，忌夏季干燥。

[**繁殖与栽培**] 播种、分株或扦插繁殖。播种宜在春季进行，分株春、秋均可，扦插多在 5～6 月进行。管理粗放。为使植株低矮，增加分枝，生长期需不断摘心。

[**观赏与应用**] 荷兰菊花形细致，色彩素雅，有红、粉、蓝等色，花期又长，是重要的切花和园林景观布置材料，适用于花坛和花境点缀，也可盆栽。同属栽培植物紫菀在园林中也有较多应用，尤其适合园林野趣环境中栽植。

13.3.9　宿根福禄考

[**学名**] *Phlox paniculata* L.

图 13-24　荷兰菊

[**别名**] 天蓝绣球、锥花福禄考

[**科属**] 花荵科福禄考属

[**识别要点**] 多年生草本。株高 60～120cm。茎粗壮直立，光滑或上部有柔毛，不分枝。叶交互对生，卵状披针形或长椭圆状披针形，边缘具细硬毛。圆锥花序顶生，花朵密集，花冠高脚碟状，萼片狭细，裂片刺毛状，原种花玫瑰紫色，花期 7～8 月。有白色、浅蓝、不同深浅红紫色及矮生品种，有早花、中花、晚花类品种，以及高型、匍匐型与矮型等品种（图 13-25）。

[**产地与分布**] 原产北美，各地均有栽培。

[**习性**] 喜阳光充足，耐寒，喜肥沃湿润的石灰质土壤。

[**繁殖与栽培**] 扦插、分株或播种繁殖，以春、秋分株为主。栽培中注意不可积水或过分干旱。对土壤要求不严，3～4 年分株 1 次有利更新。

图 13-25　宿根福禄考

[**观赏与应用**] 宿根福禄考的开花期正值夏季，是优良的庭园宿根花卉，可用于花坛、花境，也可盆栽或作切花。

13.3.10　桔梗

[**学名**] *Platycodon grandiflorus* A. DC.

[**别名**] 铃铛花、包袱花、僧冠帽、六角荷、道拉基

[**科属**] 桔梗科桔梗属

[**识别要点**] 多年生草本。株高 30～100cm，上部有分枝。块根肥大多肉，胡萝卜状。叶互生，或对生，或 3 叶轮生，近无柄，卵形至披针形，具锯齿，叶背具白粉。花单生枝顶，或数朵聚合成总状花序；花冠钟形，蓝紫色，未开时抱合似僧冠；萼钟状，宿存。花期 6～9 月（图 13-26）。

[**产地与分布**] 原产中国、朝鲜和日本，各地均有栽培。

[**习性**] 耐寒性强，喜凉爽、湿润、疏阴的环境；宜排水良好、富含腐殖质的沙质土壤。

[**繁殖与栽培**] 播种或分株繁殖。播种通常3~4月直播，播前先浸种，发芽后注意保持土壤湿润。分株春、秋季均可进行。栽培中应注意雨后防积水，及时松土除草。秋后剪除地上枯枝，清除落叶，施基肥。

[**观赏与应用**] 桔梗花形美丽，色泽淡雅，多用于花境或岩石园的布置，也可作切花。

其他露地宿根花卉及其栽培管理要点见表13-2。

图13-26　桔梗

表13-2　其他露地宿根花卉及其栽培管理要点

序号	中　名	学　名	科　属	习　性	繁　殖	栽培应用
1	大花金鸡菊	*Coreopsis lanceolata* L.	菊科金鸡菊属	原产北美，本种耐寒性强，能自播繁衍	播种、分株	布置花境或作地被，也可切花
2	金光菊	*Rudbeckia laciniata* L.	菊科金光菊属	喜光照充足，耐寒，在疏松肥沃土壤中生长良好	分株、播种	适应性及耐寒性强，易栽培，布置花境或作切花
3	华北耧斗菜	*Aquilegia yabeana* Kitagawa	毛茛科耧斗菜属	性强健，耐寒，喜半阴环境和排水良好壤土	播种、分株	布置花境或岩石园
4	芭蕉	*Musa basjoo*	芭蕉科芭蕉属	喜阳光、温暖和湿润的环境，不耐寒，忌碱土	分株	北方地区栽植时冬季需保护越冬
5	大叶景天	*Sedum spectabilc* Boreau	景天科蝎子草属（景天属）	喜光耐旱，对土壤要求不严	扦插、分株	布置花坛、花境或岩石园
6	黑心菊	*Rudbeckia* hybrida	菊科金光菊属	喜向阳通风环境，耐寒、耐旱	播种、分株	布置花坛、花境或作切花
7	松果菊	*Echinacea purpurea* Moench	菊科松果菊属	耐寒，喜光照充足和深厚肥沃，富含腐殖质的土壤	播种、分株	背景栽植或作花境、坡地材料，亦作切花
8	一枝黄花	*Solidago decurrens* Lour.	菊科一枝黄花属	喜阳光充足，喜凉爽气候，耐寒耐旱	播种、分株	用作花境的背景材料或丛植于绿地，也可切花
9	火炬花	*Kniphofil uvaria* Hook.	百合科火炬花属	喜阳光充足，耐寒，不择土壤	播种、分株	布置花境或作切花
10	假龙头花	*Physostegia virginiana* Benth.	唇形科假龙头花属	喜光照充足，喜湿润及排水良好的壤土或沙壤土	分株、扦插	适合大型盆栽或切花，宜布置花境、花坛背景或野趣园中丛植
11	石碱花	*Saponaria officinalis* L.	石竹科肥皂草属	喜光，耐寒，在向阳、排水良好、肥沃疏松土壤中生长好	播种、分株	作花境的背景材料，或丛植于林地、篱旁

13.4　球根花卉

13.4.1　大丽花

[学名]　*Dahlia pinnata* Cav.

[别名]　大理花、大丽菊、天竺牡丹、地瓜花

[科属]　菊科大丽花属

[识别要点]　多年生球根花卉。具粗大纺锤状肉质块根、形似地瓜。茎光滑粗壮，直立而多分枝。叶对生，大形，1～2回羽状裂，裂片卵形，具粗钝锯齿，总柄微带翅状。头状花序顶生，其大小、色彩及形状因品种不同而异，花期6～10月。园艺品种繁多，花有白、黄、橙、红、粉红、紫等色，并有复色品种及矮生品种(图13-27)。

[产地与分布]　原产墨西哥高原，为全世界栽培最广泛的花卉之一。

[习性]　不耐寒，忌暑热，喜高燥、凉爽。要求阳光充足、通风良好。宜富含腐殖质、排水良好的沙质土壤。忌积水，短日照条件下开花。

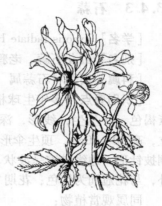

图 13-27　大丽花

[繁殖与栽培]　以分栽块根和扦插繁殖为主，矮生品种可播种繁殖。扦插全年均可进行，但以早春为好。2～3月间，将根丛在温室内催芽扦插。分根宜在早春进行，每分株的块根上必须带有根颈部，否则不能发芽。播种也宜在春季。大丽花露地栽培或盆栽均可。生长期应注意排水及整枝修剪、摘蕾等，注意施肥，但不可过量。冬季应挖出块根，使其外表充分干燥，再用干沙埋存。

[观赏与应用]　大丽花花色丰富，花型多变，品种多样，花期较长，最适合家庭盆栽观赏，也可应用于花坛、花境、庭院丛植，或用作切花。

13.4.2　美人蕉

[学名]　*Canna indica* L.

[别名]　小芭蕉

[科属]　美人蕉科美人蕉属

[识别要点]　多年生球根花卉，株高0.8～1.5m，具肉质根状茎。地上茎肉质，绿色，不分枝。叶长椭圆形，两面绿色。总状花序自茎顶抽出，每花序有花10余朵；雄蕊5枚，瓣化，中央3枚呈卵状披针形，一枚翻卷为唇瓣形，另一枚具单室的花药。雌蕊花柱扁平，亦呈花瓣状。瓣化的雄蕊鲜红、橙红或有桔红色斑点，为主要观赏部位。花期6～11月。蒴果，种子黑色(图13-28)。

[产地与分布]　原产美洲热带，我国各省普遍栽培。

图 13-28　美人蕉

[习性] 喜高温炎热，不耐寒，遇霜即枯萎。喜阳光充足，畏强风。喜肥沃、湿润的深厚土壤，忌积水。性强健，适应性强。

[繁殖与栽培] 春季分根繁殖，也可播种。管理粗放简单。喜肥，花前追肥 1~2 次有利开花。花后从基部剪去花枝，以利根茎生长。长江以北地区冬季挖出根茎，在室内干藏越冬。

[观赏与应用] 美人蕉绿叶红花，亭亭玉立，是园林常见的灌丛边缘、花坛、花境材料，适合大片的自然栽植或作基础种植，低矮品种也可盆栽。净化空气的效果良好。

13.4.3　石蒜

[学名] Lycoris radiate Herb.

[别名] 红花石蒜、老鸦蒜、蟑螂花

[科属] 石蒜科石蒜属

[识别要点] 多年生球根花卉。地下鳞茎广椭圆形，皮膜紫褐色。叶丛生，线形，深绿色，于秋季花后抽出。花葶直立，高 30~60cm，顶生伞形花序，着花 5~12 朵；花被片狭长倒披针形，边缘皱缩呈波状，显著反卷；雄蕊及花柱伸出花冠外，与花冠同为红色；花期 7~9 月（图 13-29）。

同属观赏植物：

（1）忽地笑（L. aurea Herb.）　又名铁色箭，叶阔线形，粉绿色，花大，桔黄色，分布于我国中南部，生于阴湿环境，花期 9~10 月。

（2）夏水仙（L. squamigera Maxim.）　又名鹿葱，叶阔线形，淡绿色，花淡紫红色，我国江、浙、皖等省及日本有分布。

图 13-29　石蒜

[产地与分布] 原产于我国长江流域、西南地区及日本，在我国大部分地区鳞茎均可露地自然越冬。

[习性] 性强健，适应性广。喜温暖，耐寒力强。喜湿润和半阴环境，但也耐日晒及干旱，不择土壤，但喜腐殖质丰富的土壤和阴湿而排水良好的环境。

[繁殖与栽培] 分株繁殖。春、秋两季均可种植，暖地多秋植，秋植后次春抽芽。栽植深度以土面刚埋过球顶为宜。华北地区露地种植需保护过冬。以腐殖质丰富、排水好的土壤栽种为好。采收宜在叶枯时进行，一般 4~5 年分栽一次。

[观赏与应用] 石蒜夏秋花朵怒放，十分艳丽，可布置于草地、林下或配植于多年生混合花境中，均可构成佳景，也是极好的盆花和切花材料。

13.4.4　葱兰

[学名] Zephyranthes candida Herb.

[别名] 白玉帘、葱莲

[科属] 石蒜科葱兰属

[识别要点] 多年生常绿球根花卉，株高 10~20cm。有皮鳞茎狭卵形，颈部细长。叶

基生，扁线形，具纵沟，稍肉质，暗绿色。花葶自叶丛一侧抽出，中空，花单生，花被片6，白色，外被紫红色晕，花期7~9月，蒴果近球形（图13-30）。

[产地与分布] 原产墨西哥及南美各国，我国栽培广泛。

[习性] 喜温暖、湿润，稍耐寒。喜光照充足，耐半阴。要求排水好、肥沃的沙壤土。

[繁殖与栽培] 分球繁殖。春植球根，宜浅植，上端稍露出土面，3~4枚鳞茎种于一穴。发芽前控制浇水，生长旺季充分供给水肥。盆栽2~3年后，应取出鳞茎。地栽1~2年后挖出一次，有利复壮。栽培管理粗放。

[观赏与应用] 葱兰株丛低矮紧密，花期较长，最适合作花坛、花境的镶边材料和林下地被，也可盆栽或瓶插水养。

图 13-30　葱兰

13.4.5　花毛茛

[学名] *Ranunculus asiaticus* L.

[别名] 芹菜花、波斯毛茛

[科属] 毛茛科毛茛属

[识别要点] 多年生块根类球根花卉，株高 30~45cm。地下具纺锤形小块根。基生叶椭圆形，多为三出，有粗钝锯齿，具长柄；茎生叶羽状细裂，几无柄。每一花葶着花1~4朵，花萼绿色，花瓣质薄，富有光泽，有单瓣和重瓣，有黄、红、白、橙等花色，花期4~5月（图13-31）。

[产地与分布] 原产欧洲东南部及亚洲西南部，现广为栽培。

[习性] 喜凉爽，不耐寒，冬季在0℃下即受冻害。喜半阴。宜疏松肥沃、排水良好的沙质壤土，喜肥，喜湿润，忌积水和干旱。花后地上部分逐渐枯黄，6月后休眠。

图 13-31　花毛茛

[繁殖与栽培] 分株或播种繁殖。分株多在9~10月，将块根带颈顺自然生长状态用手掰开，以3~4根为一株栽植，栽植前最好消毒。秋季播种，需人工低温催芽，将种子浸湿后置于7~10℃下，经20天便可发芽。夏季休眠后应将块根掘起，晾干放置于通风干燥处。注意防寒。

[观赏与应用] 花毛茛花大色艳，是园林庇荫条件下优良的植物材料，多植于林下树坛、建筑物的北侧，或丛植于草坪的一角，也可盆栽布置室内，或剪取切花瓶插水养。

13.4.6　晚香玉

[学名] *Polianthes tuberosa* L.

[别名] 夜来香、井下香、夜情香

[科属] 石蒜科晚香玉属

[识别要点] 多年生球根花卉，具鳞茎状块茎。基生叶簇生，呈长条带状，拱形开展；茎生叶互生，愈向上愈小，近花序处呈苞片状。顶生穗状花序，小花成对着生于花序轴上，每序着花 12～20 朵；花冠漏斗状，白色，浓香，日落后香味更浓。花期 7～10 月，有重瓣及叶面具斑纹的变种。蒴果卵形，种子黑色，扁锥形（图13-32）。

[产地与分布] 原产墨西哥及南美，现世界各地广为栽培，我国很早即引种。

[习性] 喜温暖湿润、阳光充足的环境，不耐寒，喜肥沃、湿润的黏质壤土或壤土，忌积水。

[繁殖与栽培] 分球繁殖为主，中国大部分地区作春植球根栽培，长江流域可露地过冬。大球浅栽，整个顶芽露出土面。为使根系发达，栽前可用利刀削去下部分衰老的块茎及须根，出叶后初期不宜浇水太多，后期水肥宜充足。

图 13-32　晚香玉

[观赏与应用] 晚香玉花香浓郁，清雅宜人，可布置花坛、花境或盆栽。亦为重要的切花材料。

13.4.7　郁金香

[学名] *Tulipa gesneriana* L.

[别名] 洋荷花、草麝香

[科属] 百合科郁金香属

[识别要点] 多年生草本，鳞茎扁圆锥形。株高 15～45cm，整株被白粉，基生叶 2～3 枚，阔披针形；茎生叶 1～2 枚，披针形。花单生茎顶，大型杯状、碗形、卵形、百合花形等，花被片 6 或重瓣，有红、白、黄、橙、紫及各种复色，白天开放，阴天闭合，花期 3～5 月。蒴果背裂，种子扁平（图13-33）。园艺品种繁多。

[产地与分布] 原产地中海沿岸及中亚细亚地区，世界各地有栽培，以荷兰栽培最多。

图 13-33　郁金香

[习性] 喜阳光，稍耐半阴，喜温暖、湿润和夏季凉爽、稍干燥气候。耐寒，忌暑热。在富含腐殖质、土层深厚、肥沃、排水良好的沙质壤土中生长良好。不耐移栽。

[繁殖与栽培] 分球和播种繁殖，以分球为主，播种繁殖多用于育种。花后茎叶枯萎时及时掘起鳞茎，分级保存。秋后栽植，栽前施足底肥。北方地区栽植时冬季可覆盖树叶、塑料薄膜、蒲席等保温防寒。促成栽培时需采用低温处理的种球。

[观赏与应用] 郁金香为重要的春季球根花卉，其花色明快艳丽，品种繁多，是花境、花坛布置或草坪边缘自然丛植的良好材料，也可盆栽或切花。

13.4.8　风信子

[学名] *Hyacinthus orientalis* L.

[别名] 洋水仙、五色水仙

[科属] 百合科风信子属

[识别要点] 多年生球根花卉，鳞茎球形或扁球形，外被有光泽的皮膜。叶基生，4～6枚，肥厚带状，有光泽。花葶中空，自叶丛中抽出，高 15～45cm，先端着生总状花序，小花钟状，斜伸或下垂；花被基部膨大，上部 4 裂反卷，重瓣或单瓣，花有紫、白、粉、红、堇、蓝等色，多数园艺品种有香气，花期 3～4 月（图 13-34）。

[产地与分布] 原产欧洲南部及小亚细亚一带，现世界各国多有栽培，荷兰最多。

[习性] 喜凉爽，不耐寒，宜湿润及阳光充足的气候。要求富含腐殖质、排水好的沙壤土，喜肥。

[繁殖与栽培] 常采用播种、分球或组织培养法繁殖，也可水养。华北地区选避风向阳的小环境种植，冬季稍加覆盖即可越冬。栽植前施足基肥，花前追肥，后期节制肥水。夏季休眠后将种球挖出，贮藏于干燥、凉爽的通风环境。

图 13-34　风信子

[观赏与应用] 风信子花形端庄，色彩艳丽，极为芳香，是著名的早春开花的球根花卉。适于布置花坛、花境和花钵等，也可作切花、盆栽或水养。

13.4.9　水仙

[学名] *Narcissus tazetta* var. *chinensis* Roem.

[别名] 中国水仙、雅蒜、天葱、凌波仙子、金盏银台

[科属] 石蒜科水仙属

[识别要点] 多年生球根花卉，地下具有肥大的鳞茎（图 13-35），鳞茎上着生多层鳞片；鳞茎呈圆锥形或卵圆形，由鳞茎皮、鳞片、叶芽、花芽及鳞茎盘组成；鳞茎的基部两侧可伴生小鳞茎，1～5 个不等，也称脚芽或边芽，可作繁殖材料。根肉质，自鳞茎盘长出，乳白色，圆柱形，折断后不能再生。叶呈扁平带状，叶色葱绿，叶面有霜粉，平行脉，先端钝，无叶柄。花为伞形花序，花序轴自叶丛中抽出，中空，呈绿色圆筒形；花成扇形着生于花序轴顶端，外有包膜，包膜内有小花 3～9 朵；花乳白色，由 6 瓣组成；副冠杯状，黄色；花具清香，花期 15 天左右。中国水仙为三倍体，高度不孕，蒴果内无种子（图 13-36）。

图 13-35　水仙鳞茎
1—主芽　2—鳞茎　3—脚芽
4—鳞茎盘　5—根

品种、类型：

按花型分单瓣与重瓣 2 个品种。单瓣品种称"金盏银台"，花被纯白色，平展开放，副花冠金黄色，浅杯状。重瓣品种称"玉玲珑"，花变态，重瓣，花瓣褶皱，无杯状副花冠。

按栽培类型分为 3 种。福建漳州水仙鳞茎肥大，易出脚

图 13-36　水仙

芽，均匀对称，花葶多，香味浓，是中国水仙佳品；崇明水仙鳞茎较小，多为卵圆状球形，不易发生脚芽，花葶少，香味亦较淡；舟山水仙形态特征界于两种之间，接近崇明水仙。

[产地与分布] 中花水仙为多花水仙（N. tazetta L.）即法国水仙的主要变种之一，原产欧洲地中海沿岸及北非、西亚地区，分布在中国、日本、朝鲜。现在我国的水仙栽培中心，最著名的是福建漳州，另外生产水仙较多的是上海崇明岛，浙江的舟山、温州，福建平潭有野化水仙，湖北、湖南、云南、四川、广州也有生产。

[习性] 喜冷凉气候，要求生长在冬季温暖湿润、无严寒的气候条件下，喜肥、喜水，喜疏松肥沃、腐殖质丰富的中性或微酸性土壤，喜光，也稍耐阴，开花期要求强光照。

[繁殖与栽培] 主要用侧球繁殖。侧球即脚芽或边芽，很容易自行脱离母体。作为商品出售的水仙，一般要经三年的培育。

水仙栽培分为旱地和水田栽培两种方式。崇明水仙多用旱栽法，漳州水仙多用水栽法。旱栽法与其他秋植球根花卉基本相同。水田栽培法在8～9月间耕翻土地后泡地一周，9～10月间作高畦，将小鳞茎栽在畦面上，覆土后向畦面喷水，保持湿润，以后向畦沟内灌水，至畦面湿润为止。

水仙的雕刻水养一般分如下步骤完成：

（1）挑选鳞茎 优质水仙头扁圆形，健壮坚实，球面纵条纹较阔，中膜绷得紧，主球两旁小球多。水仙球的外壳深褐色，发亮，无病斑，用手捏水仙球上下两端，坚实而有弹性的便是花芽，松软的多为叶芽。漳州水仙一般以竹篓（或纸箱）包装，分为10装、20装、30装、40装，装得越少，球径越大，开花越多。

（2）雕刻造型 先将外皮和枯根去除，而后用小刀在鳞茎上部节间纵切十字形小口，以帮助花茎抽出，切口时勿伤及叶芽和花芽。切好后水洗并浸泡1天，即可开始水养。

为了提高水仙观赏价值，很多情况下需对水仙鳞茎进行雕刻处理。一般在根未生出，即开花前40～50天进行。雕刻处理可分为简单雕刻和精细雕刻，简单雕刻如笔架水仙，精细雕刻如蟹爪水仙、花篮等，可加工成各种造型。

（3）水养整形 雕刻后用清水冲洗多次，再用湿巾裹住伤口，阴干后水养。水养过程中，注意向阳面不能更改，否则不利于造型。水养时将雕刻面向上，浸水达球茎厚度的1/3，上面盖湿巾或脱脂棉，以利于根系吸水，水养初期每天更换清水，半月后隔天换水。生长适温10～18℃，过高则易出现"哑花"现象。

通过增强光照和控水可使植株矮化。控水即晚间把水倒掉，白天也可减少水分供给时间。通过温度控制可以调整开花期，在不超过25℃条件下，增高温度可提前开花。

[观赏与应用] 水仙花色素雅温馨，气味清香宜人，且花开时正值隆冬季节，极宜室内摆放，系我国传统名花之一。经雕刻水养后可形成各种生动造型。南方温暖地区，可用来布置花坛，点缀绿地。除观赏外，还可药用。

其他球根花卉及其栽培要点见表13-3。

表13-3 其他球根花卉及其栽培要点

序 号	中 名	学 名	科 属	习 性	繁 殖	栽培应用
1	番红花	*Crocus sativus* L.	鸢尾科番红花属	喜凉爽、阳光充足，要求排水良好，忌连作	分球	多秋季栽植，布置嵌花草坪或作地被，也可在岩石园栽植

（续）

序号	中名	学名	科 属	习 性	繁殖	栽培应用
2	铃兰	*Convallaria majalis* L.	百合科铃兰属	喜凉爽、湿润而半阴的环境，忌炎热，喜富含腐殖质的微酸性土壤	分株	管理较粗放。布置花坛、花境，点缀自然山石及岩石园
3	山丹	*Lilium concolor* Salish.	百合科百合属	喜冷凉、耐寒怕热，喜排水好的微酸性土壤	分球、分株	布置花坛、花境，群栽在林缘或盆栽
4	卷丹	*Lilium tigrinum* Ker.	百合科百合属	喜温暖、干燥，喜光直射	分球、分株	布置花坛、花境、群栽在林缘或盆栽
5	马蔺	*Iris lactea Pall.* var. *Chinensis(Fisch.)* koidz.	鸢尾科鸢尾属	喜光，耐旱而寒，适应性强，耐盐碱	播种、分株	布置花坛、花境或岩石园
6	蕉藕	*Canna edulis* Ker.	美人蕉科美人蕉属	喜光耐阴，不耐寒，要求土层深厚肥沃土壤	分株	布置花坛、花境或作饲料

13.5 水生花卉

13.5.1 睡莲

[学名] *Nymphaea tetragona* Georgi

[别名] 子午莲、水浮黄

[科属] 睡莲科睡莲属

[识别要点] 多年生浮水植物。根茎直立，不分枝，块状根茎，生于泥中。叶较小，近圆形或卵状椭圆形，具长而柔软的叶柄，表面浓绿色，背面暗紫色，幼叶表面具褐色斑纹，浮于水面。花单朵顶生，较大，浮于水面或略高于水面，有黄、白、粉红、红等色，午后开放。花期 7~9 月，单朵花期 2~9 天。聚合果，海绵质，成熟后不规则破裂，内含球形小坚果。果实含种子多数，种子外有冻状物包裹（图 13-37）。

[产地与分布] 广泛分布于亚洲、美洲及大洋洲。

[习性] 喜阳光充足、空气湿润和通风良好的环境，较耐寒，长江流域可在露地水池中越冬，喜水质清洁的静水，以及肥沃的黏质土壤。

图 13-37 睡莲

[繁殖与栽培] 分株繁殖为主，也可播种。栽培水深生长季不宜超过 40cm，越冬时可深至 80cm。不宜栽植在水位过深、水流过急的位置。生长期应保持阳光充足，通风良好。

[观赏与应用] 睡莲花朵硕大，色泽美丽，清香宜人，是园林水面绿化的优良材料，可缸栽或池栽，也可与其他水生花卉配植在一起。

13.5.2 荷花

[学名] *Nelumbo nucifera* Gaertn.

[**别名**] 莲、荷、水芙蓉

[**科属**] 睡莲科莲属

[**识别要点**] 多年生挺水植物。根状茎（藕）横生水底泥中，肥厚多节，节间内有多数孔眼，节部缢缩。叶盾状圆形，全缘或稍呈波状，上被蜡质，绿色，有带刺长叶柄挺出水面。花大，单生于花梗顶端，高于叶面，粉红、红或白色，清香，昼开夜合，有单瓣、重瓣之分，花径10～30cm，花期6～8月。花托于果期膨大凸出于花中央，有多数蜂窝孔，俗称莲蓬，内有小坚果（莲子），果熟期8～9月（图13-38）。

图13-38　荷花

品种较多，主要分为子用莲、藕用莲、观赏莲三大类。观赏莲中又具单瓣莲、复瓣莲、重瓣莲和重台莲4个类型。

[**产地与分布**] 原产亚洲热带和大洋洲地区，中国是荷花的中心原产地，栽培广泛。

[**习性**] 喜温暖，生长适温20～30℃，15℃以下停止生长。喜阳光充足的环境，不耐阴。喜肥，宜富含腐殖质、微酸性的黏质壤土，忌干旱。

[**繁殖与栽培**] 分根繁殖，也可播种繁殖，分根多于春末夏初进行。栽培中施足基肥，水深不超过1m。北方冬天可在冰层下过冬，盆栽可于冷窖越冬，保持0℃以上，土壤湿润即可。

[**观赏与应用**] 荷花花叶清秀，花香四溢，在我国栽培历史悠久，系传统名花之一，自古以来即被视为品格高尚的化身，"出淤泥而不染，濯清涟而不妖"，是深受喜爱的"君子花"。在我国，以荷花为市花的城市有山东济南、济宁、河南许昌、湖北孝感、洪湖、广东肇庆等，澳门的区花也是荷花。园林中主要用于水面布置，也可缸栽或碗栽。花、叶均可作花材插花，还是重要的经济作物。

13.5.3　凤眼莲

[**学名**] *Eichhornia crassipes*（Mart.）Solms-Laub.

[**别名**] 水葫芦、凤眼兰

[**科属**] 雨久花科凤眼莲属

[**识别要点**] 多年生漂浮植物。根系发达，茎极短，具长匍匐枝。叶丛生而直伸，宽卵形至卵圆形，基部浅心形，厚而光滑，鲜绿色，叶柄远长于叶片，近基部膨大成囊状，海绵质，内含空气。花茎自叶间抽出，端部生短穗状花序，小花淡蓝紫色；花被2轮，外3片较狭，正中1片稍大，上有蓝紫色斑，斑中有黄眼点，形似孔雀毛，故名"凤眼莲"，花期8～9月（图13-39）。

[**产地与分布**] 原产南美洲，现我国长江、黄河流域广为引种。

图13-39　凤眼莲

[习性] 喜温暖、向阳的环境，宜生活在富含有机质的静水中。喜淡水，较耐寒。适应性很强。

[繁殖与栽培] 分株繁殖。春天将母株丛分离或切取腋生小株，投入水中即可生根，极易成活，盆栽越冬温度10℃以上。由于生长迅速繁茂，在水面上应有一定控制，以免堵塞水面。

[观赏与应用] 凤眼莲叶柄奇特，叶色绿而光亮，花开茂盛而俏丽，具很强的净化污水能力，是园林水面绿化的良好材料，也可作切花。其全株入药，叶可作切花。

13.5.4 雨久花

[学名] *Monochoria korsakowii* Regel et Maack.

[别名] 水白菜、蓝鸟花

[科属] 雨久花科雨久花属

[识别要点] 多年生沼泽生草本花卉，具短而匍匐的根状茎，地上茎直立，高30~80cm。叶卵状心形，有长柄，基部有鞘。花茎自基部抽出，总状花序，花被蓝紫色或稍带白色，花期7~9月。蒴果长卵形（图13-40）。

[产地与分布] 原产我国东部及北部，日本、朝鲜及东南亚均有分布。现我国南北各地多有生长。

[习性] 性强健，喜温暖、潮湿及阳光充足的环境，不耐寒，耐半阴。

图13-40 雨久花

[繁殖与栽培] 播种繁殖。多盆栽，同一般水生花卉管理。

[观赏与应用] 雨久花花叶俱佳，十分别致，可用于布置临水池塘、小水池。地上部可入药。

13.5.5 石菖蒲

[学名] *Acorus gramineus* Soland.

[别名] 山菖蒲、药菖蒲

[科属] 天南星科菖蒲属

[识别要点] 常绿多年生草本植物。株高30~40cm，全株具香气。根状茎于水中的泥土中匍匐横生。叶基生，剑状条形，无柄，全缘，鲜绿色，先端尖，质韧，有光泽。花茎叶状，扁三棱形，肉穗花序，无柄，佛焰苞叶状侧生，花黄绿色，花期4~5月（图13-41）。

[产地与分布] 原产中国、日本及朝鲜。我国东北、华南、华东、华中均有分布。

[习性] 喜温暖、阴湿的环境，忌干旱，喜潮湿、肥沃的土壤。

[繁殖与栽培] 分株繁殖，于早春3~4月进行。生长期注意松土浇水，保持阴湿环境，切忌干旱。生长强健，栽培管理简单粗放。

图13-41 石菖蒲

[观赏与应用] 石菖蒲株丛低矮，叶常绿而有光泽，适合栽植于小溪边或其他浅水处，也可作阴湿处的地被植物。同属栽培植物菖蒲（*A. calamus* L.）也宜作岸边或水面绿化材料。

小　结

　　露地花卉是指在当地自然条件下，不加温床、温室等特殊保护措施，在露地栽植即能正常完成其生活周期的植物。又可分为一年生花卉、二年生花卉、多年生花卉、水生花卉和岩生花卉。

　　露地花卉栽培的特点是：投入少、设备简单、生产程序简便，是花卉生产栽培中常用的方式。

　　露地花卉栽培方式大致分为地栽和露地盆栽两种形式。

　　露地花卉栽培管理的主要技术环节包括：栽培地选择与整地、播种及育苗、间苗、移植、定植、施肥、灌溉、中耕除草、修剪整形、采收贮藏、防寒越冬等。

　　本章主要介绍的花卉品种有：

　　① 一二年生花卉，如鸡冠花、凤仙花、万寿菊、一串红、半支莲、紫茉莉、矮牵牛、三色堇、金盏菊、羽衣甘蓝、虞美人、牵牛花、茑萝、地肤、福禄考、彩叶草等。

　　② 宿根花卉，如芍药、荷包牡丹、射干、鸢尾、萱草、蜀葵、玉簪、荷兰菊、宿根福禄考、桔梗等。

　　③ 球根花卉，如大丽花、美人蕉、石蒜、葱兰、花毛茛、晚香玉、郁金香、小苍兰、水仙等。

　　④ 水生花卉，如睡莲、荷花、凤眼莲、雨久花、石菖蒲等。

　　应重点掌握这些花卉的识别要点、生态习性以及繁殖与栽培要点、观赏与应用。

复习思考题

　　1. 什么是露地花卉？又可以分为哪些种类？

　　2. 露地花卉栽培具有（　　　　）、（　　　　）、（　　　　）等优点，是花卉生产栽培中常用的方式。

　　3. 露地花卉栽培方式大致分为两类：（　　　　）、（　　　　）。

　　4. 间苗的作用是什么？

　　5. 移植与定植有何区别？

　　6. 花卉的施肥可分（　　　　）、（　　　　）、（　　　　）三种方式。

　　7. 灌溉用水以清洁的（　　　　）、（　　　）、（　　　）为宜。井水和自来水可以（　　　　　　　　　　）再用。

　　8. 花卉的修剪主要包括（　　　）、（　　　）、（　　　）、剥蕾等。

　　9. 球根花卉的球根为什么要进行采收？何时采收为宜？采收后如何贮藏？

　　10. 露地花卉防寒越冬的措施有哪些？露地花卉应具有什么生态习性特点？

　　11. 露地花卉繁殖栽培要点有哪些？

　　12. 列出20种露地花卉的名称，试述其识别要点。

　　13. 试结合实际情况，分别列举当地"五一"国际劳动节、"十一"国庆节常见应用的露地花卉。

第14章

温室花卉栽培

主要内容

① 温室花卉栽培管理技术。

② 详细介绍了常见温室一、二年生花卉4种，温室多年生草本花卉27种，温室木本花卉10种，温室亚灌木花卉3种，蕨类植物4种，仙人掌类及多浆植物8种。

学习目标

① 了解温室环境调控的主要技术措施。

② 掌握常见培养土的种类及配制方法。

③ 了解温室花卉养护管理的主要技术环节。

④ 掌握常见温室花卉的识别要点、生态习性、繁殖与栽培、观赏与应用等内容。

14.1 温室花卉栽培管理概述

14.1.1 温室环境调控

温室是观赏植物栽培生产中必不可少的保护地设施之一，多用在不利于花卉生长的自然环境中。其环境调控主要包括温度、光照、湿度、空气等环境因子的调节。

1. 温度

温室内温度调节包括增温和降温两方面，主要通过自然光照、人为加温、通风和遮阳等综合措施实现。

温室内温度控制要根据植物对温度的不同要求确定，首先要符合自然规律。如一年中春秋季室温要高于冬季室温，一天中的气温中午应最高，凌晨最低。要防止夜温高于昼温，也应避免温度骤降。此外，还应根据不同植物的需要分别给予高温、中温或低温。

温室加温方式有炉火加温、暖气加温等。另外还必须以蒙盖塑料布、蒲席、保温被等方式进行保温。

2. 光照

不同植物对光照的要求不同，温室内多应调节光照强度，适度遮阳，以满足植物生长需求。一般北方冬季光线较弱，除少数喜阴植物外，大多不需要遮阳；夏季光照强烈，大多数热带、亚热带植物必须遮阳。遮阳时间一般自上午 9 时至下午 4 时。

温室遮阳的方法，通常采用苇帘、竹帘或遮阳网覆盖，可根据植物对光照强度的不同要求，选择遮阳度 50% ~90% 之间的材料，遮阳同时还具有降低温度的作用。

3. 湿度

湿度的调节有增加和降低湿度两个方面。为了满足一般花卉对空气湿度的要求，可在室内的地面上、植物台上及盆壁上洒水，以增加水分的蒸发量。现代化温室中多设置人工或自动喷雾装置，自动调节湿度。对于要求湿度较高的热带植物，温室设计中可增设水面。

温室湿度过大时，可采取通风的方法降低湿度，如在晴天的中午，适当打开侧窗，但应注意勿使冷空气直接吹向植株。外界空气湿度同样较高的时候，则需要同时加温又通风。

14.1.2 温室花卉栽培基质的种类与配制

温室花卉种类很多，习性各异，对栽培土壤的要求不同。为适合各类花卉对土壤的不同要求，必须配制多种多样的栽培基质。

温室盆栽，盆土容积有限，花卉的根系局限于花盆中，要求基质必须含有足够的营养成分，具有良好的物理性质。一般盆栽花卉要求的培养土，一要疏松，以满足根系呼吸的需要；二要水分渗透性能良好，不积水；三要能固持水分和养分，满足花卉生长发育的需要；四要酸碱度适应栽培花卉的生态要求；五要防止有害微生物和其他有害物质的滋生和侵入。

腐殖质是栽培基质重要的组成成分。丰富的腐殖质可使基质排水良好，空气流通；干燥时土面不开裂，潮湿时不紧密成团，灌水后不板结；腐殖质本身又能吸收大量水分，可以保持盆土较长时间的湿润状态，不易干燥。

1. 温室栽培的基质种类

（1）田园土　系多年耕作的农田、菜园的耕作层熟土。其理化性质良好，含一定腐殖质和肥分，是配制培养土的主要成分。

（2）堆肥土　系由植物的落叶、旧盆土、无毒垃圾、杂草等，堆积发酵而成，含较多的腐殖质和矿物质。

（3）腐叶土　由阔叶树的落叶堆积腐熟而成。可于秋季收集落叶，堆放于坑内。方法是将落叶、有机肥、园土层层堆积，堆完后灌足水分，上加覆盖物，每隔数月翻倒 1 次，到第 2 年秋季即可过筛应用。

（4）泥炭土　由泥炭藓炭化而成。炭化年代不久的泥炭，呈浅黄至褐色，含大量有机质，称褐泥炭，与河沙混匀后是良好的扦插基质。炭化年代较远的泥炭呈黑色，含较多的矿物质，呈微酸性或中性反应，pH 值 6.5 ~7，是重要的栽培基质。

（5）面沙　河床两侧沙荒地上的风积土，排水良好，但养分含量不高，是草本花卉扦插繁殖的良好基质。

另外，蛭石、珍珠岩等亦可作栽培基质。

2. 栽培基质的配制

花卉盆栽的培养土多为数种材料配制而成，可根据当地资源情况和不同植物对土质的需求而灵活掌握。最常用的是以下两种：

（1）普通培养土　常用配比为：腐叶土：园土：河沙或面沙＝4：4：2；也可加入1～2成有机肥。

（2）酸性培养土　山泥或松针土4份，加沙1份混合而成。

14.1.3　温室花卉的养护管理

1. 上盆

上盆是指将幼苗栽植到花盆中的操作过程。具体做法是：按幼苗的大小选用规格合适的花盆，用一块碎盆片盖于盆底的排水孔上，凹面向下，盆底填入碎盆片、沙粒、碎砖块等排水物，上面再填入一层培养土；将小苗放于盆口中央深浅适当位置，填培养土于苗根的四周，压紧，土面与盆口应留出适当距离；栽植完毕后，分两次充分灌水，放置阴处缓苗数日，恢复生长后正常养护管理。

2. 换盆

换盆是指将盆栽的植物换到另一盆中的操作。换盆有两种情况：一是随着幼苗的生长，根系在原盆内受到限制时，需由小盆换入大盆；二是经过多年的养植，原盆中土壤养分丧失，或为老根充满，为了修整根系、更新培养土而换盆，也称翻盆。

由小盆换到大盆时，应按植株大小逐级换入较大的盆中，不可小花用大盆。宿根花卉多1年换盆1次，木本花卉多2～3年换盆1次，依种类不同而定。如温室条件适合，一年中随时均可换盆，但在花芽形成及花朵盛开时不宜换盆。

换盆时首先应脱盆。一般以左手按于盆面植株的基部，将盆倒置，并以右手轻扣盆边，土球即可取出。

小盆换大盆时不宜大量清除原土，可将原土球肩部及四周外部旧土刮去一部分，并剪除老根、枯根及卷曲根，而后栽入大花盆中，并填入新土。翻盆时需换掉大部分旧土，但必须保留护心土。盆底垫排水层和适量马掌片或麻渣，而后填入新培养土。栽植过程与上盆大体相同。

宿根花卉换盆时，常结合分株进行。

3. 转盆

单屋面温室中养护的盆花，因光线多自一方射入，趋光生长明显，造成植株偏斜。生长越快的盆花，偏斜的速度和程度就越大。因此，每隔一定天数，应转换一次花盆的方向，一般可转动180°，使植株均匀生长。

4. 倒盆

盆花经过一段时间的生长，植株增大，为了加大盆间距离，增强通风透光，可将花盆间距离拉大。另外，盆花在温室中放置的部位不同，光照、通风、温度等环境因子的影响也不同，盆花生长出现不均匀性，也应经常倒盆，倒盆常与转盆同时进行。

5. 松盆土

松盆土可以使板结的土面疏松，去除青苔和杂草，还对浇水和施肥有利。松盆土通常用竹片或小铁耙进行。

6. 浇水

花卉生长的好坏，在一定程度上决定于浇水的适宜与否。如何综合自然气象因子、花卉种类、生长发育状况及发育阶段、温室环境条件、花盆大小和培养土成分等因素，科学确定浇水次数、浇水时间和浇水量，是花卉养护管理的关键环节。

1）种类不同，浇水量不同。蕨类植物、兰科植物、秋海棠类植物等生长期要求丰富的水分，多肉多浆植物则要求较少水分。每一种花卉又有不同的需水量，同为蕨类植物，肾蕨在光线不强的室内，保持土壤湿润即可；而铁线蕨属的一些种，为满足其对水分的要求，常放置于水盘中或栽植于小型喷泉周围。

2）花卉生长时期不同，对水分的需要亦不同。花卉进入休眠期时，浇水量应依花卉种类的不同而减少或停止；从休眠期进入生长期，浇水量逐渐增加；生长旺盛时期，浇水量要充足；开花前浇水量应予适当控制，盛花期适当增多，结实期又需要适当减少浇水量。幼苗期，如四季秋海棠、大岩桐等一些初生苗很小的花卉，必须用细孔喷壶喷水，或用盆浸法供水。

3）花卉在不同季节中，对水分的要求差异很大。一般而言，春季天气渐暖，花卉在将出温室之前，应逐渐加强通风，浇水量要比冬季多些，草花每隔 1~2 天浇水 1 次；花木每隔 3~4 天浇水 1 次；夏季天气炎热，蒸发量和植物蒸腾量很大，一般温室花卉宜每天早晚各浇水 1 次；秋季天气转凉，放置于露地的盆花，其浇水量可减至每 2~3 天浇水 1 次；冬季盆花移入温室，浇水次数依花卉种类及温度而定，低温温室的盆花每 4~5 天浇水 1 次，中温及高温温室的盆花一般 1~2 天浇水 1 次，在日光充足而温度较高之处，浇水可多些。

4）花盆的大小、植株大小与盆土的干燥速度有关。盆小或植株较大者，盆土干燥较快，浇水次数应多些，反之宜少浇。

浇水的原则是盆土见干才浇水，浇水就应浇透。应避免多次浇水不足，只湿及表层盆土，使下部根系缺乏水分，影响植株的正常生长。

14.2 温室一、二年生花卉

14.2.1 瓜叶菊

[学名] *Cineraria cruenta* Masson

[别名] 千日莲、千叶莲

[科属] 菊科千里光属

[识别要点] 多年生草本，多作一、二年生栽培。株高 20~90cm，全株密被柔毛。茎直立，草质。叶大，心脏状卵形，叶缘波状，掌状脉，形似黄瓜叶；茎生叶有翼，基部呈耳状，基生叶无翼。头状花序多数簇生成伞房状，有蓝、紫、红、淡红及白色等，管状花细小，紫色或蓝紫色。有复色及具花纹品种。瘦果纺锤形，具白色冠毛（图14-1）。栽培品种大致分为 4 种类型，即大花型、星型、中间型、多花型。

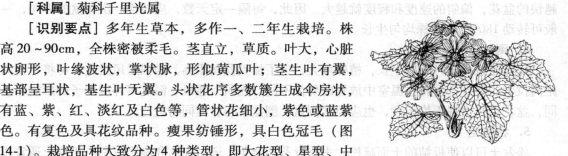

图 14-1　瓜叶菊

[产地与分布] 原产加那利群岛，现遍布于北半球各国。

[习性] 不耐寒，喜冬季温暖、夏季凉爽气候，可耐 0℃ 左右的低温。要求阳光充足、

通风良好的环境。宜富含腐殖质、排水良好的沙质土壤。

[繁殖与栽培] 播种繁殖为主，也可扦插。播种期因品种和所需花期而定，2~9月均可进行。生长期控制水肥，勿使植株徒长。夏季注意防雨，降温。浇水掌握间干间湿原则，冬季光照要充足，开春后适当遮阳。植株拥挤、通风不良时，易遭蚜虫或红蜘蛛危害，应注意防治。

[观赏与应用] 瓜叶菊叶形似瓜叶，花色丰富鲜艳，为我国冬春季节重要的盆栽花卉，也可布置花坛。星型品种可切花。

14.2.2 蒲包花

[学名] *Calceolaria herbechybrida* Voss.

[别名] 荷包花

[科属] 玄参科蒲包花属

[识别要点] 多年生草本，常作温室一、二年生栽培。株高30~60cm，全株被细茸毛。茎上部分枝。叶卵形或卵状椭圆形，对生，黄绿色。不规则聚伞花序，顶生，花冠二唇形，上唇小，前伸，下唇大并膨胀呈荷包状；花多黄色或具橙褐色斑点，此外尚有乳白、淡黄、赤红及浓褐等色，复色品种则在各种颜色的底色上，具有橙、粉、褐、红等色斑或色点；花期12月至翌年5月（图14-2）。

图14-2 蒲包花

[产地与分布] 原产墨西哥至智利，现各国均有温室栽培。

[习性] 喜冬季温暖，夏季凉爽的气候，不耐寒，怕炎热。喜光及通风良好的环境，喜湿润，忌干怕涝，宜排水良好、富含腐殖质的土壤。

[繁殖与栽培] 播种繁殖为主，也可扦插。于8月下旬至9月上旬播种，不宜过早。种子细小，播后不覆土，夏季应适当庇荫，浇水时应防止水聚集在叶面及芽上，否则易烂。喜肥，生长期间应注意施肥。

[观赏与应用] 蒲包花花形奇特，色泽鲜艳，是优良的室内盆花。

14.2.3 四季报春

[学名] *Primula obconica* Hance.

[别名] 四季樱草、仙鹤莲

[科属] 报春花科报春花属

[识别要点] 多年生草本，作一、二年生栽培。株高30cm，全株具腺毛。叶基生，长圆形至卵圆形，具肉质长叶柄，叶面有短毛。顶生伞形花序，每株可抽生4~6枝，花有白、洋红、紫红、浅蓝等色，花期从12月至翌年5月。蒴果球形，种子细小，深褐色，种子寿命极短（图14-3）。

同属观赏植物尚有：报春花（*P. malaeoides* Franch.）、藏报春（*P. sinensis* Lindl.）、多花报春（*P. polyantha* Mill）、樱草（*P. sieboldii* E. Morr. forma *spontanea* Takeda.）、欧洲报春

图14-3 四季报春

（*P. vulgalis* Hill）等。

[产地与分布] 原产我国西南山区，湖北宜昌有野生分布。现各地均有栽培。

[习性] 喜温暖湿润、夏季凉爽通风的环境，不耐炎热，要求排水良好、疏松肥沃的土壤，栽培土含适量钙质和铁质才能生长良好。

[繁殖与栽培] 多于6～9月播种繁殖。种子寿命短，宜随采随播。播后不必覆土。温室栽培，生长期避高温。本种需冷凉，10℃左右开花，越冬温度5～6℃。保持盆土湿润及一定的空气湿度。不需过多施肥，选用通气、排水好的腐殖质土即可。

[观赏与应用] 四季报春形态优美，花色丰富，花期长，是冬春盆栽的优良品种，温暖地区可布置岩石园及花坛。多花报春、樱草、欧洲报春等也是优良盆栽植物。

14.2.4　紫罗兰

[学名] *Matthiola incana* R. Br.

[别名] 草桂花

[科属] 十字花科紫罗兰属

[识别要点] 多年生草本，作二年生栽培。株高30～60cm，全株被灰色星状柔毛。茎直立，基部稍木质化。叶互生，长圆形至倒披针形，基部叶翼状，先端钝圆，全缘。总状花序顶生，有粗壮的花梗，花瓣4枚，萼片4枚，花淡紫、深粉红或白色，花期4～5月（图14-4）。

[产地与分布] 原产地中海沿岸，各地园林均见栽培，我国南方栽培较多。

[习性] 喜凉爽、通风，稍耐寒，忌燥热，冬季能耐短暂−5℃低温。喜光，稍耐阴。宜疏松肥沃、土层深厚、排水良好的土壤。

[繁殖与栽培] 播种繁殖为主，也可扦插，多9～10月播种，扦插用于不宜结实的品种。因须根较少，应早移植。生长期间注意施肥，北方寒冷地区需保护越冬。

图14-4　紫罗兰

[观赏与应用] 紫罗兰为欧洲名花之一，重瓣品种观赏价值更高，可盆栽或作花坛用花，也可作切花。

14.3　温室多年生草本花卉

14.3.1　君子兰

[学名] *Clivia miniata* Regel.

[别名] 大花君子兰、剑叶石蒜、达木兰

[科属] 石蒜科君子兰属

[识别要点] 多年生常绿草本，根系粗大肉质。叶基部形成假鳞茎，二列状叠生，宽带形，全缘，革质，深绿色而有光泽。花葶自叶腋抽出，直立，扁平，顶生伞形花序，外被数

枚覆瓦状苞片，小花有柄，漏斗形，橙红色至橙黄色。浆果球形，紫红色。花期1～5月或9～10月（图14-5）。

[产地与分布] 原产南非，目前我国各地栽培普遍，长春市为栽培育种中心。

[习性] 喜冬季温暖、夏季凉爽的半阴环境，不耐寒。喜肥沃、疏松、通气良好的微酸性土壤。不耐水湿，稍耐旱。

[繁殖与栽培] 播种或分株繁殖。生长适温15～25℃，越冬温度为5℃，30℃以上叶及花葶易徒长。忌强光直射。浇水过多易烂根，秋冬季节应适当干燥。盆栽时需施足基肥。夏季应加强通风，经常叶面喷水。

图14-5　君子兰

[观赏与应用] 君子兰文雅俊秀，鲜艳娇美，宜盆栽，系优良的室内观叶、观花植物，可布置会场、楼堂馆所和美化家庭环境。

14.3.2　鹤望兰

[学名] *Strelitzia reginae* Banks.

[别名] 天堂鸟、极乐鸟花

[科属] 旅人蕉科鹤望兰属

[识别要点] 多年生常绿草本，株高可达1m。具粗壮肉质根，茎不明显。叶基生，两侧排列，长椭圆形，革质，具特长叶柄，有沟槽。总花梗与叶丛近等长，顶生或腋生；花苞横向斜伸，着花6～8朵；总苞片绿色，边缘晕红；花形奇特，小花外3枚花被片橙黄色，内3枚花被片舌状，蓝色，形若仙鹤翘首远望。花期春夏至秋，温室冬季也有花，单朵花期50～60天（图14-6）。

[产地与分布] 原产南非，现各地均有栽培。

[习性] 喜温暖湿润，不耐寒。喜光照充足，但怕盛夏阳光曝晒。要求肥沃、排水好的稍黏质土壤，耐旱，不耐湿涝。系鸟媒植物，温室栽培时需人工授粉才能结实。

[繁殖与栽培] 多用分株繁殖，一般春季花后进行。生长适温25℃，冬季10℃以上。夏季生长期和秋冬开花期需水分充足，应喷水增加湿度，并适当庇荫。生长季及

图14-6　鹤望兰

花茎抽出后追肥。栽培关键是保证充分的光照和适宜的温度，花芽分化时水肥宜充足。

[观赏与应用] 鹤望兰花形奇特，花期长，是珍贵的盆栽和切花植物，也可切叶。

14.3.3　麦冬

[学名] *Liriope spicata*（Thunb.）Lour.

[别名] 山麦冬、麦门冬、土麦冬

[科属] 百合科麦冬属

[识别要点] 多年生常绿草本。根茎短，具地下横走茎，根稍粗，近末端常膨大成纺锤形肉质根。叶基生，窄而短硬；叶鞘革质，深绿色。总状花序顶生，小花浅紫色或白色。浆果圆球形，熟时蓝黑色，花期7~9月（图14-7）。

外形相近种：

沿阶草 [*Ophiopogon japonicus* (L. f) Ker-Gawl.] 百合科沿阶草属，多年生常绿草本，叶较窄而短，线形，花葶有棱，并低于叶丛；总状花序，小花梗弯曲向下，花淡紫色或白色；花期8~9月。

[产地与分布] 原产中国、朝鲜及日本，现各地常见栽培。

[习性] 喜半阴、湿润而通风良好的环境，有一定的耐寒力，长江流域可露地越冬。

[繁殖与栽培] 以分株繁殖为主，盆栽时2~3年分栽一次。

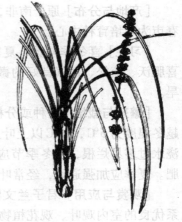

图14-7 麦冬

[观赏与应用] 麦冬四季常绿，适应性广，是理想的观叶地面覆盖材料，可配植于山石周边，也可作林下地被，或盆栽布置室内外环境。

14.3.4 吊兰

[学名] *Chlorophytum comosum* Baker.

[别名] 桂兰、挂兰、折鹤兰

[科属] 百合科吊兰属

[识别要点] 多年生草本观叶植物。根状茎短，根肉质，圆形。叶基生，细长，条形，宽0.5~1.5cm，绿色或有黄色条纹。从叶间抽出匍枝，弯垂，呈匍匐状，具稀疏小叶，近顶部有叶簇，花后小叶叶腋处及顶部叶簇均可长成带气生根的幼体，可用于繁殖。总状花序，花白色，花期5~6月（图14-8）。

[产地与分布] 原产非洲中南部，现栽培极为普遍。

[习性] 喜温暖，不耐寒，喜半阴、湿润，要求疏松、肥沃、排水好的土壤，冬季宜多见阳光，以保持叶色鲜绿。

[繁殖与栽培] 分株繁殖，也可剪取走茎上的幼株另行栽植。华北以北地区温室栽培，生长适温15~25℃，

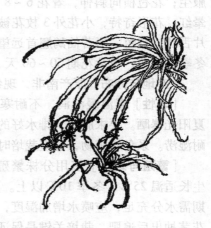

图14-8 吊兰

越冬温度5℃以上。忌光照过强或过弱。生长旺季保持盆土湿润，并经常向叶面及周围环境中喷水。

[观赏与应用] 吊兰叶形清秀，花葶低垂，常作盆栽悬挂观赏，也可放置于高架之上，或点缀山石、岸壁，有"空中花卉"之称。可吸收多种有毒有害气体，空气净化能力极强。

14.3.5 一叶兰

[学名] *Aspidistra elatior* Blume.

[别名] 蜘蛛抱蛋

[科属] 百合科蜘蛛抱蛋属

[识别要点] 多年生常绿草本。地下具匍匐状根茎。叶基生，具长而直立坚硬的叶柄，叶长椭圆形，端尖，基部狭窄，叶缘波状，深绿色。花单生，花梗极短，贴地开放，花钟状，紫堇色（图14-9）。

[产地与分布] 原产中国，分布于长江以南各省及亚洲热带、亚热带地区，栽培广泛。

[习性] 喜温暖湿润环境，耐阴，忌夏季强光直射，较耐寒，生长适温15℃，可耐短时0℃低温。在疏松、肥沃、湿润、排水良好的土壤中生长良好。

[繁殖与栽培] 分株繁殖，一般春季结合换盆进行。夏季置室外荫棚中养护，冬季移入低温温室，栽培管理简单。

[观赏与应用] 一叶兰叶形挺拔，叶色浓绿，是室内绿化装饰的优良观叶植物，适于家庭及办公场所摆放，华南地区可用于花坛、林下地被或丛植，还可切叶。

图14-9 一叶兰

14.3.6 万年青

[学名] *Rohdea japonica* Roth.

[别名] 九节莲、冬不凋草

[科属] 百合科万年青属

[识别要点] 多年生常绿草本，株高50cm左右，具短粗地下根茎。叶基生，带状或倒披针形，全缘，叶脉突出，叶缘波状，急尖。花葶短于叶丛，顶生穗状花序；花小，密集，球状钟形，淡绿白色。浆果球形，鲜红色，经冬不凋。花期6～7月，果熟期9～10月（图14-10）。

[产地与分布] 原产我国山东、江苏、浙江、江西、湖北、湖南、广西、四川等省（区），日本也有分布。现各地均有栽培。

[习性] 喜温暖，较耐寒；喜半阴及湿润环境，忌强光照射；喜疏松、肥沃、排水良好的微酸性土壤。

[繁殖与栽培] 分株繁殖，也可播种。地下根茎分蘖力强，早春分割萌蘖苗，另行栽植即可。长江流域可露地过冬，华北地区盆栽。对水肥要求不高，较湿润的空气、通风良好等有利生长。

图14-10 万年青

[观赏与应用] 万年青四季常绿，浆果鲜红且经久不落，是极好的疏林下地被植物，也可盆栽或作切叶。

14.3.7　大叶花烛

[学名]　*Anthurium andreanum* Lindl.

[别名]　红掌、安祖花

[科属]　天南星科花烛属

[识别要点]　多年生附生常绿草本。具肉质气生根。茎节密集。叶鲜绿色，革质，长椭圆状心形，全缘。花梗长，超出叶上，佛焰苞阔心脏形，直立开展，革质，表面波状，鲜朱红色，有光泽；肉穗花序无柄，圆柱形，直立，黄色，后转为白色。花期全年，每花可持续 2~3 个月（图14-11）。

同属栽培种：

火鹤花（*A. scherzerianum* Schott.）　叶长圆状披针形，佛焰苞及肉穗花序均为红色，植物较大叶花烛矮小，肉穗花序螺旋状。

图 14-11　大叶花烛

[产地与分布]　原产于美洲的哥伦比亚，主要用于专业的切花生产。

[习性]　喜温热条件，不耐寒，生长适温 20~25℃，越冬温度不可低于 15℃。较耐阴，忌夏季阳光直射，根系宜空气流通和排水良好。

[繁殖与栽培]　分株或播种繁殖，生产上多采用组织培养繁殖。栽培基质应选用轻质疏松材料，如松针土、水苔、锯末等。忌土质黏重通风不良，北方可终年室内养护。生长期间保持空气湿润，多向叶面喷水，适当追施有机肥。

[观赏与应用]　大叶花烛花形优美，叶色光亮，花期长，观赏价值高，系优良的室内盆栽植物，也是国际市场新兴的、水养持久的高档切花。

14.3.8　四季秋海棠

[学名]　*Begonia semperflorens* Link et Otto

[别名]　四季海棠、瓜子海棠、玻璃海棠

[科属]　秋海棠科秋海棠属

[识别要点]　多年生草本。茎直立，多分枝，肉质。叶互生，卵形至广椭圆形，边缘有锯齿，绿色、古铜色或深红色。聚伞花序腋生，花单性，雌雄同株。花红色、粉色或白色。蒴果三棱形，具膜质翅，内含多数细小种子。四季开花不断（图14-12）。

同属观赏植物还有：竹节海棠（*B. coccinea*）、银星海棠（*B. argenteo-guttata* Lem.）、蟆叶秋海棠（*B. rex* Putz.）、枫叶秋海棠（*B. heracleifolia* Cham et Schlecht）、铁十字海棠（*B. masoniana*）。

图 14-12　四季秋海棠

[产地与分布]　原产南美巴西，现世界各地广为栽培。

[习性]　喜温暖、湿润环境，稍耐阴，忌夏季强光直射，冬季可接受全光照，不耐干旱，

亦不耐积水，不耐寒，要求富含腐殖质、排水良好的中性或微酸性土壤。

[**繁殖与栽培**] 播种、扦插或分株繁殖。春、秋季播种，用当年的种子为好。春、秋季用嫩枝扦插。生长期应经常喷雾，保持较高的空气湿度。花后摘心，可促分枝。

[**观赏与应用**] 四季秋海棠花叶俱美，是优良的盆栽植物，也可用于花坛布置。

14.3.9　百子莲

[**学名**] *Agapanthus africanus* Hoffmg.

[**别名**] 百子兰、紫君子兰

[**科属**] 百合科百子莲属

[**识别要点**] 多年生草本，株高 80～100cm，具短缩的根状茎和粗绳状肉质根。叶基生，二列状排列，带状。花葶挺拔直立，高出叶丛 1～2 倍，顶生伞形花序，小花多，蓝色或淡蓝色。蒴果，种子有翅。花期 7～8 月，单花序长达 1 个月（图14-13）。

[**产地与分布**] 原产南非，我国各地均有栽培。

[**习性**] 喜冬季温暖湿润，夏季凉爽的气候环境；不耐寒，宜半阴；对土壤要求不严。

图 14-13　百子莲

[**繁殖与栽培**] 以分株繁殖为主，秋季花后进行。华北地区温室栽培，越冬温度在 5℃以上。生长期充分灌水，适度追肥，则着花多而繁茂。

[**观赏与应用**] 百子莲叶丛翠绿，花色淡雅，是优良的室内盆花，也可栽植于花坛中心或作切花。

14.3.10　皱叶豆瓣绿

[**学名**] *Peperomia caperata*

[**别名**] 皱叶椒草、皱纹椒草

[**科属**] 胡椒科豆瓣绿属

[**识别要点**] 多年生常绿草本，株高 20cm。叶丛生，具红色或粉红色长柄，长椭圆形至心形，深暗绿色，柔软、表面皱褶，整个叶面呈细波浪状，有天鹅绒光泽，叶背灰绿色。夏秋抽出长短不等的穗状花序，黄白色（图14-14）。

[**产地与分布**] 原产巴西等地，现各地多有栽培。

[**习性**] 喜温暖、半阴，耐干旱，宜排水好的土壤。

[**繁殖与栽培**] 叶插繁殖。越冬温度 5℃以上。浇水不宜过多，尤其秋冬季节宜减少浇水。

[**观赏与应用**] 豆瓣绿叶片肥厚，光亮碧绿，四季常青，是常见的小型盆栽观叶植物，适合盆栽或吊篮栽植。

图 14-14　皱叶豆瓣绿

14.3.11　花叶万年青

[**学名**] *Dieffenbachia picta* Schott.

[别名] 白黛粉叶

[科属] 天南星科花叶万年青属

[识别要点] 多年生常绿灌木状草本，株高可达1m。茎粗壮直立，少分枝。叶大，常集生茎顶部，上部叶柄1/2成鞘状，下部叶柄较其短；叶矩圆形至矩圆状披针形，端锐尖；叶面深绿色，有多数白色或淡黄色不规则斑块，中脉明显，有光泽。肉穗花序，佛焰苞宿存，很少开花（图14-15）。

[产地与分布] 原产南美，现各地均有栽培。

[习性] 喜高温、高湿及半阴环境，不耐寒，生长适温为25～30℃，越冬温度要求12℃以上。忌强光直射。要求肥沃、疏松而排水好的土壤。

[繁殖与栽培] 扦插繁殖，温度在25℃以上时任何季节均可进行。以嫩茎扦插为主，水插也可生根。生长期应充分浇水并叶面喷水，高温干燥时易生红蜘蛛。茎干达一定高度时易弯曲，可回剪至基部，使重发新芽。夏秋季节应庇荫。

图14-15　花叶万年青

[观赏与应用] 花叶万年青叶色斑斓明亮，栽培品种较多，为优良的室内盆栽观叶植物，可水培。

14.3.12　非洲紫罗兰

[学名] *Saintpaulia ionantha* H. Wendl.

[别名] 非洲紫苣苔、非洲堇

[科属] 苦苣苔科非洲紫苣苔属

[识别要点] 多年生常绿草本。植株矮小，全株被绒毛。叶基生，多肉质，卵圆形，具浅锯齿，两面密布短粗毛，表面暗绿色，背面常带红晕。总状花序，着花1～8朵，花葶紫色，花期夏秋季节，如温度适宜，则全年开花不断（图14-16）。

[产地与分布] 原产非洲热带，世界各地广为栽培。

[习性] 不耐寒，喜温暖、湿润、半阴的环境，忌强光直射和高温。喜疏松肥沃、排水良好的腐殖质土壤。

图14-16　非洲紫罗兰

[繁殖与栽培] 播种、分株、扦插或组织培养繁殖。栽培中应保持较高的空气湿度，适当浇水，勿过湿，注意通风，切忌强光直射。每半个月追肥一次。生长适温为18～26℃，冬季室温不可低于10℃。

[观赏与应用] 非洲紫罗兰植株矮小，玲珑秀美，叶如丝绒，花形秀雅，系优良的室内盆栽观赏植物。

14.3.13　海芋

[学名] *Alocasia macrorhiza* Schott.

[**别名**] 滴水观音

[**科属**] 天南星科海芋属

[**识别要点**] 多年生草本，植株高达1.5m。地下具肉质根茎。茎粗短，叶柄长，有宽叶鞘，叶大型，盾状阔箭形，聚生茎顶，端尖，叶缘微波状，主脉宽而显著，叶面绿色，有具白色斑点的品种。佛焰苞黄绿色，肉穗花序，粗而直立。假种皮红色（图14-17）。

[**产地与分布**] 原产中国南部及西南地区、印度、东南亚等，现栽培广泛。

[**习性**] 不耐寒，喜高温、高湿，喜半阴，忌强光直射，宜疏松肥沃、排水良好的土壤。

[**繁殖与栽培**] 扦插或分株繁殖，也可播种。夏季适当遮荫，并向叶面及周围环境喷水，冬季控制浇水，室温不得低于15℃。栽培容易，管理粗放。

[**观赏与应用**] 海芋叶形硕大，植株隽秀，净化空气能力强，系优良的室内盆栽观叶植物。

图14-17 海芋

14.3.14 赪凤梨

[**学名**] *Neoregelia carloinae* (Beer) L. B. Smith

[**别名**] 彩叶凤梨

[**科属**] 凤梨科彩叶凤梨属

[**识别要点**] 多年生常绿草本，株高25～30cm，茎短。叶呈莲座状互生，长带状，顶端圆钝，叶革质，有光泽，橄榄绿色，叶中央具黄白色条纹，叶缘具细锯齿。成苗临近开花时心叶变成猩红色，甚为美丽。穗状花序，顶生，与叶筒持平，花小，蓝紫色（图14-18）。

凤梨科植物中，观赏价值较高、常见栽培的还有：姬凤梨（*Cryptanthus acaulis*）、艳凤梨（*Ananas comosus* cv. Variegatus）、果子蔓（*Guzmania lingulata*）等。

[**产地与分布**] 原产巴西热带雨林，现世界各地多有栽培。

[**习性**] 性喜温暖、半阴蔽的气候环境，生长适温为25～30℃，越冬温度为5℃以上。在疏松、肥沃、富含腐殖质的土壤中生长良好。

[**繁殖与栽培**] 分株或组织培养法繁殖。夏季应置于半阴条件下养护，入秋后增加光照，适当控制浇水量，并增施磷钾肥。

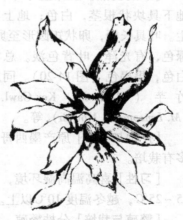

图14-18 赪凤梨

[**观赏与应用**] 彩叶凤梨叶色艳丽，观赏期长，耐阴，抗尘，是室内盆栽观叶佳卉，成片布展，效果颇佳，也可切叶。

14.3.15 紫竹梅

[学名] *Setcreasea purpurea* Boom

[别名] 紫鸭跖草

[科属] 鸭跖草科紫竹梅属

[识别要点] 多年生草本，全株紫色。茎细弱，常匍匐下垂。叶的上下表面、叶缘、叶鞘均有细纤毛。叶背面紫色，正面绿紫色，花生于总苞片内，粉红或玫红色，花瓣3，花期盛夏（图14-19）。

[产地与分布] 原产墨西哥，现各地多见栽培。

[习性] 喜温暖湿润环境，喜光，稍耐阴，不耐寒，对土壤要求不严。

[繁殖与栽培] 扦插繁殖为主，极易成活。养护管理中应保持盆土湿润，约15天追施稀薄液肥一次，北方春季风沙较大时可放室内养护。

图14-19　紫竹梅

[观赏与应用] 紫竹梅全株紫色，常被误称为"紫罗兰"。暖地可供花坛栽植，北方多吊盆观赏。

14.3.16 竹芋

[学名] *Maranta arundinacea* L.

[别名] 麦伦脱、葛郁金

[科属] 竹芋科竹芋属

[识别要点] 多年生草本，株高60～180cm。地下具块状根茎，白色；地上茎细，多分枝，丛生。叶具长柄，卵状矩圆形至卵状披针形，端尖，绿色，有光泽，叶背色淡。总状花序，顶生，花白色，果褐色（图14-20）。同属观赏种尚有二色竹芋（*M. bicolor* Ker-Gawl.）、白脉竹芋（*M. Leuconeura* Morreh）等。

[产地与分布] 原产墨西哥至南美洲，现各地多有栽培。

图14-20　竹芋

[习性] 喜高温高湿环境，不耐寒，生长适温15～25℃，越冬温度10℃以上。喜半阴。宜疏松通气、排水好的基质。

[繁殖与栽培] 分株繁殖。根系浅，栽植不宜过深，以根颈稍露出土面为宜。生长期除正常浇水外，还需叶面喷水，并保证良好的通风条件。冬季盆土宜干燥，过湿叶易变黄。

[观赏与应用] 竹芋品种繁多，叶色绚丽，可供周年观赏，系优良的盆栽观叶植物。

14.3.17 虎皮兰

[学名] *Sansevieria trifasciata* Prain.

[别名] 千岁兰

[科属] 龙舌兰科虎皮兰属

[识别要点] 多年生常绿肉质草本，具匍匐状根茎。叶2～6片，成束基生，直立，厚硬，剑形，叶两面具白绿色与深绿色相间的横带纹，表面具白粉。花葶高可达80cm，小花数朵成束，1～3束簇生轴上，淡绿色或白色（图14-21）。

常见栽培的变种：

金边虎皮兰（var. *laurentii* N. E. Br.），叶边缘金黄色，观赏价值高。繁殖只能用分株法，叶插会失去金边。

[产地与分布] 原产非洲西部，现各地均有栽培。

[习性] 喜温暖，不耐寒；喜光，耐半阴；喜湿润而排水好的土壤。

[繁殖与栽培] 分株或叶插繁殖。温度适合时，随时可进行。叶插时注意切断叶后，需按生长方向插入基质，不可倒置。生长适温20～30℃，越冬温度13℃以上，过低易从叶基部腐烂。从半阴处移到光照强处需逐步进行，否则叶易被灼伤。生长期充分浇水，冬季控制浇水。

[观赏与应用] 虎皮兰叶片坚挺直立，叶色美观，是很好的室内观叶植物，供盆栽观赏，也可切叶。

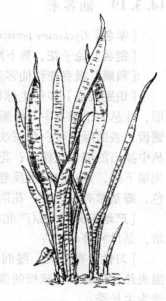

图14-21 虎皮兰

14.3.18 朱顶红

[学名] *Hippeastrum vittatum* Herb.

[别名] 孤挺花、百枝莲

[科属] 石蒜科朱顶红属

[识别要点] 多年生球根花卉。具肥大鳞茎，外皮膜黄褐色或淡绿色，常与花色深浅有相关性。叶基生，两侧对生，6～8枚，略肉质，扁平带状。花葶自叶丛外侧抽出，粗壮中空，扁圆柱形；伞形花序，着花3～6朵；花大形，漏斗状，花被片具筒，花红色，中心及近缘处具白条纹，或白色具红紫色条纹。花期春夏季节（图14-22）。

[产地与分布] 原产南美热带，现世界各地广为栽培。

[习性] 喜温暖湿润的环境，春秋需充足光照，夏季喜凉爽，忌强烈阳光曝晒。生长适温18～25℃，越冬温度5℃以上。喜疏松、肥沃、富含腐殖质的沙质土。

[繁殖与栽培] 分球或播种繁殖。华北地区露地种植，冬季覆盖过冬，也可温室盆栽。宜浅植，球颈与地面平齐即可，子球可栽植略深。初栽浇水量宜少，以后逐渐增加。生长期需肥多，应随叶片伸长，不断追肥，花后也需追肥，促进鳞茎生长。

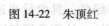

图14-22 朱顶红

[观赏与应用] 朱顶红花朵硕大，花色艳丽，华南、西南地区可庭园丛植或用于花境，

北方多盆栽，也可用作切花。

14.3.19　仙客来

[学名] *Cyclamen persicum* Mill.

[别名] 兔子花、萝卜海棠、一品冠

[科属] 报春花科仙客来属

[识别要点] 多年生球根花卉，株高 20~30cm。球茎扁圆形，叶丛生于球茎中心极短缩的茎上。叶心脏状卵圆形，具细锯齿，表面绿色带白色斑纹；叶柄长，褐红色。花单生于自叶丛中抽出的细长花梗上；花瓣 5 枚，基部成短筒；花蕾时花瓣先端下垂，开花时向上反卷；花色有白、粉、绯红、红、紫等色，瓣基常有深色斑；花期冬春季节（图 14-23）。

[产地与分布] 原产北非、南欧及地中海沿岸，现广为栽培，是世界著名花卉。

[习性] 喜凉爽、湿润及阳光充足的气候，不耐寒，忌高温炎热。喜肥沃、疏松的微酸性土壤。有夏眠习性，春秋冬三季为生长季。

图 14-23　仙客来

[繁殖与栽培] 播种繁殖，9~10 月为好，也可切割球茎繁殖。栽培中冬季室温不低于 10℃，夏季气温达 30℃ 以上时进入休眠，因此越夏为关键环节。养护管理中忌施浓肥，注意通风。

[观赏与应用] 仙客来花色艳丽，花形奇特，是世界著名的温室花卉，华南地区可用于岩石园布置。

14.3.20　马蹄莲

[学名] *Zantedeschia aethiopica* Spreng.

[别名] 慈姑花、水芋、红芋、彩芋

[科属] 天南星科马蹄莲属

[识别要点] 多年生球根花卉，具肥大的肉质块茎。叶基生，具长柄，叶柄长于叶片 2 倍以上，中央为凹槽，叶片卵状箭形。花梗与叶柄等长，佛焰苞白色，质厚；呈短漏斗状，喉部开张，先端长尖，稍反卷；肉穗花序短于佛焰苞，鲜黄色。花期 12 月至翌年 5 月，盛花 2~3 月（图 14-24）。

常见的栽培品种：

（1）黄花马蹄莲（*Z. elliotiana*）　叶广卵状心脏形，端尖，鲜绿色，具少量半透明白色斑点。佛焰苞大，深黄色，基部无斑纹，外侧常带黄绿色，花期 7~8 月。

图 14-24　马蹄莲

（2）红花马蹄莲（*Z. rehmannii*）　植株矮小，株高 20~30cm。叶长披针形，端狭长，基部下延，叶上有白色或半透明的斑纹。佛焰苞小，喇叭状，端尾尖，较瘦小，桃红色。花期 4~6 月。

[产地与分布] 原产埃及及非洲南部, 现世界各地广为栽培。

[习性] 喜湿暖, 稍耐寒; 喜光, 耐半阴; 喜肥水充足的湿润肥沃土壤, 忌干旱。要求空气湿度大, 夏季温度过高时块茎休眠。

[繁殖与栽培] 可采用分球或播种法繁殖。分球于秋季进行, 切下带芽的块茎另行栽种即可。生长适温 15~25℃, 可耐 4℃ 低温, 光照好则产花多。施肥时如有肥水流入叶柄, 易造成烂叶。夏季植株休眠时应减少浇水。

[观赏与应用] 马蹄莲佛焰苞花型独特, 花色洁白如玉, 彩色品种鲜艳美丽, 是重要的切花品种, 也可盆栽观赏。暖地可露地丛植。

14.3.21 小苍兰

[学名] *Freesia refracta* Klatt.

[别名] 香雪兰、小菖兰、洋晚香玉

[科属] 鸢尾科香雪兰属

[识别要点] 多年生草本, 球茎圆锥形, 直径约 2cm, 具褐色外皮。茎纤细, 有分枝, 柔软而不能直立, 长 30~40cm。基生叶与茎近等长, 长剑形, 茎生叶较短。穗状花序顶生, 向一侧弯曲。花白色、紫红色、黄绿色或鲜黄色, 芳香。蒴果近圆形, 花期 12 月至翌年 2 月 (图 14-25)。

[产地与分布] 原产南非好望角, 我国南方栽培较多, 北方多作温室栽培。

[习性] 喜凉爽、湿润环境, 不耐寒, 喜阳光充足。要求疏松肥沃排水良好的土壤。长江流域可在冷床或冷室内栽培。

[繁殖与栽培] 多用分球法繁殖。一般花后地上部枯萎时掘起球茎, 按大小分级存放, 秋季栽植, 也可播种。因茎纤细柔软, 需设立支架。

图 14-25 小苍兰

[观赏与应用] 小苍兰株态清秀, 花色丰富, 花期较长, 芳香馥郁。盆栽时可点缀厅堂、案头, 也可切花瓶插。在温暖地区可用作花坛栽植。

14.3.22 中国兰花

[学名] *Cymbidium spp.*

[别名] 地生兰、兰草

[科属] 兰科兰属

[识别要点] 兰花是一大类地生或附生的多年生草本植物, 形态、构造变化很大。根较粗壮肥大, 丛生须根状, 分枝少, 无根毛。茎有根茎和花茎两类, 根茎生于根叶交接处, 呈假鳞茎形, 俗称"芦头"或"蒲头", 有储存养分和水分的作用; 花茎又称花梗, 是着生苞叶和花的部分。叶带形或线形, 平行脉, 革质, 坚硬。花单生或由多数排成总状花序; 花被片 6, 内外两层, 外轮为萼片, 3 枚, 中

图 14-26 中国兰花

萼称"主瓣"，副萼称"副瓣"，俗称"肩"；内轮为花瓣，上侧两瓣同形，平行直立，称"捧心"，下方一瓣较大，称"唇瓣"或"舌"，有多种形状或颜色；花两性，雌雄蕊合生为蕊柱，俗称"鼻"，直立，柱头内凹。蒴果，三角或六角形，俗称"兰荪"，种子粉末状，细小（图14-26）。

品种类型：

兰属植物约40～50种，我国约20多种，按生态习性不同分为地生兰、附生兰和腐生兰，中国兰花属于地生兰。按开花时期中国兰分为四大类：① 春季开花类，如春兰、台兰等；② 夏季开花类，如蕙兰等；③ 秋季开花类，如建兰、漳兰等；④ 冬季开花类，如墨兰、寒兰等。

[产地与习性] 中国是兰属植物分布中心，有悠久的栽培历史，主要分布于东南、西南地区。

[习性] 要求土层深厚、腐殖质含量高、疏松肥沃、透水保水性能良好的微酸性土壤，pH值在5～6.5之间。喜阴，生长适温为25～28℃，要求相对空气湿度80%以上。

[繁殖与栽培] 传统的繁殖方法为分株，近年也可用组培育苗。分株可于春秋季进行，分株前减少浇水，脱盆后去土、清洗、剪除枯叶、烂根，晾干，利刀分割后切口涂草木灰或硫磺粉防腐。栽培中应注意"春不出，夏不日，秋不干，冬不湿"，创造通风、凉爽、阴蔽、湿润的生活环境。兰盆应比一般花盆高，排水孔多，以利排水，培养土以腐殖质为主，采用山体地表的枯枝叶，去除粗大枝段及石头，南方可用原产地的腐殖土，也可用塘泥、草炭土、蛭石、珍珠岩、苔草等。

[观赏与应用] 中国兰花花姿别致，气味芬芳，有"香祖"、"天下第一香"的美誉，系我国传统名花之一，是高洁、典雅的象征，常与梅、竹、菊合称为"四君子"，或植于庭园，或盆栽点缀厅堂，深受喜爱。

14.3.23 蝴蝶兰

[学名] *Phalaenopsis amabilis*

[别名] 蝶兰

[科属] 兰科蝴蝶兰属

[识别要点] 多年生附生常绿草本。茎短而肥厚，无假鳞茎，顶部为生长点。叶近二列状丛生，广披针形至矩圆形，顶端浑圆，基部具短鞘，关节明显。花茎自叶腋中抽出，1至数枚，拱形，长达70～80cm；花大，每花均有5萼，中间镶嵌唇瓣，花色鲜艳夺目，有白色、黄色、粉红、玫瑰红等色，也有不少品种兼备双色或三色，蜡状，形似蝴蝶，花期冬春季。栽培品种很多（图14-27）。

[产地与分布] 原产非洲、亚洲热带，中国台湾也有分布。

[习性] 喜高温高湿，不耐寒，生长适温15～28℃，冬季10℃以下即停止生长，低于5℃容易死亡，喜通风及半阴。要求富含腐殖质、排水好、疏松的基质。

图14-27 蝴蝶兰

[繁殖与栽培] 大多采用组织培养法繁殖，经试管育成的幼苗移栽后，大约两年左右即可开花。栽培基质宜选用水苔、浮石、桫椤屑等。根部忌积水，应尽量在盆内基质变干，盆面呈白色时再浇水。保持空气相对湿度50%～80%，生长旺季及花芽生长期需多向叶面喷水，增加空气相对湿度。

[观赏与应用] 蝴蝶兰花枝招展，美丽优雅，为珍贵的盆花，也是近年畅销的年宵花卉，可吊盆观赏，也是优良的切花材料。

14.3.24 大花蕙兰

[学名] *Cymbidium floribundum*

[别名] 西姆比兰、虎头兰

[科属] 兰科兰属

[识别要点] 热带附生兰类，经多年杂交选育而成。叶长达70cm，向外弯曲，近似中国的春兰，假球茎特别硕大。花梗由兰头抽出，约着花10余朵；花瓣圆厚，花型大，花色壮丽，有黄、橙、红、紫、褐、翠绿等色；花期长，可延续50～60天（图14-28）。

图14-28 大花蕙兰

[产地与分布] 经杂交选育出的优良品种，原种产于中国浙江、广东、福建等省，越南、印度、缅甸也有分布。

[习性] 性喜温暖、湿润的环境，生长适温10～25℃，夏季需经一段时间的冷凉状态才能花芽分化。不耐寒，稍喜阳光，忌日光直射，要求湿润、腐殖质丰富的微酸性土壤。

[繁殖与栽培] 生产上多用组织培养法繁殖，也可分株。栽培基质常选用泥炭藓1份，蕨根2份或碎树皮块、碎砖、木炭、盆片和火山灰等粒状物作盆栽材料。对水分的要求较多，夏季应每日浇水2～3次，并对叶面多次喷洒，使它内外湿润。春、夏、秋三季适度遮阳，防日灼。

[观赏与应用] 大花蕙兰株形丰满，叶色翠绿，花形优美且花期长，花色淡雅，系高档年宵盆栽花卉。

14.3.25 石斛兰

[学名] *Dendrobium nobile* Lindl.

[别名] 金钗石斛、吊兰花

[科属] 兰科石斛属

[识别要点] 多年生附生草本。株高20～40cm，茎丛生，直立，有明显的节和纵槽纹，稍扁，上部略呈回折状，基部收缩。叶互生，近革质，长椭圆形，端部2圆裂，两侧不等，基部成鞘，膜质。总状花序着花1～4朵；花大，白色，端部淡紫色；唇瓣宽卵状矩圆形，唇盘上有紫斑；花期3～6月（图14-29）。

图14-29 石斛兰

石斛兰分为两种，一为春石斛，春季开花，花梗在两侧茎节抽出；另一种为秋石斛，花在秋季开，花梗由茎顶抽出，每梗着花10～20朵，有大花蝴蝶形和小花卷瓣形。

同属观赏种：

密花石斛（*D. densiflorum* WaH.），多年生常绿草本，茎丛生，棒状或近圆柱形，叶革质，矩圆状披针形，顶端急尖，总状花序顶生。花深黄色，有光泽，极艳丽。

[产地与分布] 产于日本、朝鲜及中国云南、广东、广西、台湾及湖北等地。现各地温室栽培，尤以东南亚为盛。

[习性] 喜温暖、湿润和半阴的环境，不耐寒，生长适温18～30℃，越冬温度不低于10℃。忌干燥、怕积水，新芽开始萌发至新根形成时需充足水分。

[繁殖与栽培] 常用分株、扦插和组织培养法繁殖，分株多于秋季休眠季进行。栽培中盆底需填入排水层，华北地区于中温温室栽培。秋季需干燥、低温（约10℃）的过程，以促进花芽分化。

[观赏与应用] 石斛兰花形优美，艳丽多姿，种类繁多且花期长，是深受喜爱、并在国际花卉市场中占有重要位置的盆栽花卉，可吊盆观赏或作切花。

14.3.26 卡特利亚兰

[学名] *Cattleyta bowringiana* Lindl.

[别名] 卡特兰、多花布袋兰

[科属] 兰科卡特利亚兰属

[识别要点] 多年生常绿附生草本，株高60cm。假鳞茎生于短根茎顶端，长纺锤形。顶生1～2枚叶，长椭圆形，厚革质，淡绿色。花梗从叶基抽出，着花5～10朵；花大，各瓣离生，唇瓣大，侧裂片包围蕊柱，蕊长而粗，先端宽，花浅紫红色，瓣缘深紫，花喉黄白色，具紫纹；花期2月，单花可开放1个月，有各种花色的品种（图14-30）。

[产地与分布] 原产南美洲，是巴西、阿根廷、哥伦比亚等国家的国花。在东南亚和我国的台湾均有规模性生产。

图14-30 卡特利亚兰

[习性] 喜温暖，不耐寒，生长适温15～26℃。喜半阴，忌强光直射。喜高湿及通风好的环境，要求肥沃疏松、排水良好的基质。

[繁殖与栽培] 分株繁殖和组织培养繁殖。栽培基质常用泥炭、蕨根、苔藓和树皮颗粒，盆底多垫瓦片。生长季除浇水外，多向叶面或地面喷雾，保持空气湿度较大的生长环境。宜中温温室栽培。生长期每旬追肥1次。

[观赏与应用] 卡特利亚兰花形、花色千姿百态，是珍贵的盆花和高级切花，可盆栽点缀阳台、装饰婚车，也可吊盆观赏。

14.4 温室木本花卉

14.4.1 一品红

[学名] *Euphorbia pulcherrima* Willd.

［别名］圣诞花、猩猩木、象牙木、老来娇

［科属］大戟科大戟属

［识别要点］常绿直立灌木，原产地株高可达 3m。枝叶含乳汁。单叶互生，卵状椭圆形，顶部叶较狭窄，苞片状，开花时鲜红色，为主要观赏部位。杯状花序聚伞状排列，顶生；总苞坛状，淡绿色，边缘有齿及 1~2 个黄色大腺体；雄花具柄，丛生；雌花单生总苞中央；子房具长柄；花期 12 月至翌年 2 月（图 14-31）。

常见栽培品种：

（1）一品白（var. *alba* Hort.），顶叶在开花时为乳白色。

（2）一品粉（var. *rosea* Hort.），顶叶在开花时为粉红色。

（3）重瓣一品红（var. *plenissima* Hort.），植株较矮，顶叶及部分花序瓣化，呈重瓣状，艳红色。

图 14-31　一品红

［产地与分布］原产墨西哥及中美洲，1838 年引入欧洲，栽培应用广泛。我国南北均有栽培。

［习性］短日照植物。喜温暖、湿润及阳光充足的环境，不耐寒。喜肥沃、湿润且排水良好的土壤。

［繁殖与栽培］多用扦插繁殖，切下茎段后稍晾干或洗去乳汁，蘸草木灰后扦插即可。栽培适温白天27℃左右，夜间18℃，过低过高都不利生长，顶叶着色后温度可降至 20~15℃。忌积水，保持盆土湿润即可。施肥过多，叶易灼伤。

［观赏与应用］一品红花色鲜艳，花期正值圣诞、元旦、春节，室内布置具有强烈的喜庆气氛，深受欢迎。华南地区可庭院种植，也可切花栽培。

14.4.2　变叶木

［学名］*Codiaeum variegatum* BL.

［别名］洒金榕

［科属］大戟科变叶木属

［识别要点］常绿灌木至小乔木。株高 1~2m，全株光滑无毛，具乳汁。叶互生，厚革质；叶色、叶形、大小及着生状态变化极大。总状花序，自上部叶腋生出，花小，单性，雄花白色，簇生于苞腋内；雌花单生于花序轴上。（图 14-32）。

品系很多，依叶形可分下列变型：宽叶类（f. *platyphyllum*）、细叶类（f. *taeniosum*）、长叶类（f. *ambiguum*）、扭叶类（f. *crispum*）、角叶类（f. *cornutum*）、戟叶类（f. *lobatum*）、飞叶类（f. *appendiculatum*）等。

［产地与分布］原产马来西亚及太平洋群岛，中国华南地区露地栽培。

图 14-32　变叶木

［习性］喜温暖、湿润，不耐寒；喜强光，不耐阴；宜肥沃、保水好的土壤。

[繁殖与栽培] 扦插繁殖为主，也可播种或压条。温度适合，四季皆可繁殖。栽培中要求强光和高温，冬季适温为20℃以上，低于10℃易落叶。忌干旱，生长旺季要保证土壤及空气的湿度。幼株可置室外荫棚养护。

[观赏与应用] 变叶木叶形多变，艳丽可爱，系优良的温室盆栽观叶植物，也可切叶。华南地区可庭园丛植。

14.4.3 三角花

[学名] *Bougainvillea spectabilis* Willd.

[别名] 三角梅、毛宝巾、叶子花、九重葛

[科属] 紫茉莉科三角花属（叶子花属）

[识别要点] 常绿攀缘藤本或小灌木。茎叶密生绒毛，茎具弯刺，叶卵形，有光泽。花生于新梢顶，3朵花簇生于3枚大苞片内，花梗与苞片中脉合生，苞片叶状，椭圆状卵形，鲜红、砖红或浅紫色，为主要观赏部位；花期春夏季，温度适合时长年开花；具有苞片为白、红、橙、淡褐、橙黄、红紫、粉色的园艺品种，及各种重瓣品种、矮生、半矮生品种（图14-33）。

图14-33 三角花

[产地与分布] 原产巴西，各地普遍栽培。

[习性] 喜温暖、湿润，不耐寒，较耐炎热，适于中温温室栽培。喜强光，不耐阴。宜富含腐殖质的肥沃土壤，忌水涝。萌芽力强，耐修剪。

[繁殖与栽培] 扦插繁殖为主，也可嫁接或空中压条繁殖。初栽时需适当庇荫，盆栽需常摘心及修剪，以保持株形丰满。越冬温度10℃即可。

[观赏与应用] 三角花苞片大而美丽，鲜艳似花，生长旺盛，攀缘性强，南方常作坡地、围墙的攀缘观赏植物，北方地区多盆栽，也可造型为盆景。

14.4.4 山茶花

[学名] *Camellia japonica* L.

[别名] 曼陀罗树、耐冬

[科属] 山茶科山茶属

[识别要点] 常绿灌木或小乔木，高10～15m。嫩枝无毛。叶卵形或椭圆形，长5～10cm，端短钝尖，表面暗绿有光泽，缘有细齿。花大，花径5～10cm，近无柄，子房无毛，花冠有红、粉红、白、玫瑰红、杂色等，亦有重瓣品种，花期1～4月（图14-34）。

[产地与分布] 原产中国东部和日本，为我国著名传统花卉。

[习性] 喜半阴。喜温暖湿润气候，不耐寒。喜肥沃、湿润、排水良好的中性和微酸性土，不耐碱土。抗海潮风、烟尘及有毒气体。

图14-34 山茶花

[繁殖与栽培] 播种、压条、扦插、嫁接繁殖均可。北方地区栽培中应注意预防缺铁性黄化病，夏季置室外荫棚中养护。

[观赏与应用] 山茶花冬末春初开花，四季叶色翠绿，花姿绰约，花色鲜艳，除庭院栽植外，还可盆栽或切花，深受喜爱。

14.4.5 朱蕉

[学名] *Codyline terminalis* Kunth.

[别名] 铁树、红叶铁树

[科属] 百合科朱蕉属

[识别要点] 常绿灌木，株高可达3m。茎单生或叉状分枝，直立细长。叶密生于茎端，具长柄，其上有沟槽，斜上伸展；叶片剑状披针形，端尖，革质，绿色或带紫红、粉红色条斑，幼叶在开花时变深红色。圆锥花序，下具3枚总苞片，小花白至青紫色，花期春夏季节（图14-35）。

[产地与分布] 原产大洋洲北部和中国热带地区，现作为室内观叶植物广泛栽培。

[习性] 喜高温、高湿，不耐寒，喜光，但忌强光直射，不耐阴。

[繁殖与栽培] 扦插、分株、播种或压条均可繁殖。茎梢、茎上生出的不定芽以及茎段都可作插穗。越冬温度10℃以上，否则易落叶，生长期充分浇水，经常追肥，夏季注意通风。

图14-35 朱蕉

[观赏与应用] 朱蕉株形美观，色彩高雅，系优良的室内观叶植物，还可切叶，温暖地区可地栽。

14.4.6 巴西千年木

[学名] *Dracaena fragrans* Ker-Gawl.

[别名] 香龙血树

[科属] 百合科龙血树属

[识别要点] 常绿乔木，株形整齐，茎干直立且不分枝。叶抱茎，无柄，在茎上螺旋状着生；叶长椭圆状披针形，边缘波状起伏，绿色，有金黄色条纹的宽边。花簇生成圆锥状，具3片白色苞片，花被带黄色，有芳香。系观赏价值较高的室内观叶植物（图14-36）。

[产地与分布] 原产非洲西部的加拿利群岛、热带和亚热带地区，现各地多有栽培。

图14-36 巴西千年木

[习性] 喜高温、高湿，不耐寒，喜阳光充足。越冬温度10℃以上，温度低易落叶，生长期充分浇水。注意夏季通风，一般性栽培管理即可。

[繁殖与栽培] 扦插或分株繁殖。用茎梢、茎上生出的不定芽以及茎段都可作插穗。春季换盆，生长旺盛期应供给充足水肥。

[观赏与应用] 巴西千年木植株挺拔清雅，富热带风情，系优良的室内盆栽观叶植物，可布置大型会场、主席台等。

14.4.7　马拉巴栗

[学名] *Pachira macrocarpa* Walp.

[别名] 瓜栗、发财树、中美木棉、美国花生

[科属] 木棉科瓜栗属

[识别要点] 常绿乔木，分枝近轮生。掌状复叶互生，小叶 5~7 枚，深绿色。花单生叶腋，黄绿色，雄蕊多数，花丝鲜黄色，花柱与花丝近等长，花期 3~6 月。实生苗茎基部膨大成瓶状，扦插苗不膨大（图 14-37）。

[产地与分布] 原产热带美洲，现各地常见栽培。

[习性] 喜光耐阴，忌北方夏日强光直射，夏季置室外荫棚中养护。喜温暖湿润环境，不耐寒，耐旱耐湿，要求疏松肥沃排水良好的土壤。

图 14-37　马拉巴栗

[繁殖方法] 扦插或播种法繁殖，播种苗观赏价值较高，可于果实成熟后及时采摘，即采即播。小苗 2~3 片真叶时上盆栽培，一般 4 月中下旬出温室，放荫棚内养护管理。

[观赏与应用] 马拉巴栗树形优雅，树干苍劲古朴，美观大方，尤以 3~5 株编成辫状或螺旋状造型更为常见，已成为室内观赏植物的佼佼者，多盆栽用于室内装饰。

14.4.8　龟背竹

[学名] *Monstera deliciosa* Liebm.

[别名] 莲莱蕉、电线兰

[科属] 天南星科龟背竹属

[识别要点] 多年生常绿大藤本。茎粗壮，长达 7~8m，具数条深褐色绳状气生根。叶大，互生，厚革质；幼叶心形，全缘，无孔；后为矩圆形，不规则羽状深裂，侧脉间有长椭圆形或菱形穿孔，暗绿色。佛焰苞厚革质，淡黄色，花穗乳白色，开花时芳香，花期 8~9 月。浆果球形，淡黄色，成熟后可食，果期 10 月（图 14-38）。

[产地与分布] 原产墨西哥热带雨林中。我国广东、福建、云南等地可露地栽培，其他地区多温室盆栽。

[习性] 喜温暖、湿润环境，不耐寒。在原产地附于树上生长，耐阴，忌夏季强光直射。不耐旱，越冬温度不低于 5℃，宜疏松肥沃的土壤中生长。

图 14-38　龟背竹

[繁殖与栽培] 春、秋季压条繁殖，也可扦插或播种。生长期应多向叶面喷水，保持较高的空气湿度。植株多分枝，应适当修剪。幼株攀缘性不强，长大后可设支柱供其攀附。夏季置室外半阴处，盆栽不宜过深。

[观赏与应用] 龟背竹株形优美，叶形奇特，是优良的室内盆栽观叶植物。也可作室内

大型垂直绿化材料。

14.4.9　榕树

[学名] *Ficus microcarpa* L. F.

[别名] 正榕、鸟松

[科属] 桑科榕树属

[识别要点] 常绿大乔木，分枝能力极强，冠幅很大。主干和侧枝的节间能长出大量气生根，向下垂挂，状似支柱，颇为壮观。枝条比较光滑。单叶互生，椭圆状卵形至倒卵形，革质，全缘，无锯齿，叶背的叶脉明显而凸出，叶柄短。雌雄同株，同序异花，小花单性，在叶腋间着生单个隐头花序。果实由花序托发育而成，无果梗，球形至倒卵形，黄色，成熟后呈赤褐色（图14-39）。

图 14-39　榕树

[产地与分布] 主产于热带地区，我国广西、广东、福建、台湾、浙江南部、云南、贵州等省以及印度、缅甸、马来西亚均有分布。

[习性] 适应性强，喜疏松肥沃的酸性土，在瘠薄的沙质土中也能生长，碱土中栽培时叶片黄化。不耐旱，较耐水湿，干燥的气候条件下生长不良。在潮湿的空气中能产生大量气生根，观赏价值大大提高。

[繁殖与栽培] 可用播种、扦插、高压或嫁接法繁殖。榕树性强健，栽培处需日照良好，在粗放的条件下也可正常生长。北方地区栽培时冬季可置于中温温室中。

[观赏与应用] 榕树在原产地树形高大，多作孤立树栽植，也可丛植或作行道树。北方地区盆栽时，多制作为树桩盆景。

14.4.10　杜鹃花

[学名] *Rhododendron simsii* Planch.

[别名] 映山红

[科属] 杜鹃花科杜鹃花属

[识别要点] 常绿或半常绿、落叶灌木或小乔木。分枝细，密生褐色糙状毛。单叶，互生，全缘。叶卵形，椭圆形或倒卵形，基部楔形，两面有毛，背面毛密。花2~6朵簇生于枝顶，萼5裂，花冠红色，粉色或白色，漏斗状5裂；雄蕊通常10枚，花丝中部以下有毛，花药紫色，花期5月。蒴果，种子细小（图14-40）。

图 14-40　杜鹃花
1—花枝　2—枝上糙毛
3—雄蕊　4—雌蕊　5—果实

杜鹃品种繁多，以开花期和植物性状的不同，可划分为春鹃、夏鹃、毛鹃和西鹃。

（1）春鹃　自然花期4~5月。叶小而薄，色淡绿，枝条纤细，多横枝，花小型，直径6cm以下，喇叭状，单瓣或重瓣。

（2）夏鹃　自然花期在6月前后。叶小而薄，分枝细密，冠形丰满，花中至大型，直径在6cm以上，单瓣或重瓣。

（3）毛鹃　自然花期4~5月，树体高大，可达2m以上，发枝粗长，叶长椭圆形，多毛。花单瓣或重瓣，单色，少有复色。

（4）西鹃　自然花期4~6月，有的品种夏秋季也开花。树体低矮，发枝粗短，枝叶稠密，叶片毛少，花型花色多变，多数重瓣，少有半重瓣，栽培不良会出现单瓣。

[产地与分布]　全世界约有杜鹃900种，亚洲850种，我国约530种，可见中国是世界杜鹃花的发祥地和分布中心。新几内亚至马来西亚地区是次分布中心。我国杜鹃花的分布，长江以南种类较多。

[习性]　喜疏荫环境，忌阳光曝晒。夏季凉爽而湿润的气候适于杜鹃生长。土壤要求疏松透气，富含有机质，不积水，pH值5~6。不耐高温，也不耐严寒，冬季需在低温温室内养护。

[繁殖与栽培]　多用扦插或嫁接法繁殖。多数杜鹃既可盆栽又可地栽，北方地区盆栽时应注意选择质地疏松、营养丰富、pH值5.5~6.5的培养土。一般冬季室内养护，夏季置于室外遮阳棚中，夏日白天多向叶面、地面喷水，浇水不能过多，以增加空气湿度为准。施肥应注意薄肥勤施，一般夏季遮阳，秋冬季适当增加光照。

[观赏与应用]　杜鹃号称"花中西施"，系我国传统名花，花繁色艳，绚丽多姿，是优秀的盆栽观花植物，温暖地区可地栽。

14.5　温室亚灌木花卉

14.5.1　倒挂金钟

[学名]　*Fuchsia hybrida* Voss.

[别名]　吊钟海棠、灯笼海棠

[科属]　柳叶菜科倒挂金钟属

[识别要点]　亚灌木或小灌木，丛生，为栽培杂种，株高30~150cm。茎纤弱光滑，褐色，小枝细长，老枝木质化。叶对生或轮生，椭圆形至阔卵形。花生于枝上部叶腋，具长梗而下垂；萼筒与裂片近等长，深红色；花瓣紫色、白色或红色。四季均可开花，以春秋季花量较多（图14-41）。

[产地与分布]　原产墨西哥、秘鲁和西印度群岛的高山林下。我国北方栽培普遍。

图14-41　倒挂金钟

[习性]　喜夏季凉爽、湿润、半阴，冬季温暖、光照充足的环境，忌夏季强光直射、高温及雨淋。生长适温15~25℃，冬季室温保持在10℃以上，低于5℃即受伤害。喜疏松肥沃、富含腐殖质而排水好的沙质土壤。

[繁殖与栽培]　春、秋季扦插繁殖，多选用充实的顶梢作插穗。中国大部分地区作温室栽培，安全越夏是管理的关键。夏季应置于凉爽环境，生长期加强水肥供给，可多次摘心，以控制株形及花期。

[观赏与应用] 倒挂金钟垂花朵朵，婀娜多姿，可盆栽布置客厅、花架、案头，温暖地区可露地栽培。也宜作瓶插材料。

14.5.2　天竺葵

[学名] *Pelargonium hortorum* Bailey

[别名] 洋绣球、入腊红

[科属] 牻牛儿苗科天竺葵属

[识别要点] 亚灌木，为一园艺杂种。株高 30～60cm，全株被细毛及腺毛，有鱼腥气味，茎粗壮多汁。叶互生，圆形至肾形，基部心形，具钝齿，表面常有暗红色马蹄形环纹。伞形花序顶生，有长总花梗及总苞，小花多，现蕾时下垂，下面 3 枚花瓣较大，花有深红、粉、白、洋红、玫红、桃红等色，花期 10 月至翌年 6 月（图 14-42）。

[产地与分布] 原产南非，世界各地普遍栽培。我国引进约有 70 年历史。

[习性] 喜凉爽，不耐寒，忌夏季酷暑高温，生长适温 10～25℃。喜阳光充足，宜排水好的肥沃土壤，忌水湿。

图 14-42　天竺葵

[繁殖与栽培] 扦插繁殖为主。夏季高温时移入荫棚下，停止追肥，控制浇水，秋凉后恢复正常管理。冬季入中温温室养护，给予充足光照。气候适合可不断开花，可每年春季翻盆。

[观赏与应用] 天竺葵四季翠绿，花色丰富艳丽，病虫害较少，是很好的盆栽花卉，也可用于花坛、花境。

14.5.3　文竹

[学名] *Asparagus plumosus* Baker.

[别名] 云片竹

[科属] 百合科天门冬属

[识别要点] 多年生亚灌木，老茎木质化。茎细弱，丛生而多分枝，枝条可长达数米。叶状枝纤细，正三角形，水平排列，云片状平展，形以羽毛；叶小，鳞片状，主茎上的鳞片叶白色膜质或成刺状。花小，白色，两性，有香气，生于枝顶。浆果，成熟时黑紫色，含种子 1～2 枚，种子黑色。花期 7～8 月，果期 10～12 月（图 14-43）。

[产地与分布] 原产南非，世界各地广泛栽培。

[习性] 喜温暖湿润及半阴的环境，忌夏季强光直射，不耐寒，不耐旱，忌水涝，要求土壤富含腐殖质且排水良好。

图 14-43　文竹

[繁殖与栽培] 播种或分株繁殖。种子寿命短，12 月至翌年 4 月种子随采随播，播前浸种或除去种皮。北方地区多作温室栽培，越冬温度 8℃以上，低于 3℃即受冻死亡。新枝抽出时需充足水分，栽培中需设支架绑缚牵引，可适当修剪，保持良好株形。空气湿度太小及

盆土过干、过湿时皆易落叶。

[观赏与应用] 文竹叶片轻柔，常年翠绿，枝干有节似竹，姿态文雅潇洒，系优良的室内盆栽观叶植物，也可作垂直绿化材料或切叶。同属栽培植物天门冬（*A. sprengeri* Regel.）亦为重要的盆栽及切叶植物。

14.6 蕨类植物

14.6.1 铁线蕨

[学名] *Adiantum capillus-veneris* L.

[别名] 铁丝草、铁线草、水猪毛草

[科属] 铁线蕨科铁线蕨属

[识别要点] 多年生草本植物，株高 15～50cm，植株纤弱，根状茎横走，黄褐色，密被条形或披针形淡褐色鳞片。叶簇生，具短柄，2～3回羽状复叶，羽片形状变化大，多为斜扇形，叶缘浅裂至深裂；叶脉扇状分叉；叶柄纤细，紫黑色，有光泽，细圆坚硬如铁丝，故得名。孢子囊群生于羽片的顶端（图14-44）。

[产地与分布] 原产于美洲热带及欧洲温暖地区，广泛分布于热带、亚热带地区。

图14-44 铁线蕨

[习性] 喜温暖、湿润、半阴的环境，忌阳光直射。宜疏松、湿润含石灰质的土壤，为钙质土指示植物。

[繁殖与栽培] 以分株繁殖为主，也可孢子繁殖。盆栽培养土可用壤土、腐叶土和河沙等量混合而成。生长期应每周施一次液肥，保持盆土湿润和较高的空气湿度。一般每年或隔年换盆 1 次。

[观赏与应用] 铁线蕨茎叶秀丽，形态优美，株形小巧，极适合小盆栽植，温暖地区也可植于假山隙缝，或于背阴处作基础丛植。

14.6.2 肾蕨

[学名] *Nephrolepis cordifolia* Presl.

[别名] 蜈蚣草、圆羊齿、排草

[科属] 骨碎补科肾蕨属

[识别要点] 多年生草本，株高 30～40cm。根状茎具主轴，并有从主轴向四周横向伸出的葡匐茎，由其上短枝处可生出块茎，根状茎和主轴上密生鳞片。叶密集簇生，直立，具短柄，其基部和叶轴上也被鳞片；叶披针形，1 回羽状全裂，羽片无柄，以关节着生叶轴，基部不对称，一侧为耳状凸起，一侧为楔形；叶浅绿色，近革质，具疏浅钝齿。孢子囊群生于侧脉上方的小脉顶端，孢子囊群肾形（图14-45）。

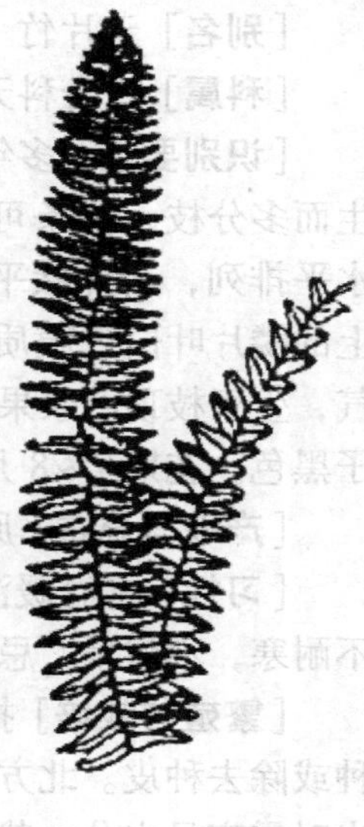

[产地与分布] 原产于热带及亚热带地区，我国的福建、广东、

图 14-45 肾蕨

台湾、广西、云南、浙江等省区有野生分布。

[习性] 喜温暖、半阴和湿润的环境，忌阳光直射。在富含腐殖质、渗透性好的中性或微酸性疏松土壤中生长良好。

[繁殖与栽培] 孢子繁殖或分株、分栽块茎繁殖。生长期应多喷水或浇水，光照不可太弱，否则生长弱，易落叶，冬天应减少浇水，越冬温度5℃以上。

[观赏与应用] 肾蕨是目前国内外广泛应用的观赏蕨类，形态自然潇洒，栽培容易，适于客厅、办公室的美化布置，吊盆观赏尤具情趣，用作插花切叶，也十分适宜。

14.6.3 鹿角蕨

[学名] *Platycerium bifuratum* C. Chr.

[别名] 二歧鹿角蕨、蝙蝠蕨

[科属] 水龙骨科鹿角蕨属

[识别要点] 多年生大型附生植物。株高40cm，植株灰绿色、被绢状绵柔毛。异形叶，不育叶又称"裸叶"，圆形纸质，叶缘波状，偶具浅齿，紧贴于根茎上，新叶绿白色，老叶棕色；能育叶又称"实叶"，丛生下垂，幼叶灰绿色，成熟叶深绿色，基部直立楔形，端部具2~3回叉状分歧，形似鹿角，故名。孢子囊群生于叶背，在叶端凹处开始向上延至裂片的顶端（图14-46）。

图14-46 鹿角蕨

[产地与分布] 原产澳大利亚，我国的海南也有野生分布。现世界各地温室常见栽培。

[习性] 喜温暖、湿润的环境，自然界常附生于树干开裂处或分枝处。怕强光直射，以散射光为好，冬季温度不低于5℃，土壤以疏松肥沃的腐叶土为宜。

[繁殖与栽培] 孢子或分株繁殖，分株繁殖为主，四季皆可进行，以夏季为好。耐阴，有散射光照即可。生长期需维持较高的空气湿度，但勿使水停滞在叶面，以免叶面腐烂。

[观赏与应用] 鹿角蕨株形奇异，姿态优美，是极好的室内悬挂观叶植物，也可将其贴附于古老枯木或大树茎干上，或作壁挂装饰。

14.6.4 鸟巢蕨

[学名] *Neottopteris nidus* (L.) J. Sm.

[别名] 巢蕨、山苏花

[科属] 铁角蕨科巢蕨属

[识别要点] 多年生大型丛生蕨类植物，株形呈漏斗状或鸟巢状，株高60~120cm。根状茎短而直立，柄粗壮而密生大团海绵状须根，能吸收大量水分。叶簇生，辐射状排列于根状茎顶部，中空如巢形结构，能收集落叶及鸟粪；革质叶阔披针形，两面滑润，叶脉两面稍隆起。孢子囊群长条形，生于叶背侧脉上侧，达叶片的1/2（图14-47）。

图14-47 鸟巢蕨

[产地与分布] 原产于热带、亚热带地区，我国广东、

广西、海南和云南等地均有分布。

[习性] 喜温暖阴湿环境，常附生于大树或岩石上。在高温多湿条件下，终年可以生长。不耐寒，生长适温为 20 ~ 22℃，冬季温度不低于5℃。

[繁殖与栽培] 孢子或分株繁殖。栽培宜用肥沃、排水好的土壤，要求高空气湿度，少通风，如植株缺水或空气干燥，常易引起叶缘干枯卷曲。冬季保持盆土湿润即可，适当少浇水。

[观赏与应用] 鸟巢蕨为较大型的阴生观叶植物，株形丰满，叶色葱绿，悬吊栽培别具热带风情，也可植于热带园林树木下或假山岩石上，野趣横生。

14.7 仙人掌类及多浆植物

14.7.1 仙人掌

[学名] *Opuntia ficus-indica* Mill.

[别名] 霸王树、神仙掌

[科属] 仙人掌科仙人掌属

[识别要点] 多浆植物，在原产地或温暖地区，常丛生成灌木状。干木质，圆柱形。茎节扁平，椭圆形，肥厚多肉，刺座内密生黄色刺，幼茎鲜绿色，老茎灰绿色。刺密集，钻形至针形。叶小，呈针状而早落。花单生茎节上部，短漏斗形，鲜黄色，花期4 ~ 5月（图14-48）。

图 14-48　仙人掌

[产地与分布] 原产于南美洲沙漠或半沙漠热带地区，各地常见栽培。

[习性] 性强健，喜温暖，喜阳光充足，不择土壤，耐旱，忌涝。

[繁殖与栽培] 扦插繁殖为主。在生长季掰下茎节后晾干2 ~ 3 天，伤口干燥后扦插，不可插得太深，保持基质潮湿即可。中国西南及浙江南部以南地区可露地栽培。室内盆栽越冬温度5℃左右。盆栽需有排水层，生长期浇水宜间干间湿，适当追肥，秋凉后减少水肥，冬季盆土稍干，置冷凉处。

[观赏与应用] 仙人掌姿态独特，花色鲜艳，常盆栽观赏，在南方可栽为刺篱。

14.7.2 昙花

[学名] *Epiphyllum oxypetalum*（DC.）Haw.

[别名] 琼花、月下美人

[科属] 仙人掌科昙花属

[识别要点] 多年生常绿附生植物，灌木状。茎叉状分枝，老茎圆柱形，木质；新枝扁平叶状，边缘具波状圆齿，叶完全退化消失。花大形，漏斗状，生于叶状枝边缘，花无梗，萼筒状，红色，花重瓣，花被片披针形，纯白色，夜里开放，数小时后凋谢，有浅黄、玫红、橙红等花色品种，花期夏秋季（图14-49）。

图 14-49　昙花

[产地与分布] 原产于墨西哥和中南美洲的热带雨林中，我国各地均有栽培。

［习性］喜温暖湿润环境，尤其喜较高的空气湿度，耐阴，忌阳光曝晒，不耐寒，生长适温 13 ~ 20℃，越冬温度 10℃左右。较耐旱，要求富含腐殖质、疏松肥沃、排水良好的沙质土壤。

［繁殖与栽培］多用扦插繁殖。5 ~ 6 月取生长充实的茎作插穗，切下后晾 2 ~ 3 天，伤口干燥后再插。生长期充分浇水，并提高空气相对湿度。冬季休眠期严格控制浇水，严寒时停止浇水。栽培中需设支架，绑缚茎枝。栽培中可通过光暗倒置的方法，于花前处理一段时间，可实现白天开花。

［观赏与应用］昙花叶状枝翠绿，开花习性独特，常作盆栽观赏，华南地区亦常栽于园地一隅。

14.7.3　金琥

［学名］*Echinocactus grusonii* Hildm.

［别名］象牙球

［科属］仙人掌科金琥属（金刺仙人掌属）

［识别要点］多浆植物。茎圆球形，深绿色，径可达 50cm，单生或成丛，具多条棱，沟宽而深，峰较狭，球顶密被黄色绵毛，刺座大，被 7 ~ 9 枚金黄色硬刺，呈放射状。花生于茎顶，外瓣内侧带褐色，内瓣亮黄色，花期 6 ~ 10 月（图 14-50）。

［产地与分布］原产墨西哥中部沙漠地区，现我国南北方均有引种栽培。

［习性］性强健，喜温暖，不耐寒；喜冬季阳光充足，夏季半阴；喜含石灰质及石砾的沙质壤土。

图 14-50　金琥

［繁殖与栽培］播种繁殖或仔球嫁接法繁殖。生长适温 20 ~ 25℃，冬季 8 ~ 10℃，温度太低时，球体易生黄斑，不易开花。栽培中光照要充足，否则球体伸长，刺色淡，降低观赏价值。

［观赏与应用］金琥是最具魅力的仙人球种类，可盆栽观赏或布置专类园。

14.7.4　蟹爪兰

［学名］*Zygocactus truncactus* K. Schum.

［别名］蟹爪、蟹爪莲、仙人花

［科属］仙人掌科蟹爪兰属

［识别要点］多年生常绿附生植物。株高 30 ~ 50cm，多分枝，铺散下垂。茎节多分枝，扁平，关节明显，边缘具 2 ~ 4 对尖锯齿，如蟹钳。花生于茎节顶端，着花密集，花冠漏斗形，紫红色，花瓣数轮，愈向内侧，管部愈长，上部反卷。浆果卵形，红色，花期 1 月（图 14-51）。

［产地与分布］原产巴西，我国栽培普遍。

［习性］喜温暖、湿润及半阴的环境，忌日光直射，但冬季应接受充足阳光。生长适温 15 ~ 25℃，不耐寒，冬季温度不低于

图 14-51　蟹爪兰

10℃，要求排水良好，富含腐殖质的沙质土壤。

[**繁殖与栽培**] 扦插或嫁接繁殖，嫁接多用髓心接，砧木可用三棱箭、叶仙人掌或仙人掌等。栽培中夏季需遮阳，生长旺季给予充分的肥水供给，经常保持盆土湿润，半月追液肥一次。

[**观赏与应用**] 蟹爪莲栽培容易，开花艳丽，是冬春季优良的盆栽花卉，可吊盆观赏。

14.7.5 芦荟

[**学名**] *Aloe arborescens* var. *netalensis* Bgr.

[**别名**] 龙角、狼牙掌、草芦荟

[**科属**] 百合科芦荟属

[**识别要点**] 多年生肉质草本，幼苗期叶片呈列状排列，植株长大后叶片呈莲座状着生。叶肥厚多汁，基出而簇生，粉绿色，披针形，边缘生刺状齿。总状花序，小花筒状，花淡黄色，稍具红色斑点，花期 7～8 月（图 14-52）。

[**产地与分布**] 原产于印度，我国云南丽江地区有野生分布，各地均有栽培。

[**习性**] 喜温暖，不耐寒，喜排水良好、肥沃的沙质壤土。喜光，也耐半阴。

图 14-52 芦荟

[**繁殖与栽培**] 可用分株和扦插法繁殖。分株可于春季结合换盆进行，扦插则在 3～4 月，剪取插条长 10～15cm，去除基部 2 侧叶，放在阴凉通风处晾 1 天，而后插入素沙土中即可。上盆宜采用腐叶土与沙质壤土混合而成的培养土，垫蹄角片作底肥，生长期内每 20 天追肥一次。夏季置于荫棚下养护，宜通风良好。

[**观赏与应用**] 芦荟茎叶肥厚肉质，形体可爱，是常见的盆栽肉质观叶植物，有时也可用于花坛布置。

14.7.6 燕子掌

[**学名**] *Crassula perforata* Thunb.

[**别名**] 玉树、厚叶景天、肉质万年青

[**科属**] 景天科燕子掌属

[**识别要点**] 多年生常绿亚灌木，原产地株高可达数米，乔木状，多分枝，老茎半木质化，外皮灰白色，嫩枝绿色，内含大量水分。叶对生，肉质扁平，翠绿色，被白霜。圆锥花序，花瓣白色或淡粉色（图 14-53）。

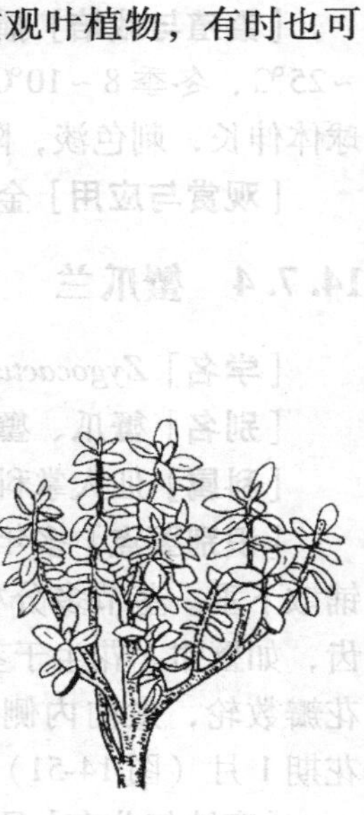

[**产地与分布**] 原产于热带非洲，现各地园林均有栽培。

[**习性**] 喜温暖和光照充足，忌夏季烈日曝晒，耐阴，在室内散射光的环境下生长良好。怕水湿，耐瘠薄，耐旱，要求排水良好的沙壤土，冬季温度不低于 8℃。

[**繁殖与栽培**] 多用枝插或叶插法繁殖，可用普通培养土栽植。

图 14-53 燕子掌

浇水要干透湿透，一般不需追肥，两年翻盆一次。注意修剪整形，使株形整齐端正。

[观赏与应用] 燕子掌茎叶碧绿，清雅别致，可配以盆架、石砾，加工成盆景，装饰茶几、案头，十分可爱。

14.7.7 生石花

[学名] *Lithops pseudotruncatella* N. E. Br.

[别名] 宝石花、石头花、曲玉

[科属] 番杏科生石花属

[识别要点] 多年生常绿草质多浆植物，无茎，叶肥厚对生，密接成缝状，形成倒圆锥体，形似卵石，平或凸起，灰绿色，成熟时自顶部裂缝分成两个短而扁平或膨大的裂片，花自裂缝中央抽出。1株通常只开1朵花，黄色或白色，午后开放，停晚闭合。一般每年开花1次（图14-54）。

[产地与分布] 原产南非及西南非的干旱地区，现各地多温室栽培。

[习性] 喜温暖干燥和阳光充足的环境，不耐寒，忌强光，宜疏松的中性沙壤土。冬季温度不低于12℃。

图14-54 生石花

[繁殖与栽培] 播种繁殖。栽植应置于阳光充足处，并保持周围环境干燥。5~6月应加大浇水量，浇水时应避免水从顶部浇入植株缝中发生腐烂。

[观赏与应用] 生石花外形和色泽酷似彩色卵石，品种繁多，色彩丰富，是著名的小型多肉植物，常盆栽观赏。

14.7.8 长寿花

[学名] *Kalanchoe blossfeldiana*

[别名] 十字海棠、矮生伽蓝

[科属] 景天科长寿花属

[识别要点] 多年生肉质草本，株高30~50cm，茎直立，基部半木质化。叶肉质，对生，椭圆形，近全缘，有光泽，绿色或带红色。聚伞花序，花有红、紫、橙等各种颜色，花萼4枚，披针形，花冠下部管状，上部4裂，花期1~4月（图14-55）。

[产地与分布] 原产于南非马达加斯加，分布于亚洲、美洲热带，各地常见栽培。

[习性] 喜光照充足，不耐阴，夏季应遮阳。喜温暖干燥，怕严寒，冬季不可低于10℃。耐旱性强，在疏松、排水良好的沙质土壤中生长良好。

图14-55 长寿花

[繁殖与栽培] 扦插繁殖，可于春季花后进行，栽培可用普通加肥培养土。生长期间保持盆土湿润，浇水掌握间干间湿、宁干勿湿的原则。冬季入中温或高温温室，并给予充足光照。

[观赏与应用] 长寿花株形紧凑，花朵繁密，花期长，系冬春盆栽的优良种类。

227

小 结

1. 温室花卉栽培管理概述

(1) 温室环境调控主要指温度、光照、湿度等环境因子的调控，分别通过不同的技术措施完成。

(2) 温室花卉栽培基质的种类与配制：常用的栽培基质包括田园土、堆肥土、腐叶土、泥炭土、面沙等，根据当地资源情况和不同植物对土质的需求而有不同的配制方法。较常用的有普通培养土、酸性培养土两种。

(3) 温室花卉的养护管理措施包括：上盆、换盆、转盆、倒盆、松盆土、浇水等。

2. 本章主要介绍的温室花卉

(1) 温室一、二年生花卉4种，即瓜叶菊、蒲包花、四季报春、紫罗兰。

(2) 温室多年生花卉27种，即君子兰、鹤望兰、麦冬、吊兰、一叶兰、万年青、大叶花烛、四季秋海棠、百子莲、皱叶豆瓣绿、花叶万年青、非洲紫罗兰、海芋、颠凤梨、紫竹梅、竹芋、虎皮兰、朱顶红、仙客来、风信子、马蹄莲、小苍兰、中国兰花、蝴蝶兰、大花蕙兰、石斛兰、卡特利亚兰等。

(3) 温室木本花卉10种，即一品红、变叶木、三角花、山茶花、朱蕉、巴西千年木、马拉马栗、龟背竹、榕树、杜鹃花等。

(4) 温室亚灌木花卉3种，即倒挂金钟、天竺葵、文竹等。

(5) 蕨类植物4种，即铁线蕨、肾蕨、鹿角蕨、鸟巢蕨等。

(6) 仙人掌类及多浆植物类8种，即仙人掌、昙花、金琥、蟹爪兰、芦荟、燕子掌、生石花、长寿花等。

应重点掌握这些花卉的识别要点、生态习性、繁殖与栽培要点、观赏与应用。

复习思考题

1. 温室环境的调节主要包括（　　）、（　　）、（　　）等方面。

2. 温室内温度调节主要通过（　　）、（　　）、（　　）等综合措施实现。

3. 温室遮阳的方法，通常采用（　　）、（　　）或（　　）覆盖，可根据植物对光照强度的不同要求，选择遮阳度（　　）%之间的材料。遮阳同时还具有（　　）的作用。

4. 湿度的调节有（　　）和（　　）湿度两个方面，现代化温室中多设置人工或自动（　　）装置，自动调节湿度。

5. 温室花卉栽培的常见基质有哪几种？

6. 如何配制普通培养土与酸性培养土？

7. 温室花卉栽培管理中，为什么要进行转盆和倒盆？

8. 列举40种以上的温室花卉，简述其识别要点、生态习性、繁殖与栽培、观赏与应用。

第 **15** 章

鲜切花栽培

主要内容

① 鲜切花的栽培技术概述及保鲜措施。
② 菊花、香石竹、唐菖蒲和切花月季四大鲜切花栽培技术。
③ 常用的非洲菊、满天星、勿忘我、百合、银芽柳等其他鲜切花栽培技术。

学习目标

① 掌握鲜切花的含义及类别。
② 了解切花栽培的特点、方式，切花保鲜的常用技术措施等。
③ 掌握四大鲜切花识别要点、习性、繁殖与栽培、观赏与应用等。
④ 掌握非洲菊、满天星、勿忘我、百合、银芽柳等其他鲜切花的识别要点，了解其栽培技术措施。

15.1 概述

鲜切花指从栽培或野生观赏植物活的植株上切取的花枝、果枝、茎、叶等材料，主要用于瓶插水养，或制作花束、花篮、花环、插花、胸饰花、头饰、桌饰等。

鲜切花包括切花、切叶与切枝。鲜切花栽培指经保护地或露地栽培，运用现代化栽培技术，达到单位面积产量高，生产周期短，形成规模化生产，达到周年供应的栽培方式。

15.1.1 切花栽培的特点

切花栽培要求有一定的基本条件，包括场地、基质、种苗、栽培管理技术、采后贮运设备等。与一般园艺生产相比，切花栽培的特点是：单位面积产量高，效益高；生产周期快，易于周年供应；贮存、包装、运输简便，易于国际间贸易交流；可采用大规模、工厂化生产。

15.1.2 切花栽培的方式

切花栽培可分为露地栽培与设施栽培两种方式。设施栽培，又称保护地栽培，与露地栽培相比，具有如下优点：

1）不受季节和地区限制，实现周年生产。

2）集约化栽培，提高了单位面积的产量，实现了工厂化生产。

3）产品品质大幅提高。

鲜切花设施栽培的缺点是：

1）设备费用大，生产成本高。

2）栽培管理技术严格，能耗大，企业需具备一定的经济实力和条件。

15.1.3　切花保鲜

切花采收后，采取一系列措施以延长其寿命及商品价值的方法称为切花保鲜技术。

1．切花保鲜的常用技术措施

（1）采收　为保证切花的瓶插寿命，大多数种类应尽可能于蕾期采收。如香石竹、菊花、唐菖蒲、香雪兰、百合等。

（2）分级与包装　切花采收后首先剔除病虫花、残次花，而后依据相关行业标准分级。包装一般在贮运之前进行，先行捆扎，而后按市场要求确定包装规格。

（3）冷藏　低温冷藏是延缓衰老的有效方法，一般冷藏温度为 0 ~ 2℃。一些原产于热带的种类，如热带兰、一品红、红掌等，对低温敏感，需贮藏在较高的温度下（表15-1）。

表15-1　常见切花贮藏温度

类　别	贮藏温度/℃		贮藏时间/d	
	干藏	湿藏	干藏	湿藏
菊花	0	2 ~ 3	20 ~ 30	13 ~ 15
香石竹	0 ~ 1	1 ~ 4	60 ~ 90	3 ~ 5
月季	0.5 ~ 1	1 ~ 2	14 ~ 15	4 ~ 5
唐菖蒲	—	4 ~ 6	—	7 ~ 10
非洲菊	2	4	14	8
红掌		13	—	14 ~ 28
香雪兰	0 ~ 1		7 ~ 14	—
紫罗兰	—	1 ~ 4	—	10
补血草	—	4		1 ~ 2

切花冷藏过程中，较高的相对湿度（90% ~ 95%）可保证切花贮藏品质和贮藏后的开放率。因此贮藏中应尽量减少开门次数，也可采用湿包装。

除冷藏外，还有减压贮藏和气调贮藏等。

（4）保鲜剂　常见保鲜剂的成分有如下几种（表15-2）：

1）营养补充物质：蔗糖、葡萄糖。

2）生长抑制剂：硫代硫酸银、高锰酸钾等。

3）杀菌剂：8-羟基喹啉盐、次氯酸钠、硫酸铜、醋酸锌等。

表 15-2　几种常用的切花保鲜剂

切花名称	保鲜剂成分
月季	蔗糖 3% ~ 5% + 硫酸铝 300 毫克/升
香石竹	蔗糖 5% + 8-羟羟基喹啉盐 200 毫克/升 + 醋酸银 50 毫克/升
菊花	蔗糖 3% + 硝酸银 25 毫克/升 + 柠檬酸 75 毫克/升
唐菖蒲	蔗糖 3% ~ 6% + 8-羟羟基喹啉盐 200 ~ 600 毫克/升
非洲菊	蔗糖 3% + 8-羟羟基喹啉盐 200 毫克/升 + 硝酸银 150 毫克/升 + 磷酸二氢钾 75 毫克/升
百合	蔗糖 3% + 8-羟羟基喹啉盐 200 毫克/升

2. 切花的运输

运输是切花生产经营的重要环节之一。为使切花在长途运输后保持新鲜，可按品种特性适当提早采收，采收后立即离开温室，包装前进行必要的预处理，有条件的话，应配备专用的保鲜袋、保鲜箱和调温、调湿运输工具，适当降低运输途中的温度，在长途运输中更为必要。另外，在一定范围内应形成合理的销售网络，以最快的速度将切花发往各级批发、零售市场，也可一定程度上保证切花品质。

15.2　四大鲜切花栽培技术

15.2.1　菊花

[学名] *Dendronthema morifolium* Tzvel.

[科属] 菊科菊属

[识别要点] 多年生宿根花卉，高 80 ~ 150cm。茎直立，粗壮，基部木质，分枝多。叶互生，卵形，有缺刻和锯齿。头状花序，单朵或数朵簇生，边缘为舌状花，中部为筒状花，花序的颜色、形状、大小变化很大，花期因品种而异（图15-1）。

菊花品种很多，切花栽培时应选择生长健壮、株形较大、节间大小一致、茎干坚韧直立、萌蘖性强的品系，主要选用单花型品种，大体分为夏菊、夏秋菊、秋菊、寒菊等。

[产地与分布] 菊属植物约 30 种，中国有 17 种，全国各地均有分布。

图 15-1　菊花

[习性] 性喜凉爽，耐寒性较强，宜地势高燥、通风良好的环境条件，在肥沃湿润、排水良好、pH 值 6.5 ~ 7.2 的沙质壤土中生长良好，耐干旱，忌积水和雨涝，忌连作。

[繁殖与栽培] 切花菊多用嫩枝扦插繁殖。用于扦插的母株需于秋冬季选择脱毒苗定植于圃地，施足基肥，合理肥水管理，并经摘心培养较多的根蘖芽和顶芽，以获取较多的插穗。扦插时一般剪取顶芽扦插，选健壮母株采芽，长 5 ~ 8cm，带 5 ~ 7 片叶，用刀片去除下部叶，每 20 支一束，生根剂处理，而后以细沙或蛭石为扦插基质扦插。约 10 天生根，20

天可移植成苗。

露地栽植时，南方需打高畦栽种。栽种前适量施用基肥，生长期尤其生长后期可每2周追施一次稀薄液肥。浇水宜充足，保持土壤湿润，伏天应适当减少浇水量。孕蕾阶段是菊花生长旺盛时期，需增加浇水量，雨季及时排涝。菊苗长到5~6片叶时，多本栽培的切花第1次摘心，促发侧枝后选留3~5侧枝；第2次摘心，留3~5枝。切花菊栽培中，因菊茎高，生长期长，易倒伏，因此须立柱设网。一般菊苗长至30cm高时架第一层网，网眼为10cm×10cm；继续生长30cm，架第二层网；出现花蕾时架第三层网。菊花生长过程中，需不断剔芽、抹蕾，以保证顶部主蕾的营养供给。

菊花的周年生产一般通过两个途径：一是只用秋菊品种，通过促成、抑制栽培措施完成；二是用不同花期的品种分期栽植。现一般按照"品种配套为主，人工措施为辅"的原则进行。促成、抑制栽培的主要措施是补光或遮光栽培。

菊花易染叶斑病、白粉病，常受红蜘蛛、蚜虫以及地蚕的危害，需注意防治。

[观赏与应用] 菊花系我国传统名花之一，因花色丰富、清丽高雅而深受世界各国的喜爱，常与香石竹、切花月季、唐菖蒲合称四大切花。其应用广泛，在国际市场中的销售量约占切花总量的30%。

15.2.2　香石竹

[学名] *Dianthus caryophyllus* L.

[别名] 康乃馨、麝香石竹

[科属] 石竹科石竹属

[识别要点] 常绿亚灌木，常作多年生草本栽培，株高30~60cm。茎、叶光滑，微具白粉，整株呈灰蓝色，茎基部常木质化。茎硬而脆，茎节明显膨大。叶对生、线状披针形，全缘，基部抱茎，灰绿色。花通常单生或2~5朵簇生，有短柄，花冠石竹形，萼长筒状，萼端5裂，裂片剪纸状，花瓣扇形；花色有白、红、粉红、深紫、淡黄以及同花兼有异色等。目前商品化生产的品种多为四季开花（图15-2）。

[产地与分布] 原产地中海区域、南欧、西亚等，现世界各地广为栽培。

图15-2　香石竹

[习性] 性喜干燥、通风良好、阳光充足的环境。要求排水良好、富含腐殖质而呈微碱性的黏质土壤，忌低涝地栽植和连作。喜肥，稍耐低温，长江以南可露地越冬。中日性花卉，15~16小时长日照条件下对花芽分化和花芽的发育有促进作用。

[繁殖与栽培] 香石竹易受病毒感染，切花栽培时一般用组织培养法去除病毒，获得脱毒苗，而后以扦插法繁殖。温室扦插最适季节为1~3月份，露地可在8月以后阳畦扦插。

香石竹多用保护地栽培。主要栽培管理环节如下：

（1）土壤消毒及整地作畦　一般南方多采用高畦，高15~20cm，畦宽0.8~1.0m，长10~20m，作畦前需经彻底消毒。

（2）定植　定植时间需根据预定的采花期来决定，通常从定植到开花110~150天，定植株行距为 10cm×10cm。中小花型、只采收 1 次花的栽培密度可大一些。

（3）肥水管理　香石竹喜肥，栽前整地时应施入充分腐熟的有机肥和少量的过磷酸钙。种植后视小苗生长情况及时追肥，追肥最好用无机肥配制成专用营养液，浇灌或叶面喷布。夏季高温时应控制施肥以免植株徒长，秋冬为生长旺季，应适当增加肥量。花蕾形成期注意磷、钾肥的施用，切忌施用未充分腐熟的有机肥。香石竹生长期需水较多，但不可一次浇灌过多，应保证根系通气良好，水分吸收均匀。

（4）摘心、张网　香石竹摘心分 1 次摘心法、2 次摘心法和 2.5 次摘心法。1 次摘心法一般在 6、7 片叶时进行，摘心后使单株萌发 3~4 侧枝。2 次摘心法在主茎摘心后，当侧枝长到 5 节左右，对全部侧枝再摘心 1 次，使单株形成 6~8 花枝。2.5 次摘心在摘心 1 次后，第 2 次摘心时，只摘一半侧枝，另一半不摘，从而使开花分两期进行。

香石竹生长过程中，一般苗高 15cm 左右时张网，方法与切花菊栽培相同。

（5）采收保鲜　单枝大花型一般在花瓣刚露出萼筒颜色后采收，多头型通常在 2 朵开放，其余花蕾现色时采收。采收时应尽量延长花枝长度，采收后分级包装。

香石竹常见病害有锈病、灰霉病、萎凋病、茎腐病、花叶病等，常见虫害有叶螨、蚜虫、蓟马、绿网蝽、金龟子等，应注意防治。

[观赏与应用]　香石竹花朵绮丽，花色丰富，应用广泛，装饰效果好，是优秀的大众化切花、著名的母亲节用花，销售量占切花总量的 17%。

15.2.3　唐菖蒲

[学名]　*Gladiolus hybridus* Hort.

[别名]　菖兰、剑兰、十样锦、扁竹莲

[科属]　鸢尾科唐菖蒲属

[识别要点]　多年生球根花卉，株高 60~150cm。球茎扁圆形，上有明显的茎节，外被褐色膜质外皮。腋芽着生在茎节的互生位置上，球茎的底部有一圆形的凹陷，称茎盘。基生叶剑形，互生，叶基抱茎，二列，嵌迭状排列。花葶自叶丛中抽出，高 50~80cm，穗状花序顶生，着花 8~24 朵，排成两列，自下而上依次开花，下部花朵稍大，花冠呈膨大的漏斗状；花色有白、黄、粉、橙、红、紫、蓝、复色等色系（图 15-3）。花期春夏，也可人为调控。

唐菖蒲的栽培品种可依习性、生育期、花形、花径、花色等为依据进行分类：

图 15-3　唐菖蒲

（1）春花类　欧亚原种杂交而成，花小、株矮、颜色单调，但耐寒性强。在我国栽培较少。

（2）夏花类　南非原种杂交而成，为当前世界各地广泛栽培的品种，植株高大，花朵多，色彩丰富，花型富于变化，切花品种多来自于荷兰。

[产地与分布]　原产于地中海区域及非洲好望角附近，现世界各地广为栽培。

[习性]　喜温暖和充足的阳光，生长适温 20~25℃，夜间 10~15℃，怕严寒，但气温过高对生长发育不利。喜肥沃、排水良好的沙质壤土，忌黏重土和水涝。长日照下有利花芽的

分化，短日照则能提早开花。

[**繁殖与栽培**] 以分球繁殖为主。通常在叶片发黄时掘出球茎，将新球与小子球按大小分级：一级（直径大于6cm）、二级（4cm）、三级（2.5cm）、四级（小于1cm）。一、二级球可用于生产，三、四级球用于繁殖。商品化生产中多采用专业生产的种球。

切花栽培的过程如下：

（1）确定栽植时间　露地栽种时间依地区、目标花期、品种等而有区别。一般生长期为4月中旬至7月末，7月至10月可每10天为间隔，分批栽植，则可结合保护地栽培做到周年供花。

（2）栽植地选择及整地作畦　宜选择地势高燥、阳光充足、通风良好、雨季不积水地段栽植，忌连作。栽植前应深翻土地40cm，施入基肥并杀虫杀菌处理。

（3）种球处理　栽种前应对球茎消毒：去除皮膜及老根盘，清水浸泡15分钟，而后用0.1%的升汞或50%的多菌灵500倍液浸泡半小时，取出，清水冲净。

（4）定植　株距10~20cm，行距30~40cm，可根据品种不同适当调整。种植深度5~12cm，栽植后及时浇水，出芽后控水2周，以利根系生长。

（5）肥水管理　生长期4~6周后追肥。3~4片叶前施营养生长肥，而后追施1~2次。生长期应适时浇水，保持土壤湿润，尤其抽葶开花期间水分更要充足。可根据生长状况，及时拉网或立支柱，方法同菊花。

（6）采收及保鲜　最适宜的采收时期为花穗下部1~3朵小花露出花色时，以清晨剪切为好。应保留叶片4~5枚，以利新球茎的继续生长。切花的包装一般20支为一束。如需较长时间贮藏，应先用具吸湿能力的软纸，将花朵部位包好，外用塑料薄膜包严、封好，放入5~6℃的冷库内。

唐菖蒲小苗易受立枯病、腐烂病、线虫危害，应注意防治。

[**观赏与应用**] 唐菖蒲花茎修长挺拔，花色鲜艳丰富，花期长，花形多变，有"十样锦"的美誉，为世界四大鲜切花之一，也可盆栽或布置花坛。

15.2.4　切花月季

[**学名**] *Rosa chinensis* Jacq.

[**别名**] 月月红、长春花、胜春

[**科属**] 蔷薇科蔷薇属

[**识别要点**] 半常绿或落叶小灌木。枝干直立、扩展或蔓生，上有弯曲尖刺，刺的多少和形状因品种而异。奇数羽状复叶，互生；小叶3~7片，阔卵形或卵状长椭圆形，先端渐尖，叶面有光泽，边缘有锯齿。花单生或簇生于枝顶，单瓣或重瓣，花有白、黄、粉、红、紫、蓝、橙等单色和复色。很多品种具芳香，果近球形，成熟时黄色（图15-4）。

切花月季的特点：

1）株形直立，花枝较长，花梗坚挺顺直，无刺或少刺。

2）花高心卷边或高心翘角，花瓣厚韧，色艳香浓，有绒光，开放过程慢，瓶插时间长。

图15-4　切花月季

3）产花量高，耐修剪，生命力强。

4）冬季开花品种耐低温能力强，夏秋品种抗炎热能力强，温室栽培品种还应具有较强的抗白粉病能力，露地品种则较抗黑斑病。

[**产地与分布**] 月季原产中国，现代切花月季多为杂交种，现遍及世界各地。

[**习性**] 喜温暖，生长适温 15～25℃，超过 30℃生长不良，低于 3℃休眠。对土壤要求不严，以肥沃疏松、中性、排水良好的土壤为佳，亦能适应微碱性土质。喜肥水，也较耐瘠薄、干旱。生长期阳光须充足、空气流通，相对湿度 70%～75%。

[**繁殖与栽培**] 可用扦插、嫁接和组织培养法等繁殖。以嫁接最为常用，芽接为主，砧木选用一年生野蔷薇或白玉棠。接穗从当年生健壮的月季新枝上选取，在生长期随时均可嫁接，在北方地区以 8～9 月为宜。

（1）周年生产　在同一个地区要达到月季周年供花，一般需要露地栽植与温室栽培相结合，而温室栽培会使生产成本增加。因此，最好利用我国南北气候的差异，安排季节性分工区域生产。如在广东一带以冬季生产为主，长江流域及以北地区产花期可从 4 月至11 月。

（2）地段选择及整地作畦　应选择阳光充足、高燥通风、排水良好、土质肥沃的地段。栽苗前深翻土地 40～50cm，施入腐熟有机肥作基肥。整地作畦，北方多用平畦（凹畦），南方多用高畦，温室栽植宜用高畦；畦宽 60～70cm，高 15～20cm；栽植行距为 25～35cm，株距为 20～30cm，每畦栽植 2 行。

（3）小苗定植与主枝留养　小苗定植以 12 月至翌年 2 月和 5～6 月为宜，定植后 3～4个月内为营养养护阶段。在此期间，花蕾要摘除，以培养粗壮母枝。母枝上长出的新枝条中，直径 0.6cm 以上的可留作主枝，每枝月季需培养 3～5 主枝。

（4）肥水管理　切花月季的采花季节对肥水需求量大，应定期中耕松土，并加强肥水管理。每次采花后均需追肥 1 次，施肥配比为 N∶P∶K＝1∶1∶2，并结合叶面肥交替进行，叶面肥中可加施铁盐、镁肥和钙肥等。露地栽培时炎热的伏天应停肥，冬季露地越冬的话，10月以后亦应停肥。

（5）整枝修剪　修剪是切花月季生产中必不可少的技术措施，日常修剪工作主要有：及时从基部彻底剔除砧芽；及早摘除侧芽、侧蕾；剪除病枝、病叶、弱枝、密集的内膛枝、交叉枝等。

采花也是修剪的一种形式。切取花枝时剪口应在芽的上方 1～1.5cm 处，并注意树势的匀称，一般应留外侧芽，对枝条已向外扩张生长的可留内侧芽，以保持植株的直立性。剪取花枝的长短不但有关本次切花的质量，同时对下次产花的迟早均有影响。

北方露地栽种的应在 11 月份留老枝 20～30cm，将上部枝条剪去，并培土于根部，保护越冬。

切花月季生长过程中，应注意随时将产花枝的侧芽、副芽剔除。

切花月季极易遭受白粉病、黑斑病和红蜘蛛、蚜虫等危害，应注意防治。

[**观赏与应用**] 切花月季品种繁多，色彩丰富，花期长，寓意美好，是世界四大切花之一。花卉市场中常将其称作"玫瑰"，实为误称。除切花外，月季还是园林布置的好材料，宜作花坛、花境及基础栽植用，在草坪、园路角隅、庭院、假山等处配植也很适宜。也可盆栽。

15.3 其他切花栽培技术

15.3.1 非洲菊

[学名] *Gerbera jamesonii* Bolus

[别名] 扶郎花、灯盏花

[科属] 菊科扶郎花属

[识别要点] 多年生草本花卉。叶多基生，具长柄，斜向生长，长椭圆形，先端钝尖，基部渐狭，叶缘羽状浅裂或深裂，密生短毛，叶片长 15～25cm，宽 5～8cm。头状花序单生，花梗长；舌状花 1 至 2 轮或多数，呈重瓣状，花径 8～12cm；花色有白、黄、橙、粉、红、紫等；全年均可开花，以 5～6 月、9～10 月为盛（图 15-5）。非洲菊的切花栽培类型根据花瓣的宽窄分为窄花瓣型、宽花瓣型、重瓣型、托桂型与半托桂型。

图 15-5 非洲菊

[产地与分布] 原产南非，现世界各地均有栽培。

[习性] 性喜温暖，稍耐寒，可忍受短时间近 0℃的低温。我国南方温暖地区可露地栽培，冬季适当覆盖保护越冬，北方则在温室内越冬。生长适温 20～25℃，低于 10℃停止生长。喜空气流通、阳光充足的环境。要求疏松、肥沃且排水良好的微酸性沙壤土。忌重黏土，在中性或微碱性土上也能生长，但当碱性偏高时叶片黄化。在半阴处或土壤缺肥时，植株出现细弱、开花少且花朵小、花色淡等不良现象。如遇积水，植株易患根腐病，严重时死亡。

[繁殖与栽培] 常用播种或分株法。为获得优良饱满的种子，应在盛花期有选择地人工授粉，花后约 1 个月种子成熟。现代化生产中比较提倡采用专业园艺种子。播种一般在 8～9 月间进行，宜即采即播；播后保持 20～25℃的室温，约 10～14 天发芽，发芽后逐渐见光，直至置于阳光下，待子叶完全展开后分苗。分株繁殖在春、秋季均可进行，一般 4～5 盛花后最为适宜。可掘起老株切分，使每丛带有 4～5 片叶，另行栽植。栽植时以根茎稍露出土面为宜。

非洲菊须选择日光充足，通风良好，空气比较干燥的环境栽培，切花生产多地栽。栽培基质应排水通气良好，呈酸性。生长季每隔 2 周追施速效酸性液肥一次。浇水掌握间干间湿的原则，幼苗期适当湿润。浇水或施肥时忌淋洒在叶丛中心，否则花芽腐烂，不能开花。冬季温度低于 10℃或夏季温度过高时，都会使植株进入半休眠状态。因此，夏季应放在通风凉爽处，以防叶片脱落。非洲菊生长期应经常摘除生长旺盛、过多重叠的外层老叶，可有利于新叶和新花芽的发生，有利于通风，提高单株切花产量。

[观赏与应用] 非洲菊花姿秀丽、雅致，色泽明快大方，花色丰富，花型多样，开花期长，插瓶耐久，系应用十分广泛的新兴切花品种之一。

15.3.2 满天星

[学名] *Gypsophila paniculata* L.

[别名] 霞草、小白花、丝石竹

[科属] 石竹科丝石竹属

[识别要点] 多年生草本，株高 30～100cm。茎部光滑，粉绿色，有白霜，具多数直立叉状分枝。叶对生，基部叶短圆状匙形，上部叶条状披针形。顶生圆锥花序，疏散开展，花枝纤弱，小花数量多，花色多为白色或粉红色，花期 5～9 月。球形蒴果，种子细小多数（图 15-6）。

[产地与分布] 原产欧洲、亚洲、非洲北部，现世界各地广为栽培。

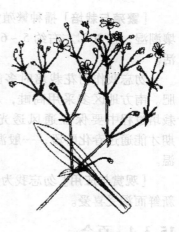

图 15-6 满天星

[习性] 性耐寒，能抗 0℃以下低温，喜较干燥、排水良好、石灰质而稍带碱性的土壤，耐盐碱和瘠薄，不耐移植。需阳光充足和凉爽环境，炎夏暑热不利生长和开花。

[繁殖与栽培] 种苗繁殖主要用扦插法和组织培养法，也可播种。可于 9 月初播于苗床，经一次分栽，入冬移入阳畦；也可盆播，分入小盆，冷室越冬，来年春暖定植，5 月开花；也可于 3 月初至 4 月分批播种，可自 5 月至 6 月末开花不断，但 4 月下旬以后不宜播种。

切花栽培时，定植行距 30～40cm，株距 20cm。生长期间，不宜过多灌水，雨季及时排涝。花期可追施有机液肥 1～2 次，则花势繁茂。蒴果成熟时开裂，散出种子，种子应及时采摘。

[观赏与应用] 满天星繁花朵朵，如雾如烟，极具装饰美与朦胧美，适合作插花和捧花的衬花材料，是欧洲十大切花之一，在我国消费市场大，经济价值高，已成为主要切花品种之一。

15.3.3 勿忘我

[学名] *Limonium sinuatum*

[别名] 星辰花、不凋花

[科属] 蓝雪科补血草属

[识别要点] 多年生宿根花卉，株高 30～60cm。叶互生，长圆状条形或倒披针形，基出叶和茎下部叶具柄，茎上部叶无柄。总状花序着生在枝端，长而疏散；花序枝具 3～5 扁平翼，小花穗上着花 3～5 朵，着生于短而小的花穗一侧；花萼杯状，干膜质，有紫、淡紫、玫瑰粉、蓝、红、白、黄等色，花期春夏（图 15-7）。

[产地与分布] 原产地中海沿岸，在我国南方和华北、东北各省均有分布。

[习性] 喜干燥凉爽气候，忌湿热，喜阳光及通风良好环境，生长适温 20～25℃，适于疏松、肥沃、排水良好的微碱性土壤中生长。

图 15-7 勿忘我

[**繁殖与栽培**] 播种繁殖为主，多在秋季9～10月间播于露地苗床，上覆苇帘，保持土壤潮湿，在20℃左右约5～6日出苗，也可在冬末或早春温室内播种，生长期扦插也易成活。

勿忘我作切花栽培时多露地栽植。生长期要求充足的养分供应，可在整地时施足底肥。南方地区多采用高畦，栽植不可过密，一般双行交叉栽植，株行距为30cm×40cm。栽培过程中要保证通风透光，一般保留3～5枝，其余疏剪。生长期需一定的低温周期才能通过春化阶段，一般温度为12～15℃，约需45～60天，夏季高温时可架遮阳网降温。

[**观赏与应用**] 勿忘我为天然的干燥花，是近年来新兴的切花新秀，以花色别致、花形新鲜而深受喜爱。

15.3.4 百合

[**学名**] *Lilium spp*

[**科属**] 百合科百合属

[**识别要点**] 多年生球根花卉，无皮鳞茎类，由地下短缩茎上的数十片肉质鳞片聚合而成，扁球形，茎节处可生出小鳞茎。地上茎高40～90cm，直立挺拔，绿色光滑。叶片多散生，狭披针形，先端渐尖，长15cm，具平行脉。花单生或数朵顶生，平伸或稍下垂，花筒长约10～15cm，上部扩张呈喇叭状，具浓香，花被片6枚，分内外两轮；花有白、黄、红、橙、粉色及复色等，花自下而上逐朵开放，花序花期长达20天，自然花期5～8月（图15-8）。

图15-8　百合

[**产地与分布**] 百合属植物主要原产于北半球的温带和寒带，园艺品种较多。

[**习性**] 性喜阳光和温暖，不耐寒。北方寒冷地区鳞茎不能露地越冬。在深厚肥沃、富含腐殖质、排水良好的酸性沙质壤土中生长良好，忌黏重土或碱性土。

[**繁殖与栽培**] 可利用扦插、分球、组培、播种、珠芽等方法繁殖，扦插和分球繁殖较为常用，以切花为主的商品化生产多采用专业种球。栽培中应注意：

（1）选种　选择适宜的品种，并注重种球品质。一般应选择生长健壮，无病虫害，具备一定周径的种球。通常情况下，亚洲百合周径12～14cm，东方百合14～16cm，麝香百合12～14cm，可用于生产。

（2）整地作畦　百合切花栽培多采用畦栽或箱栽。畦栽以高畦为主，高15～25cm，宽80～100cm，株距一般为20～25cm，行距为8～15cm，可根据品种不同而调整，覆土深度以8cm为宜。

（3）肥水管理　生长期每1～2周追施稀薄的麻酱渣水1次，至抽茎开花前再增施1000倍液磷酸二氢钾数次，保持基质湿润，不能缺水。

（4）张网　百合植株生长到60cm时设立支架或用尼龙网扶持。

（5）采收保鲜　采收以花蕾露色为标准，一般每5个花蕾中有1个着色时可采收。采收可在清晨进行，剪下后将切枝下端10cm叶片摘除，分级后，按10支1束包装，尽量放于冷藏室中保存。

［观赏与应用］百合花朵硕大，芳香宜人，且象征着百年好合、白头偕老、花好月圆，是婚礼中必不可少的花材，也是市场价位较高的切花。

15.3.5 银芽柳

［学名］*Salix leucopithecia* Kimura.

［别名］银柳、棉花柳

［科属］杨柳科柳属

［识别要点］落叶小灌木、株丛高2～3m，枝条自根部丛生。叶互生，叶背密生短毛。雌雄异株，雄株花芽肥大，菜黄花序，椭圆状圆柱形，外被紫红色苞片。早春先叶开放，盛开时花序密被银白色绢毛，颇为美观（图15-9）。

［产地与分布］原产日本，我国江南一带有栽培。

［习性］喜光，喜湿润，较耐寒，适应性强。在土层深厚、湿润、肥沃的环境中生长良好，一般宜于地栽。每年重修剪，使萌发多数长枝。

［繁殖与栽培］宜选择雄株扦插繁殖。

［观赏与应用］银芽柳露地栽培时常栽植于池畔、河岸、湖滨、堤坝。冬季还可剪取枝条观赏。

图 15-9 银芽柳

小 结

1. 概述

（1）鲜切花指从栽培或野生观赏植物活的植株上切取的花枝、果枝、茎、叶等材料，主要用于瓶插水养，或制作花束、花篮、花环、插花、胸饰花、头饰、桌饰等。

（2）鲜切花包括切花、切叶与切枝。

（3）鲜切花栽培：指经保护地或露地栽培，运用现代化栽培技术，达到单位面积产量高，生产周期短，形成规模化生产，达到周年供应的栽培方式。

（4）鲜切花栽培的特点：单位面积产量高，效益高；生产周期快，易于周年供应；贮存、包装、运输简便，易于国际间贸易交流；可采用大规模、工厂化生产。

（5）切花栽培方式：露地栽培与设施栽培。

（6）切花保鲜：常用技术措施集中于采收、分级包装、冷藏、使用保鲜剂、运输等各环节。

2. 本章主要介绍的鲜切花

（1）菊花、香石竹、唐菖蒲和月季四大鲜切花。

（2）非洲菊、满天星、勿忘我、百合、银芽柳等其他种类的切花材料。

应重点掌握各种鲜切花的识别要点、生态习性、繁殖与栽培技术措施。

复习思考题

1. 鲜切花的含义是什么？主要包括哪几类？切花栽培的特点是什么？其栽培方式包括哪几种？

2. 切花保鲜的措施有哪些？

3. 简述四大鲜切花的栽培管理。

附录 实习实训指导

实训一 植物叶及叶序的观察

1. 目的要求

通过对植物叶及叶序的观察，了解叶的组成、叶脉、单叶与复叶、叶序等内容，掌握叶的外部形态、叶各部分的鉴别特征、叶脉类型及单、复叶的区别、单子叶植物与双子叶植物叶的差异等，巩固课堂所学。

2. 材料用具

（1）植物材料 西府海棠、大叶黄杨、桃、毛白杨、垂柳、梨、苹果、女贞、刺槐、合欢、红瑞木、银杏、雪松、皂荚、葡萄、紫叶小檗、淡竹等树种的带叶枝条。

（2）植物标本 可准确反映叶形、叶尖、叶基、叶缘、单叶、复叶、叶脉等特征的蜡叶标本。

可根据季节的变化，选取当地较易获得的各种材料。

3. 方法步骤

（1）观察叶的组成 取苹果或其他植物材料，观察叶的组成。

1）叶的组成部分：托叶、叶柄、叶片。

2）叶的类型：完全叶与不完全叶。

对准备的实验材料（新鲜的或压制成的蜡叶标本）逐一观察，并填写实训表1。

实训表1 "叶的组成"观察记录表

观察时间：　　　　　　　　观察人：

序号	植 物 名 称	叶的组成部分	完全叶	不完全叶	备　注

（2）观察叶形、叶尖、叶基、叶缘，分两步完成：

1）观察马褂木叶片，在教师指导下进行。

2) 观察其他实验材料。

（3）观察叶脉。

1) 观察竹类——单子叶植物的叶脉：教师指导下进行。

2) 观察红瑞木的叶脉：描述其叶脉特征。

3) 观察其他实验材料：观察后指明其叶脉所属类型。

（4）叶序类型观察。

1) 观察毛白杨枝条上叶子的着生情况：互生。

2) 观察大叶黄杨枝条上叶子的着生情况：对生。

3) 观察银杏叶在短枝上的着生方式：簇生。

4) 观察其他实验材料：说明其所属叶序类型。

（5）单叶和复叶的观察。

1) 单叶与复叶：取西府海棠和刺槐的叶观察，填写实训表2。

实训表2　西府海棠叶和刺槐叶的区别

观察时间：　　　　　　　　　　观察人：

区 别 特 征	西府海棠叶	刺槐叶
叶片数量		
叶片基部		
枝顶（叶轴顶）		
叶片脱落状		

2) 复叶类型观察：取合欢的叶和刺槐的叶比较，观察奇数羽状复叶与偶数羽状复叶、一回与二回羽状复叶的区别。

3) 观察其他实验材料：完成实训表3。

实训表3　"单叶与复叶"观察记录表

观察时间：　　　　　　　　　　观察人：

序号	植 物 名 称	单叶	复叶	复叶类型	备　注

4. 作业及评分标准

1）绘出下列术语示意图：羽状脉、三出脉、平行脉、掌状三出脉、羽状三出脉、奇数

羽状复叶、偶数羽状复叶、一回奇数羽状复叶、二回奇数羽状复叶。（30分）

2）完成实训表1~3。（30分）

3）利用课余时间对校园内植物的叶进行观察，并填写实训表4。（40分）

实训表4 叶的形态观察记录表

观察时间：　　　　　　　　　观察人：

植物名称	单叶	复叶	复叶类型	叶片			叶柄		托叶		叶序	完全叶	不完全叶
				形状	叶缘	叶脉	有	无	有	无			

实训二 植物茎及枝条类型的观察

1. 目的要求

通过对园林树木树皮、枝条形态及芽的观察，掌握下列术语：

（1）芽 顶芽、侧芽、假顶芽、柄下芽、并生芽、叠生芽、裸芽、鳞芽。

（2）枝条 节、节间、叶痕、叶迹、托叶痕、芽鳞痕、皮孔、髓中空、片状髓、实心髓。

（3）枝条变态 枝刺、卷须、吸盘。

（4）树皮 光滑、粗糙、细纹裂、块状裂、鳞状裂、浅纵裂、片状剥落。

2. 材料用具

（1）植物材料 大叶黄杨枝条、加杨枝条、二球悬铃木枝条、金银木枝条、枫杨枝条、连翘枝条、金钟枝条。

（2）工具 刀片、修枝剪等。

3. 方法步骤

（1）芽形态及类型的观察

1）取大叶黄杨顶芽，用利刀自正中剖开，用放大镜观察芽尖、芽鳞等。

2）观察其他实验材料的芽，区分顶芽、侧芽、柄下芽、并生芽、叠生芽、鳞芽、裸芽等。

（2）枝条的观察

1）取加杨的枝条进行观察，区分节、节间、叶腋、腋芽、叶痕、叶迹、芽鳞痕、皮孔等。

2）髓心的观察，取连翘、金钟、加杨等植物材料的枝条，利刀横切，观察髓中空、片状髓、实心髓。

4．作业及评分标准

（1）绘出下列形态术语的示意图　顶芽、侧芽、柄下芽、并生芽、节、节间、总状分枝、合轴分枝、假二叉分枝。（40 分）

（2）观察树皮　课余时间观察校园内 30 种以上植物的树皮，描述其形态。（40 分）

（3）观察茎的分枝方式　课余时间分别观察丁香、垂柳、毛白杨等植物茎的分枝方式，区分总状分枝、合轴分枝、假二叉分枝。（20 分）

实训三　植物花及花序的观察

1．目的要求

认识花的形态和基本结构，正确识别各种植物花萼、花冠、雄蕊、雌蕊的类型，掌握描述花的各种名词术语；掌握各种类型花冠名称、雌雄蕊类型、子房位置及胎座类型；掌握不同类型花序结构及其开放顺序等特点。

2．材料用具

（1）植物材料或标本　油菜花及花序、豌豆或刺槐花、小麦花及花序、月季花、牵牛花、向日葵、桃、车前花序、苹果或梨花序、大葱花序、蒲公英花序、杨树花序、丁香花序、绣线菊花序、牡丹花、夏至草花、蓖麻花、木槿花、蜀葵花、草莓花、番茄花等。

（2）工具　放大镜、光学显微镜、镊子、解剖针、刀片。

3．方法步骤

（1）花的基本形态构造观察

1）取油菜花，用镊子由外至内剥离，观察其组成结构，包括花萼、花冠、雄蕊、雌蕊、花梗、花托。

2）取豌豆或刺槐花，同前方法观察。

（2）花的各组成结构类型的观察

1）雄蕊类型：单体雄蕊、二体雄蕊、多体雄蕊、聚药雄蕊、四强雄蕊、二强雄蕊。

2）雌蕊的类型：单雌蕊、离生雌蕊、合生雌蕊。

3）花冠的类型：蔷薇型花冠、十字花冠、蝶形花冠、唇形花冠、漏斗形花冠、筒状花冠、钟状花冠。

（3）花序类型观察

观察实验材料，区分总状花序、伞形花序与伞房花序、穗状花序等花序类型。

4．作业及评分标准

根据实验观察内容填写实训表 5。（100 分）

实训表5　花的组成结构观察记录表

观察时间：　　　　　　　观察人：

植 物 名 称	花冠类型 花瓣数目	雄 蕊 类 型	雌 蕊 类 型	子 房 位 置	花 序 类 型

实训四　植物果及果序的观察

1. 目的要求

了解植物果实的形态结构，掌握不同类型果实的结构特征。

2. 材料用具

（1）植物材料　番茄或葡萄、柑橘、桃或杏、黄瓜、苹果或梨、国槐或合欢、大豆或花生、芍药、油菜或荠菜、烟草、百合或鸢尾、石竹、车前、向日葵、玉米、五角枫或白蜡、栗子、胡萝卜或草莓、无花果、白玉兰等植物的果实。

（2）工具　刀片、镊子、解剖针等。

3. 方法步骤

按顺序观察各种实验材料，并注意区分果实类型。

（1）单果　包括肉质果、干果。

1）肉质果主要观察浆果、核果、梨果。

① 浆果：观察番茄或葡萄的果实，注意识别果柄、花托、花萼及花冠着生的痕迹。而后用解剖刀横剖果实，观察横切面各组成部分。

② 核果：观察桃、杏果实，用钳子夹开果核，观察种子。

③ 梨果：观察苹果（或梨），用解剖刀横切，观察外果皮、内果皮、种子等。

2）干果包括荚果、蓇葖果、蒴果、翅果。

① 荚果：观察国槐或合欢的果实，用解剖刀将果实分开，观察种子。

② 蓇葖果：观察白玉兰的果实，用解剖刀将果实分开，观察种子。

③ 蒴果：观察百日红的果实，绘制果实外形图。

④ 翅果：观察五角枫或白蜡的果实，绘制果实外形图。

（2）聚合果　观察草莓的果实，用解剖刀横切，观察可食部分及小坚果。

（3）聚花果　观察无花果、菠萝，绘制果实外形图。

4. 作业及评分标准

（1）汇总观察结果，填写实训表6。（50分）

（2）绘出下列形态术语的示意图：蓇葖果、荚果、坚果、核果、柑果、梨果、浆果。（50分）

实训表6　果实类型及特征观察记录表

观察时间：　　　　　　　　观察人：

果 实 类 型			植 物 名 称	主 要 特 征
单果	肉质果	浆果		
		核果		
		梨果		
	干果	荚果		
		蓇葖果		
		蒴果		
		翅果		
		坚果		
聚 合 果				
聚 花 果				

实训五　园林植物检索表的编制

1. 目的要求

植物检索表是鉴别植物必不可少的工具，一般分为分科、分属、分种三种检索表。本实训的目的是：通过练习，熟悉植物检索表编制的原则，学会编制方法。

2. 材料用具

当地植物志、树木志、植物图谱、分类检索表、树种形态特征观察记录表。

3. 方法步骤

（1）校园植物普查。

1）教师带领学生全面识别校园植物，并大体介绍其形态特征等。

2）每5～10名学生为一组，借助工具书（植物志、植物图谱等）对校园内所有植物进行形态特征观察并填写观察记录表。

3）汇总调查记录，分析关键性对立特征。

（2）编制校园植物名录　参照植物志等工具书的排列顺序及格式，编制校园植物名录。

（3）编制植物分种检索表　自校园植物名录中选择30种，根据植物检索表编制原则，借助有关书籍，分别编制平行检索表与定距检索表。

4. 评分标准

（1）校园植物形态特征观察记录表，见实训表7。（20分）

（2）编制校园植物名录。（40分）

（3）校园植物分种检索表。（40分）

实训表7　校园植物形态特征观察记录表

观察时间：　　　　　　　　观察人：

序号	植物名称	科　　属	主要形态特征（叶、花、果实等）

实训六　园林树木标本制作

1. 目的要求

1）巩固并运用园林树木知识，掌握蜡叶标本采集、制作的基本方法。

2）每6~8人为一组，明确分工，在教师指导下独立完成。

3）本实训应安排于课程基本结束时，以6~7月为宜。

2. 材料工具

标本夹、吸水纸（吸水力强的干燥纸）、标本绳、修枝剪、高枝剪、放大镜、铁锹、采集袋、采集记录卡、采集号牌、笔、记录夹、记录表、针、线、扁锥、胶水等。

3. 方法步骤

（1）标本的采集

1）时间：应于开花结果期采集。就一天而言，采集的时间最好在上午露水消失以后。

2）采集地点和路线：选择当地较有代表性的树木园、植物园、森林公园为宜。宜选植物种类较丰富的路线和地点，并注意往返路线不重复。

3）单株选择：应选择生长正常、特征明显、姿态良好、无病虫害，有花或有果的植株作为采集对象。还应根据标本夹和吸水纸的大小，选择大小适中的植株。

4）采集植物材料的整形：对剪取的植物材料需修剪整形，以使制作的标本既美观，又能真实反映原有形态。

5）采集标本的份数：一般要采 2～3 份，给以同一编号，每个标本选好后即系上号牌，并尽快放入采集箱内。

（2）特征的记录

系上号牌后，应认真观察，将特征记录在采集卡上。记录时注意：

1）填写的采集号数必须与号牌同号。

2）"性状"一栏，应填写"灌木"、"乔木"、"草本"或"藤本"等。

3）"胸径"一栏，草本和小乔木可以不填。

4）"叶"一栏，记录叶形、叶两面的颜色、有无粉质、毛、刺等。

5）"花"一栏，记录花的颜色、形状、花被和雌雄蕊的数目。

6）"果"一栏，记录果实的种类、颜色、形状及大小等。

7）认真记录采集地点。

（3）标本的整理

采回的标本在制作前应进行初步的清理，剪去多余的枝、叶、花、果，保持自然生长特征。如果标本上有泥沙，应冲洗干净，但不要损伤标本。冲洗后，适当晾晒，将水分蒸发掉。

（4）标本的压制　标本清理完毕后，尽快压制。

操作：将一片标本夹放平，上放 5～10 张吸水纸，把标本平展在吸水纸上，然后每隔 5～10 张吸水纸放一份标本（潮湿、肉质标本可多放几层吸水纸），使标本与吸水纸相互间隔，最后再将另一片标本夹压上，用绳子捆紧，置于通风干燥处。标本夹的高度以可将标本捆紧又不倾倒为宜，一般 30cm 左右。

标本压制时应注意：

1）草本植物太长时，可折成 N 字形或 V 字形，叶子展平。

2）压制时尽量使枝、叶、花、果平展，大部分叶子正面向上，少量叶子反面向上，以便观察叶背的特征。花的标本最好有一部分侧压，以展示花柄、花萼、花瓣等各部分的形状。薄而软的花、果可先用软的纸包好再夹，以免损伤。

3）标本放置应首尾相错，以保持整叠标本平衡。

4）肉质茎、块根、块茎、鳞茎等肉质标本不易压干，可事先用开水或酒精将其杀死，或放入开水中烫半分钟，而后切成两半再压。

5）经常换纸。

（5）标本的装帧。

1）消毒：压干的标本常常会有虫害，必须经过化学药剂消毒或紫外光等消毒，杀死虫卵等，以免标本遭虫蛀。

2）装帧：将标本放在适当的位置上，用线钉在台纸上。

3）贴记录标签等：在台纸的左上角贴采集记录卡，并将写有学名、中文名的标本签贴在台纸的右下角。

4. 作业及评分标准

（1）标本制作，每组完成 50～100 份蜡叶标本。（50 分）

（2）填写完整的植物标本记录卡（实训表8）。（30 分）

（3）每名学生均编写实习报告 1 份。（20 分）

实训表8　植物标本记录卡

采 集 记 录

采集人：_____　采集号：_____　采集日期：_____

号数：_____　采集份数：_____

采集地点：_____　海拔：_____ m

环境：_____

性状：_____

高度：_____ m　胸径（直径）：_____ cm

形态：_____

　树皮：_____

　叶：_____

　花：_____

　果：_____

科属：_____　中名：_____　别名：_____

拉丁学名：_____

备注：_____

实训七　园林树木冬态识别

1. 目的要求

通过观察比较本地区常见落叶园林树木在冬季所表现的形态特征，达到能在冬季鉴定、识别园林树木的目的。

2. 材料器具

记录夹、记录表、放大镜、镊子、修枝剪、解剖刀、解剖针、测尺、高枝剪。

3. 方法步骤

（1）园林树木冬态特征观察及记录　仔细观察20种以上园林树木的特征并填写记录表（实训表9）。填表注意以下几点：

1）树形　指其为乔木、灌木、木质藤本等。

2）冠形　指尖塔形、馒头形、圆锥形、笔形、卵形、球形等。

3）枝干形　直立形、偃卧形、并丛形、连理形、盘结形、屈曲形等。

4）分枝方式　总状分枝、合轴分枝、假二叉分枝等。

5）树皮　观察树皮光滑或开裂、剥落、纵裂或非纵裂等特征。

6）冬芽　指观察芽的性质、芽的着生部位、芽的排列方式、冬芽的形态及是否有鳞片包被等。

7）叶迹　观察叶迹的数量和部位。

8）叶痕　观察叶痕的大小形态等。

9）枝髓　指从枝条的横切面观察髓的质地、色泽等。

10）针刺及枝的附属物　指枝表面的枝刺、叶刺、皮刺、皮孔、星状毛、丁字毛、绵毛卷须、花梗痕、枝痕等。

（2）园林树木冬态识别　通过以上观察、记录过程，基本掌握园林树木冬态识别的方法，而后进一步识别常见园林树木。

4. 作业及评分标准

（1）填写常见园林树木冬态特征记录表。（60分）

（2）小结20种落叶园林树木的冬态识别要点。（40分）

实训表9　常见园林树木冬态特征记录表

观察时间：　　　　　　　　观察人：

序号	树种	树形	冠形	枝干形	分枝方式	树皮	冬芽	叶迹	叶痕	枝髓	附属物	备注

实训八　城市园林绿化树种调查

1. 目的要求

掌握城市园林绿化树种调查的简单方法，进一步识别园林树木，熟悉本地区150种以上园林树木的形态特征、生态习性及园林用途等。

每5～10名学生为一组，共分5～6组。根据城市区划，选择当地较有代表性的城市园林绿地开展本实训。

2. 材料用具

记录夹、调查表、皮尺、围尺、测高仪、海拔仪等。

3. 方法步骤

（1）树种及观赏特性调查

1）树木名称：学名、别名、科名、栽植位置。

2）生长特性：常绿、落叶、乔木、灌木、木质藤本。

3）规格：树高及胸径（乔木记录此项）。

4）观赏特性：叶、花、果、形、皮。

叶：记录叶形、叶色、叶缘、叶脉、叶附属物（毛）。

花：记录花形、花色、花冠类型、花序种类、花期等。

果：记录果形、种类、颜色、果序种类、大小。

形：记录树冠形状，有球形、卵圆形、平顶形、塔形、柱形、倒卵形、开心形（有干或无干）、螺旋形、伞形等；树干形状，有通直圆满、龙游、丛生等。

皮：记录树皮颜色、开裂方法、光滑度。

5）生长状况调查：生长是否旺盛，有无病虫害等。

（2）立地条件调查 小环境条件调查。

1）光照：光照是否充足，有无庇荫。

2）温度：与大环境相比有无差异。

3）水分：灌溉状况，有无地势高燥或低洼积水现象。

4）土壤：pH 值、质地、肥力等。

5）地形地势：平地、坡地（坡向、坡度）、海拔等。

（3）园林应用形式

1）应用形式：行道树、绿篱、灌木丛、垂直绿化、棚架材料、防尘抗污染树种、庭荫树、水土保护树种。

2）配植情况：乔灌比、常绿与落叶比、人工植物群落的创造等。

3）配植方式：对植、列植、丛植、孤植、中心植、片植等。

（4）总结 分析汇总调查结果。

4. 作业及评分标准

1）认真填写城市园林绿化树种调查表，见实训表10。（60 分）

2）汇总调查结果，并根据调查结果进行初步分析评价。（40 分）

实训表 10 城市园林绿化树种调查表

调查时间：＿＿＿＿＿＿＿＿ 调查地点：＿＿＿＿＿＿＿＿ 调查人：＿＿＿＿＿＿＿＿

植物中名：＿＿＿＿＿＿＿＿ 学名：＿＿＿＿＿＿＿＿ 科属：＿＿＿＿＿＿＿＿ 别名：＿＿＿＿＿＿＿＿

生长特性：＿＿＿＿＿＿＿＿＿＿＿＿＿＿＿＿ 栽培位置：＿＿＿＿＿＿＿＿＿＿＿＿

规格：树高＿＿＿＿＿＿＿＿ 胸径＿＿＿＿＿＿＿＿ 其他：＿＿＿＿＿＿＿＿

观赏特性：

　　叶：＿＿

　　花：＿＿

　　果：＿＿

　　树冠形：＿＿＿＿＿＿＿＿＿＿＿＿＿＿＿＿＿＿＿＿＿＿＿＿＿＿＿＿＿＿＿＿＿＿＿＿

　　树干形：＿＿＿＿＿＿＿＿＿＿＿＿＿＿＿＿＿＿＿＿＿＿＿＿＿＿＿＿＿＿＿＿＿＿＿＿

　　树皮：＿＿＿＿＿＿＿＿＿＿＿＿＿＿＿＿＿＿＿＿＿＿＿＿＿＿＿＿＿＿＿＿＿＿＿＿＿＿

生长状况：＿＿＿＿＿＿＿＿＿＿＿＿＿＿＿＿＿＿＿＿＿＿＿＿＿＿＿＿＿＿＿＿＿＿＿＿

立地条件：＿＿＿＿＿＿＿＿＿＿＿＿＿＿＿＿＿＿＿＿＿＿＿＿＿＿＿＿＿＿＿＿＿＿＿＿

＿＿

园林应用：

　　应用形式＿＿＿＿＿＿ 配植情况：＿＿＿＿＿＿ 配植方式：＿＿＿＿＿＿

其　他：＿＿＿＿＿＿＿＿＿＿＿＿＿＿＿＿＿＿＿＿＿＿＿＿＿＿＿＿＿＿＿＿＿＿＿＿

＿＿

实训九 草本花卉盆播育苗、扦插育苗及养护管理

1. 目的要求

学习草本花卉盆播育苗、扦插育苗及日常养护管理方法。

每 2 名学生为 1 组，完成 1 组育苗盆育苗、1 组扦插育苗、1 组露地草本花卉养护管理（约 100 株或盆）。

2. 材料用具

（1）花卉种子 一串红、万寿菊、金盏菊等草花种子任选其一，每组约 100 粒。

（2）露地花卉成株 一串红、万寿菊等均可，供剪取插条。

（3）基质 育苗基质（园土、腐叶土、细河沙）、扦插基质（蛭石或珍珠岩）

（4）器具 扦插床、遮阳网、育苗浅盆 1~2 只、修枝剪、铁锨、花铲、喷壶等。

3. 方法步骤

（1）盆播育苗。

1）培养土配制：按腐叶土：园土：河沙＝4：4：2 的比例配制，混合均匀。

2）培养土装盆：先用碎瓦片覆盖盆孔，而后先装粗粒培养土，再装细培养土，装至距盆边约 1cm 即可，铺平。

3）浸水：将育苗盆置于较大的水缸或水池中，勿使水面漫过花盆，水自盆底水孔慢慢渗入，直至盆土表层湿润，将育苗盆取出，平置。

4）播种：一串红、万寿菊或金盏菊等种子较大，可采用点播方式播种。

5）覆土：细培养土均匀撒于盆面上，厚度以看不见种子为宜。

6）覆盖物：用玻璃或旧报纸覆盖盆面。

7）去除覆盖物：经常检查出苗情况，待出苗约 50% 时除覆盖物，正常管理即可。注意，小苗分栽前，盆土较干时，仍以盆底供水法给水。

8）分栽：小苗至 2、3 片真叶时，如生长过密，可分栽。分栽方法是在浸透水后，以竹筷斜插入盆土中，轻轻将小苗掘出，另行栽植于其他的育苗盆中即可。

9）上盆：小苗长至 5、6 片真叶以上时，可根据小苗大小选择合适的盆具栽植。

（2）扦插育苗

1）扦插床准备：将扦插基质装入插床，厚 10~15cm，灌透水，整平。

2）插条剪取：自花卉成株剪取长约 5cm 的茎段，剪掉下部 1~2 对叶片。

3）扦插：以竹筷在插床上打孔，而后将插条插入，深约 2~3cm。

4）喷水：以喷壶喷水。

5）遮阳：扦插床上架设遮阳网。

6）日常管理：每天喷水 2~3 次。

7）上盆：约 7~10 天左右检查生根情况，生根良好时上盆养护。

（3）盆栽露地花卉日常养护管理

1）浇水：按照盆土"间干间湿"的原则，根据需要浇水。

2）摘心：3~4 片真叶时第 1 次摘心，而后侧枝每长出 2~3 对叶片摘心一次。

3）施肥：按需肥情况及时追肥。

4）病虫害防治：注意观察病虫害发生情况，预防为主，综合防治。

4. 作业及评分标准

（1）盆播育苗：除播种过程外，其余均课余完成。要求：小苗生长旺盛，无病虫害，出苗率在80%以上，成苗率（以上盆数量为准）在60%以上。（40分）

（2）扦插育苗：小苗生长旺盛，无病虫害，扦插成活率在70%以上。（30分）

（3）日常养护管理：课余完成，培育出具商品价值的成品花。（30分）

实训十 露地花卉种类识别及应用形式调查

1. 目的要求

了解城市绿地中较为常见的露地花卉应用形式，识别常见露地花卉。

本实训可安排于"五一"国际劳动节、"十一"国庆节前后，分两次进行。

2. 组织形式

每5～10名学生为1组，教师带队讲解与分组活动相结合。

实习地点可选择当地有代表性的综合性公园、城市广场、景观道路等。

3. 方法步骤

（1）露地花卉识别 按照现场教学的形式，以教师带队讲解为主，要求学生记笔记、完成记录表，可适当拍照。

（2）露地花卉应用形式调查 分两个阶段进行，一是教师现场讲解露地花卉应用基本知识；二是学生分组，调查所处环境内露地花卉应用的主要形式，完成表格。

4. 作业及评分标准

（1）露地花卉种类识别 教师随机抽取盆栽花卉，要求学生准确识别，并描绘其形态特征、习性、繁殖与栽培、观赏与应用等知识点。（40分）

（2）完成实训表11、实训表12。（60分）

实训表11 露地花卉应用形式调查表

（城市绿地）_____ 调查时间_____ 调查人员_____

序号	应用形式	在绿地中所处位置	应用花卉种类	外形及组栽图案	景观效果评价	备注

实训表12 主要露地花卉形态特征一览表

调查时间：_____ 调查人员：_____

序号	花卉名称	形态特征

实训十一　温室花卉种类识别及其他

1．目的要求

了解当地常见应用的花卉栽培设施，识别当地常见温室花卉。

2．组织形式

每 5～10 名学生为 1 组，教师带队讲解与分组活动相结合。

实习地点可选择当地较大型温室，如植物园所属观赏温室、大型花卉市场等。

3．方法步骤

（1）了解常见花卉栽培设施　包括各种保护地栽培设施（温室、荫棚、塑料大棚、风障、温床与冷床等）、花卉栽培常用器具（包括花盆、喷壶、喷雾器、修枝剪、嫁接刀、遮阳网、覆盖物等）。

（2）识别常见温室花卉　识别常见温室花卉 50 种以上，并可描述其形态特征、生活习性、观赏应用等。

（3）了解当地较为流行的年宵花卉种类。

4．作业及评分标准

（1）温室花卉种类识别，教师随机抽取 10 种以上温室花卉，要求学生准确识别，并描绘其形态特征、习性、繁殖与栽培、观赏与应用等。（20 分）

（2）完成实训表 13、实训表 14、实训表 15。（60 分）

实训表 13　主要温室花卉形态特征一览表

调查时间：　　　　　　　　　　　调查人员：

序号	花卉名称	形态特征

实训表 14　主要年宵花卉形态特征一览表

调查时间：　　　　　　　　　　　调查人员：

序号	花卉名称	形态特征

实训表 15　温室建筑形式及内部设施一览表

调查时间：　　　　　　　　　调查人员：

调查项目		调查内容
温室概况	位置	
	面积	
	走向	
	用途	
	室内温度	
	自动化程度	
温室结构	建筑形式	
	骨架材料	
	覆盖材料	
温室附属设施	加温方式及设施	
	保温方式及设施	
	降温方式及设施	
	通风方式及设施	
	遮阳材料	
	补光方式及设施	
	灌溉方式及设施	
	花架和栽培床形式	

（3）实习报告　重点说明当地较为常见的花卉栽培保护地设施有哪些，并评价这些设施的优缺点。（20分）

实训十二　参观花卉市场

1. 目的要求

了解较为常见的花卉市场运营模式，识别常见盆栽花卉。

2. 组织形式

每 5～10 名学生为 1 组，教师带队讲解与分组活动相结合。

实习地点可选择当地有代表性的大型花卉批发或零售市场。

3. 方法步骤

（1）盆栽花卉识别　以教师带队讲解为主，要求学生记笔记，并在征得营业户同意的前提下适当拍照。

（2）市场调查　学生分组，按设计表格走访经营业户。

4. 作业及评分标准

（1）花卉识别情况　教师随机抽取盆栽花卉，要求学生准确识别，并描绘其形态特征、习性、繁殖与栽培、观赏与应用等知识点。（40分）

（2）市场调查　认真完成实训表16、实训表17、实训表18。（60分）

实训表16　花卉市场经营状况调查分析表

花卉市场＿＿＿＿＿＿＿＿＿＿　调查时间＿＿＿＿＿＿＿＿＿＿　调查人员＿＿＿＿＿＿＿＿＿＿

（地理位置、市场面积、业户数量、运营体制、经济效益及简要分析）

实训表17　花卉市场常见经营花卉种类一览表

花卉市场＿＿＿＿＿＿　调查时间＿＿＿＿＿＿＿＿＿＿　调查人员＿＿＿＿＿＿＿＿＿＿

序号	花卉种类	单　　价	是否畅销	优缺点	年销量	畅销时段

实训表18　主要花卉种类形态特征一览表

花卉市场＿＿＿＿＿＿　调查时间＿＿＿＿＿＿＿＿＿＿　调查人员＿＿＿＿＿＿＿＿＿＿

序号	花卉名称	形态特征

实训十三　水仙鳞茎雕刻与水养

1.　目的要求

学习各种水仙造型技艺及水养技巧。

每名学生选取水仙鳞茎2头，雕刻造型，水养后展览评比。水养过程于课余时间完成。

2.　材料用具

（1）水仙鳞茎　30或40装水仙鳞茎2头。

（2）雕刻工具　传统雕花刀、斜口两用刀、圆口两用刀等均可。

（3）水仙盆　1～2只。

（4）其他　纱布或脱脂棉若干，卵石数枚。

3. 方法步骤

（1）净化 去除鳞茎基部的护泥及褐色外皮、枯根。鳞茎可于实训开始前2~3天放日光下曝晒。

（2）构思 根据鳞茎外形初步构思造型。如脚芽数量较多，在主鳞茎周围均匀排列，且脚芽等向一侧弯曲时，可造型为蟹爪水仙；主鳞茎两侧各具一个脚芽，较对称时可考虑做成花篮造型，不对称时可做成茶壶造型等。不同造型所采取的雕刻技法、水养方式均不相同，本实训指导以蟹爪水仙为例，练习雕刻及水养技法。

（3）划切割线 于鳞茎盘之上约1cm处划一横切割线，至鳞茎两侧中点。由顶端两侧向下作切口与切割线末端相接。

（4）开盖 剥除切割线以内鳞片，露出芽体，注意下刀宜轻，勿刻伤芽体。

（5）疏隙 轻轻刻除芽体间鳞片，下刀宜轻。

（6）剥苞 将芽体外白色芽苞用刀尖挑开至基部。切勿刻伤花芽，否则易造成"哑花"现象。

（7）雕花葶梗 根据需要刻去花葶不同部位与不同大小的一块外皮。初学者此步骤可于水养一段时间，花葶略伸长后进行。

（8）雕侧球 根据需要雕刻，方法同上。

（9）修整 将伤口修削平整。

（10）削叶 根据需要刻去叶基部一块外皮，使其弯曲生长，形如蟹爪。此步骤也可于水养数天后根据生长情况进行。

（11）浸洗 伤口朝下，将鳞茎全部浸入水中1~2天，每天用清水冲洗伤口流出的粘液1~2次，至基本不流粘液时，用纱布或脱脂棉盖住伤口及鳞茎盘，置水仙盆内水养。

（12）水养 应注意蟹爪水仙水养时，一般将鳞茎切口向上，即仰置于水仙盆内，周围填充卵石固定，放置于光照充足、温度适宜的位置。一般需每日更换清洁水，换水时轻拿轻放，勿使根系断裂，水质不够清洁时，易使根系变黄、变褐以至腐烂。

4. 作业及评分标准

每名学生完成水养造型水仙1盆。要求造型生动、美观、象形，花开繁茂，无枯根烂根、鳞茎腐烂、"哑花"等现象发生。（100分）

实训十四 简易水培花卉制作

1. 目的要求

水培花卉是目前市场上较为流行的栽培方式之一，其制作方法多样，洗根法是最为简易的一种，本实训旨在学习简易水培花卉制作方法。

每2名学生为1组，完成1~2盆水培花卉。

2. 材料用具

（1）植物材料 小型盆栽植物1~2盆，常春藤、心叶绿萝等均可。

（2）玻璃容器 花瓶或口杯等均可。

（3）定植篮或塑料泡沫板 应与容器口大小配套。

（4）消毒杀菌药品 高锰酸钾、多菌灵或百菌清等。

（5）其他　营养液、卵石、手剪、试管刷等。

3. 方法步骤

（1）取材洗根　将植株从花盆中取出，去除根部浮土，浸水，洗净。根系有损伤者可稍修剪。

（2）消毒杀菌　将植株根部浸泡于浓度适宜的药液中，15分钟后取出，清水冲洗干净。药液可选千分之一的高锰酸钾、多菌灵、百菌清溶液等。

（3）灌液　将清水加入容器中，至容器的1/2至2/3即可。如需放置水草、小鱼儿，可于此时加入。

（4）装盆　将定植篮一侧剪开，并于中部剪出大小适宜的孔洞，将植株放入，而后置容器中，注意应使根系舒展。如采用塑料泡沫板固定，可先将泡沫板修剪至与容器口适合的大小，同样一侧剪开，中间挖洞。

（5）调整液面高度　可根据需要加注清水，但不可将根系全部浸泡于水中。

（6）放置卵石　定植篮上放置卵石以加固植株，同时增强观赏性。

（7）养护管理　制作完成1周内，应每日更换清水，并用试管刷清洗容器内壁。观察根系，发现腐烂现象及时修剪。约2周后新根长出，可适当减少换水次数，并适当加注营养液，发现枯叶等及时剪除。

4. 作业及评分标准

完成水盆花卉1~2盆。要求植株生长旺盛，无病枯叶，无根系腐烂，水质清洁，无异物，容器壁无青苔滋生。（100分）

参 考 文 献

[1] 毛龙生. 观赏树木学 [M]. 南京：东南大学出版社，2003.

[2] 陈汉斌，郑亦津，李法曾. 山东植物志 [M]. 青岛：青岛出版社，1997.

[3] 潘文明. 观赏树木 [M]. 北京：中国农业出版社，2001.

[4] 南京林业学校. 园林树木学 [M]. 北京：中国林业出版社，1992.

[5] 任宪威，等. 中国落叶树木冬态 [M]. 北京：中国林业出版社，1990.

[6] 臧德奎. 攀缘植物造景艺术 [M]. 北京：中国林业出版社，2002.

[7] 李作文，王玉晶. 东北地区观赏树木图谱 [M]. 沈阳：辽宁人民出版社，1999.

[8] 陈玉梅. 园林落叶树木冬态图说 [M]. 济南：山东科学技术出版社，2004.

[9] 郭成源. 园林设计树种手册 [M]. 北京：中国建筑工业出版社，2006.

[10] 陈俊愉，程绪珂. 中国花经 [M]. 上海：上海文化出版社，1990.

[11] 北京林业大学园林系花卉教研组. 花卉学 [M]. 北京：中国林业出版社，1990.

[12] 刘燕. 园林花卉学 [M]. 北京：中国林业出版社，2003.

[13] 康亮. 园林花卉学 [M]. 北京：中国建筑工业出版社，1999.

[14] 曹春英. 花卉栽培 [M]. 北京：中国农业出版社，2001.

[15] 孙世好. 花卉设施栽培技术 [M]. 北京：高等教育出版社，1999.

[16] 宛成刚. 花卉栽培学 [M]. 上海：上海交通大学出版社，2002.

[17] 龙雅宜. 切花生产技术 [M]. 北京：金盾出版社，1997.

[18] 吴少华. 鲜切花栽培和保鲜技术 [M]. 北京：科学技术文献出版社，2000.

[19] 吴少华. 鲜切花周年生产指南 [M]. 北京：科学技术文献出版社，2000.

[20] 李扬汉. 植物学 [M]. 上海：上海科学技术出版社，1990.

[21] 《山东树木志》编写组. 山东树木志 [M]. 济南：山东科学技术出版社，1984.

[22] 陈有民. 园林树木学 [M]. 北京：中国林业出版社，1990.

[23] 张天麟. 园林树木1200种 [M]. 北京：中国建筑工业出版社，2005.

[23] 苏雪痕. 植物造景 [M]. 北京：中国林业出版社，1994.

常见园林植物名录索引

1. 常见花木类园林树木

1) 白玉兰 ………………………………… 34
2) 紫玉兰 ………………………………… 35
3) 广玉兰 ………………………………… 35
4) 珍珠梅 ………………………………… 36
5) 白鹃梅 ………………………………… 36
6) 蔷薇 …………………………………… 36
7) 玫瑰 …………………………………… 37
8) 月季 …………………………………… 38
9) 梅 ……………………………………… 38
10) 杏 …………………………………… 39
11) 李 …………………………………… 39
12) 桃 …………………………………… 40
13) 榆叶梅 ……………………………… 41
14) 樱花 ………………………………… 41
15) 西府海棠 …………………………… 42
16) 贴梗海棠 …………………………… 42
17) 垂丝海棠 …………………………… 43
18) 海棠花 ……………………………… 43
19) 棣棠 ………………………………… 44
20) 连翘 ………………………………… 44
21) 紫丁香 ……………………………… 45
22) 迎春 ………………………………… 45
23) 茉莉 ………………………………… 46
24) 桂花 ………………………………… 46
25) 牡丹 ………………………………… 47
26) 木绣球 ……………………………… 48
27) 天目琼花 …………………………… 48
28) 荚蒾 ………………………………… 49
29) 猬实 ………………………………… 49
30) 锦带花 ……………………………… 49
31) 金银木 ……………………………… 50
32) 糯米条 ……………………………… 50
33) 紫荆 ………………………………… 51
34) 洋紫荆 ……………………………… 51
35) 合欢 ………………………………… 52
36) 珙桐 ………………………………… 52
37) 四照花 ……………………………… 53
38) 溲疏 ………………………………… 53
39) 夹竹桃 ……………………………… 54
40) 木槿 ………………………………… 54
41) 扶桑 ………………………………… 55
42) 木芙蓉 ……………………………… 55
43) 蜡梅 ………………………………… 56

2. 常见亮绿叶类园林树木

1) 女贞 …………………………………… 59
2) 珊瑚树 ………………………………… 59
3) 石楠 …………………………………… 60
4) 海桐 …………………………………… 60
5) 蚊母树 ………………………………… 61
6) 枸骨 …………………………………… 61
7) 阔叶十大功劳 ………………………… 62
8) 大叶黄杨 ……………………………… 62

3. 常见异形叶类园林树木

1) 苏铁 …………………………………… 63
2) 八角金盘 ……………………………… 64
3) 鹅掌楸 ………………………………… 64
4) 柽柳 …………………………………… 65
5) 凤尾兰 ………………………………… 65
6) 七叶树 ………………………………… 66

4. 常见异色叶类园林树木

1) 鸡爪槭 ………………………………… 67
2) 三角枫 ………………………………… 68
3) 五角枫 ………………………………… 68
4) 元宝枫 ………………………………… 68
5) 枫香 …………………………………… 69
6) 复叶槭 ………………………………… 69
7) 红花檵木 ……………………………… 70
8) 卫矛 …………………………………… 70
9) 乌桕 …………………………………… 71
10) 山麻杆 ……………………………… 71

11）杜英 ················ 72
12）木荷 ················ 72
13）厚皮香 ·············· 73
14）榉树 ················ 73
15）黄栌 ················ 74
16）黄连木 ·············· 74
17）盐肤木 ·············· 75
18）银杏 ················ 75
19）无患子 ·············· 76
20）刺楸 ················ 77
21）槲栎 ················ 77
22）紫叶李 ·············· 78
23）胡颓子 ·············· 78

5. 常见果木类园林树木

1）郁李 ················ 81
2）枇杷 ················ 81
3）樱桃 ················ 82
4）木瓜 ················ 82
5）山楂 ················ 83
6）火棘 ················ 83
7）平枝栒子 ············ 84
8）无花果 ·············· 84
9）枣 ················· 85
10）杨梅 ··············· 86
11）柿树 ··············· 86
12）君迁子 ············· 87
13）石榴 ··············· 87
14）南天竹 ············· 88
15）柑橘 ··············· 88

6. 常见针叶类园林树木

1）南洋杉 ·············· 92
2）辽东冷杉 ············ 93
3）红皮云杉 ············ 93
4）白扦 ················ 94
5）青扦 ················ 94
6）华北落叶松 ·········· 95
7）日本落叶松 ·········· 95
8）金钱松 ·············· 96
9）雪松 ················ 96
10）白皮松 ············· 97
11）华山松 ············· 98
12）马尾松 ············· 98
13）樟子松 ············· 99
14）油松 ··············· 99
15）黑松 ··············· 100
16）红松 ··············· 100
17）水杉 ··············· 101
18）杉木 ··············· 101
19）柳杉 ··············· 102
20）侧柏 ··············· 102
21）圆柏 ··············· 103
22）沙地柏 ············· 104
23）铺地柏 ············· 104
24）罗汉松 ············· 105
25）粗榧 ··············· 105
26）三尖杉 ············· 106
27）东北红豆杉 ········· 106

7. 常见荫木类园林树木

1）香樟 ················ 110
2）重阳木 ·············· 110
3）毛白杨 ·············· 111
4）银白杨 ·············· 112
5）垂柳 ················ 112
6）旱柳 ················ 113
7）枫杨 ················ 114
8）国槐 ················ 114
9）刺槐 ················ 115
10）白蜡 ··············· 115
11）二球悬铃木 ········· 116
12）栾树 ··············· 116
13）苦楝 ··············· 117
14）香椿 ··············· 117
15）杜仲 ··············· 118
16）臭椿 ··············· 119
17）白榆 ··············· 119
18）榔榆 ··············· 120
19）朴树 ··············· 120
20）梧桐 ··············· 121

21）泡桐 …………………………… 121
22）紫椴 …………………………… 122
23）枳椇 …………………………… 123
24）梓树 …………………………… 123
25）栓皮栎 ………………………… 124
26）油桐 …………………………… 124
27）八角枫 ………………………… 125
28）薄壳山核桃 …………………… 125

8. 常见藤本类园林树木

1）葡萄 …………………………… 129
2）爬山虎 ………………………… 129
3）猕猴桃 ………………………… 130
4）紫藤 …………………………… 131
5）葛藤 …………………………… 131
6）凌霄 …………………………… 132
7）常春藤 ………………………… 132
8）金银花 ………………………… 133
9）木香 …………………………… 133
10）扶芳藤 ………………………… 134
11）南蛇藤 ………………………… 134
12）云实 …………………………… 135

9. 常见棕榈类园林树木

1）棕榈 …………………………… 139
2）蒲葵 …………………………… 139
3）棕竹 …………………………… 140
4）鱼尾葵 ………………………… 140
5）椰子 …………………………… 141
6）王棕 …………………………… 141
7）假槟榔 ………………………… 142
8）油棕 …………………………… 142

10. 常见篱木类园林树木

1）小叶女贞 ……………………… 145
2）黄杨 …………………………… 146
3）雀舌黄杨 ……………………… 146
4）锦熟黄杨 ……………………… 147
5）紫叶小檗 ……………………… 147

11. 常见应用的观赏竹类

1）刚竹 …………………………… 151
2）淡竹 …………………………… 152
3）孝顺竹 ………………………… 153
4）佛肚竹 ………………………… 153
5）阔叶箬竹 ……………………… 154

12. 常见露地花卉

（1）一、二年生花卉
1）鸡冠花 ………………………… 169
2）凤仙花 ………………………… 170
3）万寿菊 ………………………… 170
4）一串红 ………………………… 171
5）半支莲 ………………………… 171
6）紫茉莉 ………………………… 172
7）矮牵牛 ………………………… 172
8）三色堇 ………………………… 173
9）金盏菊 ………………………… 173
10）羽衣甘蓝 ……………………… 174
11）虞美人 ………………………… 174
12）牵牛花 ………………………… 175
13）茑萝 …………………………… 175
14）地肤 …………………………… 176
15）福禄考 ………………………… 176
16）彩叶草 ………………………… 177

（2）宿根花卉
1）芍药 …………………………… 179
2）荷包牡丹 ……………………… 179
3）射干 …………………………… 180
4）鸢尾 …………………………… 180
5）萱草 …………………………… 181
6）蜀葵 …………………………… 181
7）玉簪 …………………………… 182
8）荷兰菊 ………………………… 182
9）宿根福禄考 …………………… 183
10）桔梗 …………………………… 183

（3）球根花卉

1）大丽花 ……………………………… 185
2）美人蕉 ……………………………… 185
3）石蒜 ………………………………… 186
4）葱兰 ………………………………… 186
5）花毛茛 ……………………………… 187
（4）水生花卉
1）睡莲 ………………………………… 191
2）荷花 ………………………………… 191
3）凤眼莲 ……………………………… 192

6）晚香玉 ……………………………… 187
7）郁金香 ……………………………… 188
8）风信子 ……………………………… 188
9）水仙 ………………………………… 189
4）雨久花 ……………………………… 193
5）石菖蒲 ……………………………… 193

13. 常见温室花卉

（1）温室一二年生花卉
1）瓜叶菊 ……………………………… 198
2）蒲包花 ……………………………… 199

3）四季报春 …………………………… 199
4）紫罗兰 ……………………………… 200

（2）温室多年生草本花卉
1）君子兰 ……………………………… 200
2）鹤望兰 ……………………………… 201
3）麦冬 ………………………………… 201
4）吊兰 ………………………………… 202
5）一叶兰 ……………………………… 203
6）万年青 ……………………………… 203
7）大叶花烛 …………………………… 204
8）四季秋海棠 ………………………… 204
9）百子莲 ……………………………… 205
10）皱叶豆瓣绿 ……………………… 205
11）花叶万年青 ……………………… 205
12）非洲紫罗兰 ……………………… 206
13）海芋 ……………………………… 206

14）赪凤梨 …………………………… 207
15）紫竹梅 …………………………… 208
16）竹芋 ……………………………… 208
17）虎皮兰 …………………………… 209
18）朱顶红 …………………………… 209
19）仙客来 …………………………… 210
20）马蹄莲 …………………………… 210
21）小苍兰 …………………………… 211
22）中国兰花 ………………………… 211
23）蝴蝶兰 …………………………… 212
24）大花蕙兰 ………………………… 213
25）石斛兰 …………………………… 213
26）卡特利亚兰 ……………………… 214

（3）温室木本花卉
1）一品红 ……………………………… 214
2）变叶木 ……………………………… 215
3）三角花 ……………………………… 216
4）山茶花 ……………………………… 216
5）朱蕉 ………………………………… 217

6）巴西千年木 ……………………… 217
7）马拉巴栗 ………………………… 218
8）龟背竹 …………………………… 218
9）榕树 ……………………………… 219
10）杜鹃花 …………………………… 219

（4）温室亚灌木花卉
1）倒挂金钟 …………………………… 220
2）天竺葵 ……………………………… 221

3）文竹 ……………………………… 221

（5）蕨类植物
1）铁线蕨 ……………………………… 222
2）肾蕨 ………………………………… 222

3）鹿角蕨 …………………………… 223
4）鸟巢蕨 …………………………… 223

（6）仙人掌类及多浆植物
1）仙人掌 ……………………………… 224
2）昙花 ………………………………… 224

3）金琥 ……………………………… 225
4）蟹爪兰 …………………………… 225

5）芦荟 …………………………… 226

6）燕子掌 ………………………… 226

7）生石花 ………………………… 227

8）长寿花 ………………………… 227

14. 常见鲜切花

1）菊花 …………………………… 231

2）香石竹 ………………………… 232

3）唐菖蒲 ………………………… 233

4）切花月季 ……………………… 234

5）非洲菊 ………………………… 236

6）满天星 ………………………… 237

7）勿忘我 ………………………… 237

8）百合 …………………………… 238

9）银芽柳 ………………………… 239